全国高职高专机械类"工学结合-双证制"人才培养"十二五"规划教材

数控加工工艺

主　编　孔庆玲　　段明忠　　陈　参

副主编　樊　昱　　谢海东　　邹哲维

　　　　盛永华　　薛嘉鑫　　张泽华

参　编　潘　艳　　袁星华　　张　红

主　审　闫瑞涛

U0303143

华中科技大学出版社

中国·武汉

内 容 简 介

本教材是按照高等职业技术教育数控专业的实际需求,并结合编者的教学经验而编写的。本教材采用项目化、任务驱动的教学模式编写,共分为 7 个教学项目,系统地介绍了数控加工工艺基础、数控刀具的选择、典型零件在数控机床上的装夹、典型零件数控车削加工工艺、典型零件数控铣削加工工艺、典型零件加工中心加工工艺及特种加工工艺。

本教材可作为高等职业教育机电类专业中数控技术、CAD/CAM 技术应用和模具设计与制造等专业学生的教学与实践用教材或教学参考用书,本教材对数控加工技术人员、数控机床操作人员、数控设备使用以及维修人员均有较大的参考价值。本教材也可作为各种层次的继续工程教育的数控培训教材,还可供有关工程技术人员参考。

图书在版编目(CIP)数据

数控加工工艺/孔庆玲,段明忠,陈参主编.—武汉:华中科技大学出版社,2013.6(2024.1 重印)
ISBN 978-7-5609-9214-3

Ⅰ.①数… Ⅱ.①孔… ②段… ③陈… Ⅲ.①数控机床-加工-高等职业教育-教材 Ⅳ.①TG659

中国版本图书馆 CIP 数据核字(2013)第 146233 号

数控加工工艺   孔庆玲 段明忠 陈 参 主编

策划编辑:严育才
责任编辑:严育才
封面设计:范翠璇
责任校对:封力煊
责任监印:张正林
出版发行:华中科技大学出版社(中国·武汉)   电话:(027)81321913
　　　　　武汉市东湖新技术开发区华工科技园   邮编:430223
录　　排:华中科技大学惠友文印中心
印　　刷:武汉邮科印务有限公司
开　　本:787mm×1092mm　1/16
印　　张:16.75
字　　数:426 千字
版　　次:2024 年 1 月第 1 版第 5 次印刷
定　　价:42.00 元

全国高职高专机械类"工学结合-双证制"人才培养"十二五"规划教材

编 委 会

序

目前我国正处在改革发展的关键阶段,深入贯彻落实科学发展观,全面建设小康社会,实现中华民族伟大复兴,必须大力提高国民素质,在继续发挥我国人力资源优势的同时,加快形成我国人才竞争比较优势,逐步实现由人力资源大国向人才强国的转变。

《国家中长期教育改革和发展规划纲要(2010—2020 年)》提出:发展职业教育是推动经济发展、促进就业、改善民生、解决"三农"问题的重要途径,是缓解劳动力供求结构矛盾的关键环节,必须摆在更加突出的位置。职业教育要面向人人、面向社会,着力培养学生的职业道德、职业技能和就业创业能力。

高等职业教育是我国高等教育和职业教育的重要组成部分,在建设人力资源强国和高等教育强国的伟大进程中肩负着重要使命并具有不可替代的作用。自从 1999 年党中央、国务院提出大力发展高等职业教育以来,高等职业教育培养了大量高素质技能型专门人才,为加快我国工业化进程提供了重要的人力资源保障,为加快发展先进制造业、现代服务业和现代农业做出了积极贡献;高等职业教育紧密联系经济社会,积极推进校企合作、工学结合人才培养模式改革,办学水平不断提高。

"十一五"期间,在教育部的指导下,教育部高职高专机械设计制造类专业教学指导委员会根据《高职高专机械设计制造类专业教学指导委员会章程》,积极开展国家级精品课程评审推荐、机械设计与制造类专业规范(草案)和专业教学基本要求的制定等工作,积极参与了教育部全国职业技能大赛工作,先后承担了"产品部件的数控编程、加工与装配""数控机床装配、调试与维修""复杂部件造型、多轴联动编程与加工""机械部件创新设计与制造"等赛项的策划和组织工作,推进了双师队伍建设和课程改革,同时为工学结合的人才培养模式的探索和教学改革积累了经验。2010 年,教育部高职高专机械设计制造类专业教学指导委员会数控分委会起草了《高等职业教育数控专业核心课程设置及教学计划指导书(草案)》,并面向部分高职高专院校进行了调研。2011 年,根据各院校反馈的意见,教育部高职高专机械设计制造类专业教学指导委员会委托华中科技大学出版社联合国家示范(骨干)高职院校、部分重点高职院校、武汉华中数控股份有限公司和部分国家精品课程负责人、一批层次较高的高职院校教师组成编委会,组织编写全国高职高专机械设计制造类工学结合"十二五"规划系列教材,选用此系列教材的学校师生反映教材效果好。在此基础上,响应一些友好院校、老师的要求,以及教育部《关于全面提高高等职业教育教学质量的若干意见》(教高〔2006〕16 号)中提出的要推行"双证书"制度,强化学生职业能力的培养,使有职业资格证书专业的毕业生取得"双证书"的理念。2012年,我们组织全国职教领域精英编写全国高职高专机械类"工学结合-双证制"人才培养"十二五"规划教材。

本套全国高职高专机械类"工学结合-双证制"人才培养"十二五"规划教材是各参与院校"十一五"期间国家级示范院校的建设经验以及校企结合的办学模式、工学结合及工学结合-双证制的人才培养模式改革成果的总结,也是各院校任务驱动、项目导向等教学做一体的教学模式改革的探索成果。

具体来说，本套规划教材力图达到以下特点。

（1）反映教改成果，接轨职业岗位要求　紧跟任务驱动、项目导向等教学做一体的教学改革步伐，反映高职机械设计制造类专业教改成果，注意满足企业岗位任职知识要求。

（2）紧跟教改，接轨"双证书"制度　紧跟教育部教学改革步伐，引领职业教育教材发展趋势，注重学业证书和职业资格证书相结合，提升学生的就业竞争力。

（3）紧扣技能考试大纲、直通认证考试　紧扣高等职业教育教学大纲和执业资格考试大纲和标准，随章节配套习题，全面覆盖知识点与考点，有效提高认证考试通过率。

（4）创新模式，理念先进　创新教材编写体例和内容编写模式，针对高职学生思维活跃的特点，体现"双证书"特色。

（5）突出技能，引导就业　注重实用性，以就业为导向，专业课围绕技术应用型人才的培养目标，强调突出技能、注重整体的原则，构建以技能培养为主线、相对独立的实践教学体系。充分体现理论与实践的结合，知识传授与能力、素质培养的结合。

当前，工学结合的人才培养模式和项目导向的教学模式改革还需要继续深化，体现工学结合特色的项目化教材的建设还是一个新生事物，处于探索之中。"工学结合-双证制"人才培养模式更处于探索阶段。随着本套教材投入教学使用和经过教学实践的检验，它将不断得到改进、完善和提高，为我国现代职业教育体系的建设和高素质技能型人才的培养作出积极贡献。

谨为之序。

全国机械职业教育教学指导委员会副主任委员
国家数控系统技术工程研究中心主任
华中科技大学教授、博士生导师　陈吉红

2013 年 2 月

前　言

随着我国高新技术产业的大力发展,需要的数控机床数量和档次逐年提高,同时也需培养一大批熟练掌握数控技术的技能型人才。为了适应我国高等职业教育发展及技能型人才培养的需要,我们结合多年的理论教学经验和企业实践经验,对数控加工工艺课程教学体系和教学方式进行了有益的探索和实践后,编写了这部教材。本教材培养学生必备的专业基础知识和专业技术应用能力为出发点,内容紧扣数控加工技术的岗位需求,涵盖了数控加工技术所需的理论知识、技能训练,有利于提升学生的职业素质和应用技能。

本教材主要特色如下。

(1)针对数控专业职业教育特点,内容由浅入深,循序渐进,图文并茂,形象生动,突出了简明性、系统性、实用性和先进性。

(2)以项目为模块,全书共分为七个项目:数控加工工艺基础、数控刀具的选择、典型零件在数控机床上的装夹、典型零件数控车削加工工艺、典型零件数控铣削加工工艺、典型零件加工中心加工工艺、特种加工工艺。每个项目都直接给出该项目的学习目标、知识要点、训练项目,使学生更明了、更直观地掌握数控加工工艺的分析过程。

(3)在知识的顺序安排上,打破了以往教材的知识结构,每个项目都是以工作任务展开的,以典型的工作任务驱动教学,每个任务设有任务引入、相关知识准备、任务实施、思考与实训,旨在使学生带着问题学习,增强学习的迫切性、主动性和探究性。

(4)在内容上融入了全国数控技能大赛的考核内容,特别增加了配合件数控铣削加工工艺分析,主要考虑学生参加省级及全国数控技能大赛的需要而安排的。这样既有利于学生掌握理论知识,又能锻炼学生的实际动手能力及解决实际问题的能力,同时为职业资格考核和参加职业技能大赛打下良好的知识和技能基础。

本教材由黑龙江农业经济职业学院孔庆玲、武汉工程职业技术学院段明忠、郑州科技职业技术学院陈参担任主编;黑龙江农业经济职业学院樊昱、广东轻工职业技术学院谢海东、长江工程职业学院邹哲维、广州番禺职业技术学院盛永华、湖北工业职业技术学院薛嘉鑫、广州大学市政技术学院张泽华担任副主编。参加本教材编写的还有长沙职业技术学院潘艳,广州大学市政技术学院袁星华,中山职业技术学院张红。具体编写分工为:孔庆玲编写项目五和项目六,段明忠编写项目一的任务三、项目二的任务二,陈参编写项目二的任务一,樊昱编写项目四和项目七,谢海东编写项目三的任务一,邹哲维编写项目一的任务一,盛永华编写项目一的任务二,薛嘉鑫编写项目三的任务二、任务三,张泽华编写项目二的任务三、任务四。

本教材由黑龙江农业经济职业学院闫瑞涛教授任主审,闫教授对书稿进行了详细审阅,并提出许多宝贵意见,在此对闫教授表示衷心的感谢。

由于编者的水平有限,书中错误和不足在所难免,恳请广大读者批评指正。

编　者
2013 年 12 月

目　　录

项目一   数控加工工艺基础

【学习目标】

1. 学会切削用量参数的计算,掌握积屑瘤的概念,并分析它对金属加工的影响。
2. 学会分析切屑的折断过程,掌握断屑的措施。
3. 学会改善工件切削加工性能的方法,掌握切削用量和切削液选择的原则,并能正确选用。
4. 学会对零件图进行尺寸分析和对零件进行结构分析,能够正确地选用毛坯。
5. 学会加工余量的计算,掌握基准不重合时工序尺寸的计算方法。
6. 学会零件加工阶段的划分和正确安排加工顺序。
7. 学会正确划分机械加工工序内容,掌握外圆表面、内孔表面和平面的加工方案的选择方法。
8. 学会安排生产,正确确定生产类型,掌握机械加工工艺规程的内容和作用,并能正确编制数控加工工艺文件。

【知识要点】

金属切削过程的基本规律;切削用量和切削液的选择原则;零件的工艺分析;数控加工工艺路线;机械加工质量分析;数控加工工艺规程和工艺文件格式。

【训练项目】

1. 加工典型零件切削用量和切削液的选择。
2. 根据零件图进行零件尺寸、结构工艺性及加工质量分析。
3. 拟定典型零件的数控加工工艺路线。
4. 拟订机械加工工艺规程,正确绘制数控加工工艺文件。

任务一   切削用量和切削液的选择

【任务引入】

某工厂车工师傅在粗加工某零件时,采用了在刀具上产生积屑瘤的加工方法,而在精加工时,他又努力避免积屑瘤的产生,请问:这是为什么? 在防止积屑瘤方面,你认为能用哪些方法。在粗、精加工时切削用量如何选择。切削液如何选用。

【相关知识准备】

1. 切削运动和切削要素

1) 切削运动

金属切削加工就是用金属切削刀具把工件毛坯上预留的金属材料(常称余量)切除,获得图样所要求的零件。在切削过程中,刀具和工件之间必须有相对运动,这种相对运动就称为切削运动,按切削运动在切削加工中的功用不同分为主运动和进给运动。

(1)主运动。

主运动是由机床提供的运动,它使刀具和工件之间产生相对运动,从而使刀具前刀面接近工件并切除切削层。它可以是旋转运动,如车削时工件的旋转运动,如图 1-1 所示,也可以是直线运动,如刨削时刀具或工件的往复直线运动。其特点是切削速度高,消耗的机床功率也大。

(2)进给运动。

进给运动是由机床提供的、使刀具与工件之间产生的相对运动,与主运动配合即可不断地切除切削层,并得出具有所需几何特性的已加工表面。它可以是连续运动,如车削外圆时车刀平行于工件轴线的纵向运动,如图 1-1 所示,也可以是间断运动,如刨削时刀具的横向移动。其特点是消耗的功率比主运动小得多。

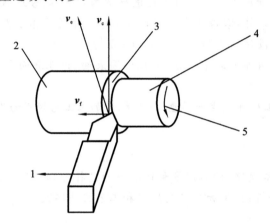

图 1-1 车削时的运动和工件上的三个表面

1—刀具;2—待加工表面;3—过渡表面;4—已加工表面;5—主运动

主运动可以由工件完成(如车削等),也可以由刀具完成(如钻削、铣削等)。进给运动也同样可以由工件完成(如铣削、磨削等)或刀具完成(车削、钻削等)。

在各类切削加工中,主运动只有一个,而进给运动可以有一个(如车削)、两个(如圆表面的磨削)或多个,也可以没有(如拉削)。

当主运动和进给运动同时进行时,由主运动和进给运动合成的运动称为合成切削运动,如图 1-1 所示。刀具切削刃上选定点相对工件的瞬时合成运动方向称为合成切削运动方向,其速度称为合成切削速度。合成切削速度 v_e 为同一选定点的主运动速度 v_c 与进给运动速度 v_f 的矢量和,即

$$v_e = v_c + v_f$$

2)加工中的工件表面

切削过程中,工件上多余的材料不断地被刀具切除而转变为切屑。因此,工件在切削过程中形成了三个不断变化着的表面。

(1)已加工表面。

工件上经刀具切削后产生的表面称为已加工表面。

（2）待加工表面。

工件上有待切除切削层的表面称为待加工表面。

（3）过渡表面。

工件上由切削刃形成的那部分表面称为过渡表面。它在下一切削行程（如刨削）、刀具或工件的下一转里（如单刃镗削或车削）将被切除，或者由下一切削刃（如铣削）切除。

3）切削要素

（1）切削用量。

切削用量是用来表示切削运动和调整机床的参量，并且可用它对主运动和进给运动进行定量的表述。它包括以下三个要素。

① 切削速度（v_c）。

切削刃选定点相对于工件主运动的瞬时速度称为切削速度。大多数切削加工的主运动是回转运动，其切削速度 v_c（单位为 m/min）的计算公式如下：

$$v_c = \pi d n / 1000 \tag{1-1}$$

式中　d——切削刃选定点处所对应的工件或刀具的回转直径，mm；

　　　n——工件或刀具的转速，r/min。

② 进给量（f）。

刀具在进给方向上相对于工件的位移量称为进给量，可用刀具或工件每转或每行程的位移量来表达或度量，如图 1-2 所示，其单位用 mm/r 或 mm/行程（如刨削等）表示。车削时的进给速度 v_f（单位为 mm/min）是指切削刃上选定点相对于工件的进给运动的瞬时速度，它与进给量之间的关系为

$$v_f = nf \tag{1-2}$$

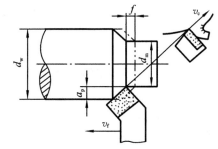

图 1-2　切削用量三要素

对于铰刀、铣刀等多齿刀具，常要规定出每齿进给量（f_z）（单位为 mm/z），其含义为多齿刀具每转或每行程中每齿相对于工件在进给运动方向上的位移量，即

$$f_z = f / Z \tag{1-3}$$

式中　Z——刀齿数。

③ 背吃刀量（a_p）。

背吃刀量是已加工表面和待加工表面之间的垂直距离，其单位为 mm。外圆车削时：

$$a_p = (d_w - d_m) / 2 \tag{1-4}$$

式中　d_w——待加工表面直径，mm；

　　　d_m——已加工表面直径，mm。

镗孔时，上式中的 d_w 与 d_m 需要互换位置。

（2）切削层与切削参数。

金属切削过程是通过刀具切削工件切削层而进行的。在切削过程中，刀具的刀刃在一次走刀中从工件待加工表面切下的金属层，称为切削层。切削层的截面尺寸称为切削层参数。

数控加工中最常用的是数控车与数控铣两种加工方式。现以这两种加工方式为例说明切削层参数的定义。

① 车削切削层参数。

如图 1-3 所示,刀具车削工件外圆时,切削刃上任一点走的是一条螺旋线运动轨迹,整个切削刃切削出一个螺旋面。工件旋转一周,车刀由位置Ⅰ移动到位置Ⅱ,移动一个进给量 f,切下金属切削层。此点的参数是在该点并与该点主运动方向垂直的平面内度量。

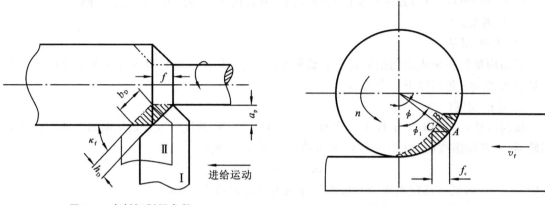

图 1-3　车削切削层参数　　　　　　图 1-4　铣削切削层参数

a. 切削层公称厚度 h_D　在主切削刃选定点的基面内,垂直于过渡表面的切削层尺寸,称为切削层公称厚度。图 1-3 所示切削层截面的切削厚度为

$$h_D = f\sin\kappa_r \tag{1-5}$$

式中　κ_r——刀具主偏角,即刀具主切削刃与进给方向的夹角。

根据式(1-5)可以看出,进给量 f 或刀具主偏角 κ_r 增大,车削切削层厚度 h_D 随之增大。

b. 切削层公称宽度 b_D　在主切削刃选定点的基面内,沿过渡层表面度量的切削层尺寸,称为切削层公称宽度。切削层截面的公称切削宽度为

$$b_D = a_p / \sin\kappa_r \tag{1-6}$$

由式(1-6)可以看出,当背吃刀量 a_p 增大或者主偏角 κ_r 减小时,切削层公称宽度 b_D 增大。

c. 切削层公称横截面面积 A_D　在主切削刃选定点的基面内,切削层的截面面积称为切削层公称横截面面积。车削切削层公称横截面面积为

$$A_D = h_D b_D = f a_p \tag{1-7}$$

② 铣削切削层参数。

铣削的方式主要有端铣与周铣,本书以周铣为例进行讲解。

铣削与车削不同,在金属切削过程中,刀具旋转,工件进给移动,保持金属的连续切削。铣刀上一般有多个刀刃,所以金属的铣削是后一刀刃在前一刀加工后进行切削的,因此铣削的切削层应是两把刀加工面之间的加工层,铣削的切削层参数定义如下。

a. 切削层公称厚度 h_D　在基面内度量的相邻刀齿主切削刃运动轨迹间的距离。图 1-4 所示为直齿圆柱铣刀刀齿在任意位置的切削厚度。图示的虚线为前刀齿加工轨迹,当现刀齿旋转 ϕ 角时,刀齿在加工轨迹上所在的位置为 A 点,前刀齿在同样角度位置时在加工轨迹上所在的位置为 C 点,它们之间距离为每齿进给量 f_z,即铣刀每转 1 个齿工件相对铣刀在进给方向上的移动距离。根据定义可知,此点切削层厚度为

$$h_D = AB = AC\sin\phi = f_z\sin\phi \tag{1-8}$$

可见,每齿进给量或 ϕ 角的增大都将增大切削层公称厚度。而且,当 $\phi = 0°$ 时,切削层厚度

为 0,当 $\phi=\phi_1$ 时,切削层厚度最大。

b. 切削层公称宽度 b_D　铣削的切削层公称宽度是指主切削刃与工件切削面的接触长度(近似值)。直齿圆柱铣刀铣削的切削层宽度为

$$b_D = a_p \tag{1-9}$$

即切削层宽度等于背吃刀量。值得注意的是,铣削的背吃刀量与一般车削所定义的不同,它是平行于铣刀轴线方向度量的被切削层尺寸,因此,对于圆周铣,背吃刀量为工件在铣刀轴线方向上被切削的尺寸。

c. 切削层公称横截面面积 A_D　直齿圆周铣削的公称截面面积同样为切削层公称厚度与切削层公称宽度的积,即

$$A_D = h_D b_D \tag{1-10}$$

因为铣削切削层厚度是变化的,所以切削层公称横截面面积也是变化的,由图 1-4 可知,当 $\phi=0°$ 时,切削层公称横截面面积最小,为 0,当 $\phi=\phi_1$ 时,公称横截面面积最大。

2. 金属切削过程的基本规律

1) 切屑的控制

在金属切削过程中,必然会产生切屑,切屑如不能得到有效控制,轻者将划伤工件已加工表面,重者则危害操作者的人身安全和机床设备的正常运行。在数控生产中更应该注意切屑的控制。

(1) 切屑的类型。

由于工件材料不同,工件在加工过程中的切削变形也不同,因此所产生的切屑类型也多种多样。切屑主要有四种类型,如图 1-5 所示,其中前三种属于加工塑性材料所产生的切屑,第四种为加工脆性材料的切屑。现对这四种类型的切屑特点作分别介绍。

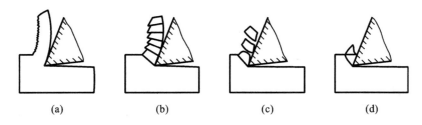

| (a) | (b) | (c) | (d) |

图 1-5　切屑类型

(a) 带状切屑;(b) 挤裂切屑;(c) 单元切屑;(d) 崩碎切屑

① 带状切屑　带状切屑的特点是形状为带状,内表面比较光滑,外表面可以看到剪切面的条纹,呈毛茸状,如图 1-5(a) 所示。这是加工塑性金属时最常见的一种切屑。一般切削厚度较小、切削速度高、刀具前角大时容易产生这类切屑。此时切削力波动小,已加工表面质量好。

② 挤裂切屑　挤裂切屑形状与带状切屑差不多,不过它的外表面呈锯齿形,内表面一些地方有裂纹,如图 1-5(b) 所示。此类切屑一般在切削速度较低、切削厚度较大、刀具前角较小时产生。切削过程不太稳定,切削力波动较大,已加工表面比较粗糙。

③ 单元切屑　在切削速度很低,切削厚度很大情况下,切削铅、退火铝、纯铜等材料时,由于剪切变形完全达到材料的破坏极限,切下的切削断裂成均匀的颗粒状,则成为梯形的单元切屑,如图 1-5(c) 所示。这种切屑类型较少,切削力波动大,已加工表面比较粗糙。

④ 崩碎切屑　崩碎切屑为不连续的碎屑状,形状不规则,而且加工表面也凹凸不平,如图

1-5(d)所示。此类切屑主要在加工白口铸铁、高硅铸铁等脆硬材料时产生,不过对于灰铸铁和铸铜等脆性材料,产生的切屑也不连续。灰铸铁硬度不大,通常得到片状和粉状切屑,高速切削时甚至为松散带状。这种脆性材料产生的切屑可以认为是中间类型切屑。这时工件已加工表面质量较差,切削过程不平稳。

以上切屑虽然与加工材料有关,但加工同一种材料采用不同的切削方式也将产生不同的切屑。如加工塑性材料时,一般得到带状切屑,但如果前角较小,速度较低,切削厚度较大时将产生挤裂切屑,如前角进一步减小,再降低切削速度,或加大切削厚度,则得到单元切屑。掌握这些规律,可以控制切屑形状和尺寸,达到断屑和卷屑目的。

(2) 切屑的折断。

当对切屑不进行控制时,产生的切屑一般到一定长度会自行折断。有时不对切屑进行人为的折断,会对操作者和设备造成不利影响。

图 1-6 所示为切屑的折断过程。在图 1-6(a)中,厚度为 h_{ch} 的切屑受到断屑台推力 F_{Bn} 作用而产生弯曲,并产生卷曲应变。在继续切削的过程中,切屑的卷曲半径由 ρ_0 逐渐增大到 ρ,当切屑端部碰到后刀面时,切屑又产生反向弯曲应变,相当于切屑反复弯折,最后弯曲应变 ε_{max} 大于材料极限应变 ε_b 时折断。则切屑的折断是正向弯曲应变和反向弯曲应变的综合结果。根据弯曲产生的应变计算,可以得出如下折断条件:

$$\varepsilon_{max} = \frac{h_{ch}}{2}\left(\frac{1}{\rho_0} - \frac{1}{\rho}\right) \geqslant \varepsilon_b \tag{1-11}$$

由式(1-11)可知,当切屑越厚(h_{ch} 大),切屑卷曲半径 ρ 越小,材料硬度越高、脆性越大(极限应变 ε_b 小)时,切屑越容易折断。

切屑的弯曲半径 ρ 与断屑槽尺寸有密切关系。由图 1-6(b)所示可得公式

$$\rho = \frac{L_{Bn} - l}{h_{Bn}} - \frac{h_{Bn}}{2} \tag{1-12}$$

可知,如减小 ρ,则需减小断屑槽宽度 L_{Bn},增加断屑台高度 h_{Bn} 与加长刀屑接触长度 l。

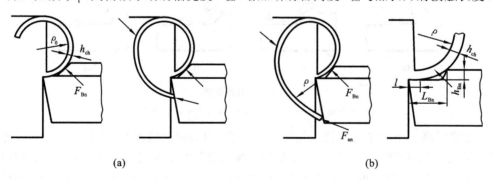

图 1-6　切屑折断过程

(a) 弯曲;(b)折断

(3) 断屑措施。

① 磨制断屑槽　磨制断屑槽是焊接硬质合金车刀常用的一种断屑方式。图 1-7 所示为几种常用的断屑槽形式。

直线圆弧形和折线形断屑槽适用于切削碳素钢、合金结构钢、工具钢等,一般前角为 $\gamma_o =$ 5°～15°。全圆弧形前角比较大,$\gamma_o = 25°～35°$,适用于切削紫铜、不锈钢等高塑性材料。

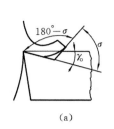 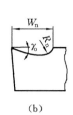 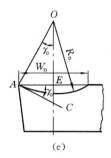

（a）　　　　　　　　　（b）　　　　　　　　　（c）

图 1-7　断屑槽形式

（a）折线形；（b）直线圆弧形；（c）全圆弧形

断屑槽的参数对其断屑性能和断屑范围有密切关系。影响断屑的主要参数有：槽宽 L_{Bn}，槽深 h_{Bn}。槽宽 L_{Bn} 应保证切削切屑在流出槽时碰到断屑台，以使切屑卷曲折断。如进给量大，切削厚时，可以适当增加槽宽 L_{Bn}。

表 1-1 是当进给量和背吃刀量确定后断屑槽宽度 L_{Bn} 的参考值。对于圆弧形断屑槽，当背吃刀量 $a_p = 2 \sim 6$ mm 时，一般槽宽圆弧半径 $r_n = (0.4 \sim 0.7)L_{Bn}$。

表 1-1　断屑槽宽度 L_{Bn}

进给量 $f/(\text{mm/r})$	背吃刀量 a_p/mm	断屑槽宽/mm	
		低碳钢、中碳钢	合金钢、工具钢
$0.2 \sim 0.5$	$1 \sim 3$	$3.2 \sim 3.5$	$2.8 \sim 3.0$
$0.3 \sim 0.5$	$2 \sim 5$	$3.5 \sim 4.0$	$3.0 \sim 3.2$
$0.3 \sim 0.6$	$3 \sim 6$	$4.5 \sim 5.0$	$3.2 \sim 3.5$

如图 1-8 所示，断屑槽在前刀面的位置有三种形式：（a）平行式，（b）外斜式，（c）内斜式。其中外斜式最常用，平行式次之。内斜式主要用于背吃刀量 a_p 较小的半精加工和精加工。

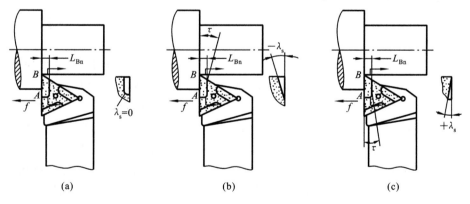

（a）　　　　　　　　　（b）　　　　　　　　　（c）

图 1-8　断屑槽前刀面所处位置

（a）平行式；（b）外斜式；（c）内斜式

② 选择合适切削用量。

切削用量的变化对断屑产生影响，选择合适的切削用量，能增强断屑效果。在切削用量参数中，进给量 f 对断屑影响最大。进给量增大，切屑厚度也增大，碰撞时容易折断。切削速度 v_c 和背吃刀量 a_p 对断屑影响较小，不过，背吃刀量增大，断屑困难增大，切削速度提高，断屑效果下降。

③ 选择合适刀具几何参数。

在刀具几何参数中，对断屑影响较大的是主偏角 κ_r。因为在进给量不变的情况下，主偏角增大，切屑厚度相应增大，切屑也容易折断。因此，在生产中希望有较好的断屑效果时，一般选取较大的主偏角，一般 $\kappa_r = 60° \sim 90°$。

刃倾角 λ_s 的变化对切屑流向产生影响，因而也影响断屑效果。刃倾角为负时，切屑流向已加工表面折断；刃倾角为正时，切屑流向待加工表面折断，如图 1-8 所示。

2）积屑瘤

金属切削过程实际是被切削金属层在刀具的挤压下产生剪切滑移的塑性变形过程，在切削过程中也有弹性变形，但与塑性变形相比可以忽略。而且切削过程中，还会产生积屑瘤，它反过来又对切削产生影响，以下对这两个方面分别说明。

（1）金属切削过程的变形。

金属在加工过程中会发生剪切和滑移，图 1-9 所示为金属的滑移线和流动轨迹，其中横向线是金属流动轨迹线，纵向线是金属的剪切滑移线。图 1-10 所示为第一变形区金属的滑移过程。由图 1-9 可知，金属切削过程的塑性变形通常可以划分三个变形区，各区特点如下。

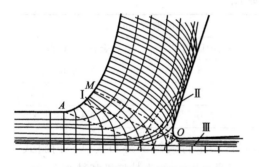

图 1-9　金属切削过程中滑移线与流线

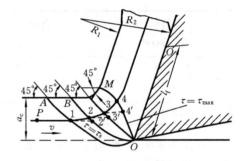

图 1-10　第一变形区金属滑移

① 第一变形区　切削层金属从开始塑性变形到剪切滑移基本完成，这一过程区域称为第一变形区。

切削层金属在刀具的挤压下首先将产生弹性变形，当最大切应力超过材料的屈服极限时，发生塑性变形，如图 1-9 所示，金属会沿 OA 线剪切滑移，OA 被称为始滑移线。随着刀具的移动，这种塑性变形将逐步增大，当进入 OM 线时，这种滑移变形停止，OM 被称为终滑移线。现以金属切削层中某一点的变化过程来说明。如图 1-10 所示，在金属切削过程中，切削层中金属一点 P 不断向刀具切削刃移动，当此点进入 OA 线时，发生剪切滑移，P 点在向 2、3 等点流动的过程中继续滑移，当进入 OM 线上 4 点时这种滑移停止，$2'2$、$3'3$、$4'4$ 为各点相对前一点的滑移量。此区域的变形过程可以通过图 1-10 来形象表示，切削层在此区域如同一片片相叠的层片，在切削过程中层片之间发生了相对滑移。OA 与 OM 之间的区域就是第一变形区 Ⅰ。

第一变形区是金属切削变形过程中最大的变形区，在这个区域内，金属将产生大量的切削热，并消耗大部分功率。此区域较窄，其宽度仅为 $0.02 \sim 0.2$ mm。

② 第二变形区　产生塑性变形的金属切削层材料经过第一变形区后沿刀具前刀面流出，在靠近前刀面处形成第二变形区。如图 1-9 所示的 Ⅱ 变形区。

在这个变形区域，切削层材料受到刀具前刀面的挤压和摩擦，变形进一步加剧，材料在此处纤维化,流动速度减慢,甚至停滞在前刀面上。而且,切屑与前刀面的压力很大,高达 $2\sim 3\ GPa$,由此摩擦产生的热量也使切屑与刀具面温度上升到几百度的高温,切屑底部与刀具前刀面发生黏结现象。发生黏结现象后,切屑与前刀面之间的摩擦就不是一般的外摩擦,而变成黏结层与其上层金属的内摩擦。这种内摩擦与外摩擦不同,它与材料的流动应力特性和黏结面积有关,黏结面积越大,内摩擦力也越大。图 1-11 所示为发生黏结现象时的摩擦状况。由图可知,根据摩擦状况,切屑接触面分为两个部分:黏结部分为内摩擦,这部分的单位切应力等于材料的屈服强度 R_{eL};黏结部分以外为外摩擦部分,也就是滑动摩擦部分,此部分的单位切应力由 τ_s 减小到零。图中也显示了整个接触区域内正应力 σ_γ 的分布情况,刀尖处,正应力最大,逐步减小到零。

③ 第三变形区 金属切削层在已加工表面受刀具刀刃钝圆部分的挤压与摩擦而产生塑性变形部分的区域,如图 1-9 所示的 III 变形区。

第三变形区的形成与刀刃钝圆有关。因为刀刃不可能绝对锋利,不管采用何种方式刃磨,刀刃总会有一钝圆半径 r_n。一般高速钢刀具刃磨后 r_n 为 $3\sim 10\ \mu m$,硬质合金刀具刃磨后 r_n 为 $18\sim 32\ \mu m$,如采用细粒金刚石砂轮磨削,r_n 最小可达到 $3\sim 6\ \mu m$。另外,刀刃切削后就会产生磨损,增加刀刃钝圆。

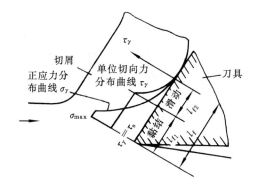

图 1-11 切屑与前刀面的摩擦

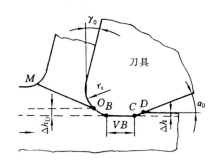

图 1-12 考虑刀刃钝圆情况下已加工表面形成过程

图 1-12 所示为考虑刀刃钝圆情况下已加工表面的形成过程。当切削层以一定的速度接近刀刃时,会出现剪切与滑移,金属切削层绝大部分金属经过第二变形区的变形沿滑移层 OM 方向流出,由于刀刃钝圆的存在,在钝圆 O 点以下有一部分厚 Δa 的金属切削层不能沿 OM 方向流出,被刀刃钝圆挤压过去,该部分经过刀刃钝圆 B 点后,受到后刀面 BC 段的挤压和摩擦,经过 BC 段后,这部分金属开始弹性恢复,恢复高度为 Δh,在恢复过程中又与后刀面 CD 部分产生摩擦,这部分切削层经过 OB、BC、CD 段的挤压和摩擦后,形成了已加工表面。所以说第三变形区对工件加工表面质量产生很大影响。

刀具对金属的切削过程如图 1-13 所示。当金属切削层进入第一变形区时,金属发生剪切滑移,并且金属纤维化,该切削层接近刀刃时,金属纤维更长并包裹在切削刃周围,最后在 O 点断裂成两部分,一部分沿前刀面流出成为切屑,另一部分受到刀刃钝圆部分的挤压和摩擦成为已加工表面,其表面金属纤维方向平行于已加工表面,这层金属具有与基体组织不同的性质。

(2)积屑瘤的形成及对加工的影响。

以一定的切削速度连续切削加工塑性材料时,在刀具前刀面常常黏结一块剖面呈三角状的硬块,这块金属称为积屑瘤。

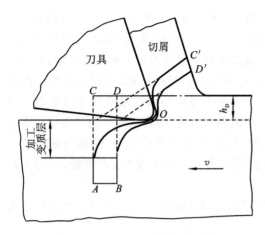

图 1-13 刀具对金属的切削过程

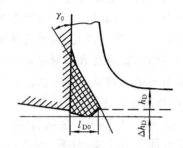

图 1-14 积屑瘤对加工影响

积屑瘤的形成可以根据第二变形区的特点来解释。当金属切削层从终滑移面流出时,受到刀具前刀面的挤压和摩擦,切屑与刀具前刀面接触面温度升高,挤压力和温度达到一定的程度时,就产生黏结现象,也就是常说的"冷焊"。切屑流过与刀具黏附的底层时,产生内摩擦,这时底层上面金属出现加工硬化,并与底层黏附在一起,逐渐长大,成为积屑瘤,如图 1-14 所示。

积屑瘤的产生不但与材料的加工硬化有关,而且也与刀刃前区的温度和压力有关。一般材料的加工硬化性越强,越容易产生积屑瘤,温度与压力太低不会产生积屑瘤,温度太高也不会产生积屑瘤。与温度相对应,切削速度太低不会产生积屑瘤,切削速度太高,积屑瘤也不会发生,因为切削速度对切削温度有较大的影响。

积屑瘤硬度很高,是工件材料硬度的 2～3 倍,能同刀具一样对金属进行切削。它对金属切削过程会产生如下影响。

① 实际刀具前角增大 刀具前角 γ_0 指刀面与基面之间的夹角。由于积屑瘤的黏附,刀具前角增大了一个 γ_b 角度,如把切屑瘤看成是刀具一部分的话,无疑实际刀具前角增大,即为 $\gamma_0 + \gamma_b$。

刀具前角增大可减小切削力,对切削过程有积极的作用。而且,切削瘤的高度 H_b 越大,实际刀具前角也越大,切削更容易。

② 实际切削厚度增大 由图 1-14 可以看出,当切削瘤存在时,实际的金属切削层厚度比无切削瘤时增加了一个 Δh_D,显然,这对工件切削尺寸的控制是不利的。值得注意的是,这个厚度 Δh_D 的增加并不是固定的,因为切削瘤在不停地变化,它处在一个产生、长大、最后脱落的周期性变化过程中,这样可能在加工中产生振动。

③ 加工后表面粗糙度值增大 积屑瘤的变化不但是整体,而且积屑瘤本身也有一个变化过程。积屑瘤的底部一般比较稳定,而它的顶部极不稳定,经常会破裂,然后再形成新的顶部。破裂的一部分随切屑排除,另一部分留在加工表面上,使加工表面变得更粗糙。

可以看出,如果想提高表面加工质量,必须控制积屑瘤的产生。

④ 切削刀具的耐用度降低 从积屑瘤在刀具上的黏附来看,积屑瘤应该对刀具有保护作用,它代替刀具切削,减小了刀具磨损。但积屑瘤的黏附是不稳定的,它会周期性的从刀具上脱落,当它脱落时,可能使刀具表面金属剥落,从而使刀具磨损加大。对于硬质合金刀具这一点表现尤为明显。

3）切削力及切削功率

了解切削力对于计算功率消耗,刀具、机床、夹具的设计,确定合理的切削用量和刀具几何参数都有重要的意义。在数控加工过程中,许多数控设备就是通过监测切削力来监控数控加工过程以及加工刀具所处的状态。

（1）切削力的产生。

刀具在切削过程中克服加工阻力所需的力称为切削力。切削力主要由克服被加工材料对弹性变形的抗力、克服被加工材料对塑性变形的抗力,以及克服切屑对刀具前刀面的摩擦力和刀具后刀面对过渡表面和已加工表面间的摩擦力等产生,如图 1-15 所示。

（2）切削合力及分力。

作用在刀具上的各个力的总和形成对刀具的总的合力,如图 1-16 所示。对这合力 F_r 又可以分解为三个垂直方向的分力 F_f、F_p、F_c。车削时的分力如下。

进给 F_f 也称轴向力或走刀力。它是总合力在进给方向的分力。它是设计走刀机构和计算车刀进给功率的依据。

背向 F_p 也称径向力或吃刀力。它是总合力在垂直工作平面方向的分力。此力的反力使工件发生弯曲变形,影响工件的加工精度,并在切削过程中产生振动,它是机床零件和车刀强度的依据。

切削力 F_c 也称切向力,是总合力在主运动方向上的分力,是计算车刀强度、设计机床零件、确定机床功率的依据。

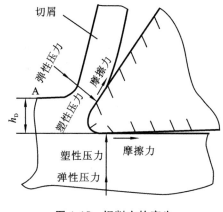

图 1-15　切削力的产生

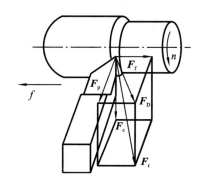

图 1-16　切削合力及分解

由图 1-16 可知

$$F_r = \sqrt{F_c^2 + F_D^2}$$

F_D 为总合力在切削层尺寸平面上的投影,是进给力 F_f 与背向力 F_p 的合力

$$F_D = \sqrt{F_p^2 + F_f^2}$$

因此总合力为

$$F_r = \sqrt{F_c^2 + F_p^2 + F_f^2} \tag{1-13}$$

在刀具主偏角 $\kappa_r = 45°$,刀具刃倾角 $\lambda_s = 0°$,刀具前角 $\gamma_o = 15°$时,根据试验可知,F_f、F_p、F_c之间有如下关系:

$$F_p = (0.4 \sim 0.5)F_c$$

$$F_f = (0.3 \sim 0.4)F_c$$
$$F_r = (1.12 \sim 1.18)F_c$$

不过,根据车刀材料、车刀几何参数、切削用量、工件材料和车刀磨损等情况不同,F_f、F_p、F_c 之间比例有较大变化。

(3)切削功率。

切削过程中所消耗的功率称为切削功率 P_c。通过图 1-16 可以看到,背向力 F_p 在力的方向无位移,不做功,因此切削功率为进给力 F_f 与切削力 F_c 所做的功。功率公式为

$$P_c = (F_c v_c/60 + F_f nf/1000) \times 10^{-3} \tag{1-14}$$

式中　P_c——切削功率,kW;

　　　F_c——切削力,N;

　　　v_c——切削速度,m/min;

　　　F_f——进给力,N;

　　　n——工件转速,r/s;

　　　f——进给量,mm/r。

由于 F_f 消耗功率一般小于 2%,可以忽略不计,因此功率公式可简化为

$$P_c = F_c v_c/60 \times 10^{-3}$$

4)切削热

金属的切削加工中将会产生大量切削热,切削热又影响到刀具前刀面的摩擦系数,积屑瘤的形成与消退,加工精度与加工表面质量、刀具寿命等。

(1)切削热的产生与传导。

在金属切削过程中,切削层会发生弹性与塑性变形,这是切削热产生的一个重要原因,另外,切屑、工件与刀具的摩擦也产生了大量的热。切削过程中切削热由以下三个区域产生:剪切面区、切屑与刀具前刀面的接触区和刀具后刀面与工件过渡表面接触区。

金属切削层的塑性变形产生的热量最大,即热量主要在剪切面区产生,可以通过下式近似计算出切削热量:

$$Q = F_c v_c \tag{1-15}$$

切削产生的热量实际上是切削力所做的功,主要由切屑、刀具、工件和周围介质(空气或切削液)传出,如不考虑切削液,则各种介质传热的比例参考如下。

① 车削加工　切屑 50%～86%;刀具 10%～40%;工件 3%～9%;空气 1%。

② 钻削加工　切屑 28%;刀具 14.5%;工件 52.5%;空气 5%。

切削速度越高,切削厚度越大,切屑传出的热量越多。

(2)切削温度的分布。

图 1-17、图 1-18 所示为切削温度的分布情况,通过两图,可以了解切削温度有以下分布特点。

① 切削最高温度点并不在刀刃处,而是离刀刃有一定距离。对于 45 钢,离刀刃约 1 mm 处的前刀面的温度最高。

② 后刀面温度的分布与前刀面类似,最高温度也在切削刃附近,不过比前刀面的温度低。

③ 终剪切面后,沿切屑流出的垂直方向温度变化较大,越靠近刀面,温度越高,这说明切屑在刀面附近被摩擦升温,而且切屑在前刀面的摩擦热集中在切屑底层。

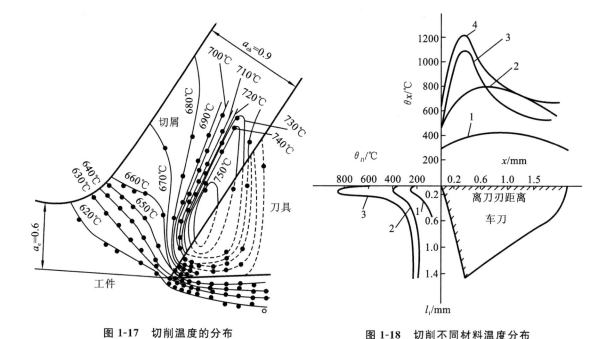

图 1-17　切削温度的分布
工件材料为低碳易切削钢,刀具 $\gamma_o=30°$, $\alpha_o=7°$
切削层公称厚度 $h_D=0.6$ mm,
切削速度 $v_c=22.86$ m/min,干切削

图 1-18　切削不同材料温度分布
切削速度 $v_c=30$ m/min, $f=0.2$ m/r
1—45 钢-YT15;2—GCr15-YT14;
3—钛合金 BT2-YG8;4—BT2-YT15

3. 改善工件材料的切削加工性

材料不同,切削加工的难易程度是不同的。了解影响金属切削加工难易度的因素,对于提高加工效率和加工质量将有重要的意义。

1) 材料切削加工性的概念与评价标准

在一定的切削条件下,工件材料在进行切削加工时表现出的加工难易程度称为材料的切削加工性。

加工时的情况和要求不同,材料加工难易程度的评价标准也不同。如粗加工时用刀具耐用度和切削力为指标,精加工时用已加工表面粗糙度作指标,因此切削加工性是一个相对概念。一般材料的切削加工性的标准用以下几个方面来衡量。

(1) 加工表面质量。容易获得较好表面粗糙度的材料,其材料的切削加工性好。一般零件的精加工用此标准衡量。

(2) 刀具耐用度。这是比较通用的材料切削加工性标准。

这种标准常用的衡量方法是:在保证相同刀具耐用度的前提下,考察切削材料所允许的切削速度的高低,以 U_T 表示,含义为:当刀具耐用度为 T(单位为 min)时,切削某种工件材料所允许的切削速度值。U_T 越高,工件材料的切削加工性越好。一般情况下,取 $T=60$ min, U_T 可以用 U_{60} 表示;难加工材料的耐用度为 15～30 min。

(3) 单位切削力。机床动力不足或机床系统刚度不足时,常采用这种标准。

(4) 断屑性能。对工件材料断屑性能要求高的机床,如自动生产线,组合机床等,或对断屑性能要求较高的工序,常采用这种标准。

以上是评价材料切削加工性的各种标准。在生产实践中,通常采用相对加工性来衡量材料的切削加工性。即以强度为 $R_m = 0.637$ GPa 的 45 钢的 U_{60} 作基准,记作 U_{60j},其他切削材料的 U_{60} 与之相比的数值,称为相对加工性系数,记作 K_v,则

$$K_v = U_{60}/U_{60j} \tag{1-16}$$

常用材料的切削加工性按相对加工性可分为 8 级,如表 1-2 所示。

表 1-2　常用材料的切削加工性及分级

切削加工性等级	名称及种类		相对加工性系数 K_v	代表性材料
1	很容易切削材料	一般有色金属	>3.0	铜合金、铝合金、锌合金
2	易切削材料	易切削钢	2.5~3.0	退火 15Cr 钢($R_m = 380 \sim 450$ MPa);Y12 钢($R_m = 400 \sim 500$ MPa)
3		较易切削钢	1.6~2.5	正火 30 钢($R_m = 450 \sim 560$ MPa)
4	普通材料	一般钢及铸铁	1.0~1.6	45 钢、灰铸铁
5		稍难切削材料	0.65~1.0	2Cr13 调质钢($R_m = 850$ MPa);85 热轧钢($R_m = 900$ MPa)
6	难切削材料	较难切削材料	0.5~0.65	45Cr 调质钢
7		难切削材料	0.15~0.5	50CrV 调质钢;12Cr18Ni9Ti 未淬火;工业纯铁;某些钛合金
8		很难切削材料	<0.15	某些钛合金;铸造镍基高温合金;Mn13 高锰钢

2) 影响工件材料切削加工性的因素

在影响工件材料切削加工性的各种因素中,最主要的影响因素是材料的硬度,其次是该材料的金相组织相关因素,再次是工件材料的塑性和韧度。

(1) 工件材料硬度对切削加工性的影响。

一般情况下,加工硬度高的工件材料时,切屑与前刀面的接触长度减小,前刀面上的法向应力增大,摩擦集中在一小段刀具和切屑接触面上,使切削温度增高,摩擦加剧,因此刀尖容易磨损和崩刃。工件材料的硬度越高,所允许的切削速度也越低。当工件材料的硬度达到 54HRC 时,材料的 U_{60} 值相当低,高速钢刀具已无法切削。

(2) 工件材料强度对切削加工性的影响。

工件材料的强度越高,所需的切削力也越大,切削温度也相应增高,刀具磨损变大。因此,材料的切削加工性是随着材料的强度增大而降低。

(3) 材料的塑性与韧度对切削加工性的影响。

在强度相同时,塑性大的材料所需切削力大,产生的切削温度也高,另外还容易发生黏结现象,切削变形大,因而刀具磨损较大,已加工表面质量较差,此材料的切削加工性也较低。

韧度高的工件材料所需切削力较大,刀具易磨损,而且材料的韧度越高,断屑越困难。

(4) 金相组织对材料切削加工性的影响。

一般铁素体的塑性较高,珠光体的塑性较低。含有大部分铁素体和少量珠光体的材料切

削加工性较好。纯铁完全是铁素体,塑性高,切削加工性差,切屑不容易折断。

含有片状珠光体的金属材料切削加工性较差,含有球状珠光体的金属材料切削加工性较好。切削马氏体和索氏体等硬度较高的组织时,刀具磨损大,材料切削加工性差。

(5)材料化学成分对切削加工性的影响。

有些化学成分能改善钢的性能。其中,铬、镍、钒、钼、钨、锰等元素能提高钢的强度和硬度,硅和铝等元素容易形成氧化硅和氧化铝等硬质点,增加刀具磨损。这些元素含量较低(一般以质量分数 0.3% 为限)时,对金属的切削加工性影响不大,超过这个量,材料的切削加工性变差。

钢中加入少量的硫、硒、铅、磷等元素,不但能降低钢的强度,而且能降低钢的塑性,因而提高了钢的切削加工性。

铸铁中化学元素对切削加工性的影响是通过这些元素对碳的石墨化作用而产生的。铸铁中碳元素以两种形式存在:碳化铁和游离石墨。石墨硬度低,润滑性能好,当铸铁中碳以这种形式存在时,铸铁的切削加工性较差;碳化铁因为硬度高,刀具容易磨损,所以当铸铁的碳化铁含量高时,其切削加工性差。

(6)材料的加工硬化性能对切削加工性的影响。

工件材料的加工硬化性能越好,切削力越大,切削温度也越高,另外,刀具容易被硬化的切屑或已硬化表面磨损,因而,加工硬化性能越高的材料的切削加工性越差。一些高锰钢和奥氏体不锈钢切削后的表面硬度,比原硬度高 1.8 倍左右,造成刀具磨损加剧。

3)改善金属材料切削加工性的措施

工件材料的切削加工性往往不能满足加工的需要,需要采取措施来提高材料的加工性能。通过以上对影响材料切削加工性的因素分析可以知道,若想改善材料的切削加工性,主要可以采取以下两种措施。

(1)调整工件材料的化学成分。

工件材料的化学成分影响金属切削加工性,如材料中加入硫元素,组织中会产生硫化物,组织的结合强度会减小,便于切削;加入铅元素,会使材料组织结构不连接,有利断屑,铅还能形成润滑膜,减小摩擦系数。因此,在钢中添加硫、铅等化学元素,金属的切削性能将得到有效提高。在生产中,含硫的易切削钢应用较多。在大量生产中,一般通过改变材料的化学成分来改善切削加工性。

(2)通过热处理改变材料的金相组织和力学性能。

根据影响材料加工性的因素分析可知,金属材料的金相组织和力学性能能影响金属材料的切削加工性。通过热处理能改变材料的金相组织和力学性能,从而达到改善金属切削加工性目的。

高碳钢和工具钢硬度高,含有较多网状和片状渗碳体组织,难切削,通过球化退火,得到球状渗碳体组织,降低了材料硬度,改善了切削加工性。

低碳钢塑性高,切削加工性也差,通过冷拔和正火处理,可以降低其塑性,提高硬度,使其切削加工性得到改善。马氏体不锈钢塑性也较高,一般通过调质处理来降低其塑性,提高其加工性。

热轧状态的中碳钢组织不均匀,有些表面有硬皮,所以难切削。通过正火处理或退火处理使材料的组织和硬度均匀,可以提高材料切削加工性。

铸铁一般通过退火处理消除内应力和降低表面硬度,以改善切削加工性。

4. 切削用量的确定和切削液的选择

1) 切削用量的确定

切削用量是切削加工过程中切削速度、进给量和背吃刀量的总称。切削用量的选择对加工效率、加工成本和加工质量都有重大的影响,需要考虑机床、刀具、工件材料和工艺等多种因素。

(1) 切削用量选择原则和方法。

所谓合理的切削用量是指充分利用机床和刀具的性能,并在保证加工质量的前提下,获得高的生产效率与低加工成本的切削用量。在切削生产效率方面,在不考虑辅助工时情况下,有生产效率公式 $P = A_o v_c f a_p$,其中 A_o 为与工件尺寸有关的系数,从中可以看出,切削用量三要素 v_c、f、a_p 中任何一个参数增加一倍,生产效率相应提高一倍。但从刀具寿命与切削用量三要素之间的关系式 $T = C_T / (v_c^{1/m} f^{1/n} a_p^{1/p})$ 来看,当刀具寿命一定时,切削速度 v_c 对生产效率影响最大,进给量 f 次之,背吃刀量 a_p 最小。因此,在刀具耐用度一定的前提下,从提高生产效率角度考虑,对于切削用量的选择有一个总的原则:首先选择尽量大的背吃刀量,其次选择最大的进给量,最后选择切削速度。当然,切削用量的选择还要考虑各种因素,最后才能得出一种比较合理的方案。

自动换刀数控机床装刀所费时间较多,所以选择的切削用量要保证刀具能加工完一个零件,或保证刀具耐用度不低于一个工作班,最少不低于半个工作班。

以下对切削用量三要素选择方法分别论述。

① 背吃刀量的选择 背吃刀量的选择根据加工余量确定。切削加工一般分为粗加工、半精加工和精加工几道工序,各工序有不同的选择方法。

a. 粗加工时(表面粗糙度 $Ra50 \sim 12.5\ \mu m$),在允许的条件下,尽量一次切除该工序的全部余量。中等功率机床的背吃刀量可达 $8 \sim 10\ mm$,但对于加工余量大,一次走刀会造成机床功率或刀具强度不够,或加工余量不均匀,或引起振动,或刀具受冲击严重出现打刀等几种情况,需要采用多次走刀。如分两次走刀,则第一次背吃刀量尽量取大些,一般为加工余量的 $2/3 \sim 3/4$,第二次背吃刀量尽量取小些,第二次背吃刀量可取加工余量的 $1/4 \sim 1/3$。

b. 半精加工时(表面粗糙度 $Ra6.3 \sim 3.2\ \mu m$),背吃刀量一般为 $0.5 \sim 2\ mm$。

c. 精加工时(表面粗糙度 $Ra1.6 \sim 0.8\ \mu m$),背吃刀量一般为 $0.1 \sim 0.4\ mm$。

② 进给量的选择 粗加工时,进给量主要考虑工艺系统所能承受的最大进给量,如机床进给机构的强度,刀具强度与刚度,工件的装夹刚度等。

精加工和半精加工时,最大进给量主要考虑加工精度和表面粗糙度,另外还要考虑工件材料的加工性、刀尖圆角半径、切削速度等。如当刀尖圆角半径增大、切削速度提高时,可以选择较大的进给量。

在生产实际中,进给量常根据经验选取。粗加工时,根据工件材料的加工性、车刀导杆直径、工件直径和背吃刀量按表 1-3 选取,表中数据是经验所得,其中包含了导杆的强度和刚度、工件的刚度等工艺系统因素。

表 1-3　硬质合金车刀粗车外圆及端面的进给量参考值

工件材料	车刀导杆尺寸/mm	工件直径/mm	背吃刀量 a_p/mm				
			≤3	>3～5	>5～8	>8～12	>12
			进给量 f/(mm/r)				
碳素结构钢、合金结构钢、耐热钢	16×25	20	0.3～0.4	—	—	—	—
		40	0.4～0.5	0.3～0.4	—	—	—
		60	0.5～0.7	0.4～0.6	0.3～0.5	—	—
		100	0.6～0.9	0.5～0.7	0.5～0.6	0.4～0.5	—
		400	0.8～1.2	0.7～1.0	0.6～0.8	0.5～0.6	—
	20×30 25×25	20	0.3～0.4	—	—	—	—
		40	0.4～0.5	0.3～0.4	—	—	—
		60	0.6～0.7	0.5～0.7	0.4～0.6	—	—
		100	0.8～1.0	0.7～0.9	0.5～0.7	0.4～0.7	—
		400	1.2～1.4	1.0～1.2	0.8～1.0	0.6～0.9	0.4～0.6
铸铁及合金钢	16×25	40	0.4～0.5	—	—	—	—
		60	0.6～0.8	0.5～0.8	0.4～0.6	—	—
		100	0.8～1.2	0.7～1.0	0.6～0.8	0.5～0.7	—
		400	1.0～1.4	1.0～1.2	0.8～1.0	0.6～0.8	—
	20×30 25×25	40	0.4～0.5	—	—	—	—
		60	0.6～0.9	0.5～0.8	0.4～0.7	—	—
		100	0.9～1.3	0.8～1.2	0.7～1.0	0.5～0.78	—
		400	1.2～1.8	1.2～1.6	1.0～1.3	0.9～1.0	0.7～0.9

从表 1-3 可以看到,在背吃刀量一定时,进给量随着导杆尺寸和工件尺寸的增大而增大。加工铸铁时的切削力比加工钢件时的小,所以铸铁可以选取较大的进给量。精加工与半精加工时,可根据加工表面粗糙度要求按表选取,同时考虑切削速度和刀尖圆角半径因素,如表1-4所示。有必要的话,还要对所选进给量参数进行强度校核,最后再根据机床说明书确定。

表 1-4　按表面粗糙度选择进给量的参考值

工件材料	表面粗糙度 Ra/μm	切削速度范围/(m/min)	刀尖圆角半径 r/mm		
			0.5	1.0	2.0
			进给量 f/(mm/r)		
铸铁、青铜、铝合金	10～5	不限	0.25～0.40	0.40～0.50	0.50～0.60
	5～2.5		0.15～0.25	0.25～0.40	0.40～0.60
	2.5～1.25		0.10～0.15	0.15～0.20	0.20～0.35

工 件 材 料	表面粗糙度 $Ra/\mu m$	切削速度范围 /(m/min)	刀尖圆角半径 r/mm		
			0.5	1.0	2.0
			进给量 f/(mm/r)		
碳钢及合金钢	10~5	<50	0.30~0.50	0.45~0.60	0.55~0.70
		>50	0.40~0.55	0.55~0.65	0.65~0.70
	5~2.5	<50	0.18~0.25	0.25~0.30	0.30~0.40
		>50	0.25~0.30	0.30~0.35	0.35~0.50
	2.5~1.25	<50	0.10	0.11~0.15	0.15~0.22
		50~100	0.11~0.16	0.16~0.25	0.25~0.35
		>100	0.16~0.20	0.20~0.25	0.25~0.35

在数控加工中最大进给量受机床刚度和进给系统的性能限制。选择进给量时,还应注意零件加工中的某些特殊因素,比如在轮廓加工中,选择进给量时,应考虑轮廓拐角处的超程问题。特别是在拐角较大、进给速度较高时,应在接近拐角处适当降低进给速度,在拐角后逐渐升速,以保证加工精度。

加工过程中,由于切削力的作用,机床、工件、刀具系统会产生变形,可能使刀具运动滞后,从而在拐角处可能产生欠程。因此,拐角处的欠程问题,在编程时应给予足够的重视。此外,还应充分考虑切削的自然断屑问题,通过选择刀具几何形状和对切削用量的调整,使排屑处于最顺畅状态,严格避免长屑缠绕刀具而引起故障。

③ 车削速度的选择 确定了背吃刀量 a_p,进给量 f 和刀具耐用度 T 后,则可以按下面公式计算切削速度 v_c:

$$v_c = \frac{C_V}{60T^m a_p^{x_v} f^{y_v}} k_v \tag{1-17}$$

式中各指数和系数可以按表1-5选取,修正系数 k_v 为一系列修正系数乘积,各修正系数可以按表1-6选取。此外,切削速度也可通过表1-7得出。

表 1-5 车削速度计算式中的系数与指数

工件材料	刀具材料	进给量 f/(mm/r)	系数与指数值			
			C_v	x_v	y_v	m
外圆纵车 碳素结构钢	YT15 (干切)	≤0.3	291	0.15	0.20	0.2
		≤0.7	242	0.15	0.35	0.2
		>0.7	235	0.15	0.45	0.2
	W18Cr4V (加切削液)	≤0.25	67.2	0.25	0.33	0.125
		>0.25	43	0.25	0.66	0.125
外圆纵车 灰铸铁	YG6 (干切)	≤0.4	189.8	0.15	0.20	0.2
		>0.4	158	0.15	0.40	0.2
	W18Cr4V (干切)	≤0.25	24	0.15	0.30	0.1
		>0.25	22.7	0.15	0.40	0.1

表 1-6　车削速度计算修正系数

工件材料 κ_{Mv_c}	加工钢:硬质合金 $\kappa_{Mv_c}=0.637/R_m$;高速钢 $\kappa_{Mv_c}=C_M(0.637/R_m)^{n_{v_c}}$ ($C_M=1.0$;$n_{v_c}=1.75$;当 $R_m\leqslant0.441$ GPa 时,$n_{v_c}=-1.0$)					
	加工灰铸铁:硬质合金 $\kappa_{Mv_c}=(190/HBW)^{1.25}$;高速钢 $\kappa_{Mv_c}=(190/HBW)^{1.7}$					
毛坯状况 κ_{Sv_c}	无外皮	棒料	锻件	铸钢、铸铁		Cu-Al 合金
				一般	带砂皮	
	1.0	0.9	0.8	0.8~0.85	0.5~0.6	0.9
刀具材料 κ_{Tv_c}	钢	YT5	YT14	YT15	YT30	YG8
		0.65	0.8	1	1.4	0.4
	灰铸铁	YG8		YG6		YG3
		0.83		1.0		1.15
主偏角 $\kappa_{\kappa_r v_c}$	κ_r	30°	45°	60°	75°	90°
	钢	1.13	1	0.92	0.86	0.81
	灰铸铁	1.2	1	0.88	0.83	0.73
副偏角 $\kappa'_{\kappa_r v_c}$	κ'_r	30°	30°	30°	30°	30°
	$\kappa'_{\kappa_r v_c}$	1	0.97	0.94	0.91	0.87
刀尖半径 $\kappa_{r_\varepsilon v_c}$	r	1 mm	2 mm		3 mm	4 mm
	$\kappa_{r_\varepsilon v_c}$	0.94	1.0		1.03	1.13
刀杆尺寸 κ_{Bv_c}	$B\times H$	12×20 16×16	16×25 20×20	20×30 25×25	25×40 30×30	30×45 40×40	40×60
	κ_{Bv_c}	0.93	0.97	1	1.04	1.08	1.12

半精加工和精加工时,切削速度 v_c 主要受刀具耐用度和已加工表面质量限制,在选取切削速度 v_c 时,要尽可能避开积屑瘤的速度范围。

切削速度的选取原则是:粗车时,因背吃刀量和进给量都较大,应选较低的切削速度,精加工时应选择较高的切削速度;被加工材料硬度较高时,应选较低的切削速度,反之选较高切削速度;刀具材料的切削性能越好,切削速度越高。

2)切削液的选择

切削液的主要作用是润滑、冷却、清洗和防锈,它对于减轻刀具磨损、提高加工表面质量、降低切削区温度和提高生产效率都有非常重要的作用。

(1)切削液的作用。

① 润滑作用　切削液能在刀具的前、后刀面与工件之间形成一层润滑薄膜,可减少或避免刀具与工件或切屑间的直接接触,减轻摩擦和黏结程度,因而可以减轻刀具的磨损,提高工件表面的加工质量。

切削速度对切削液的润滑效果影响最大,一般速度越高,切削液的润滑效果越差。切削液的润滑效果还与切削厚度、材料强度等切削条件有关。切削厚度越大,材料强度越高,润滑效果越差。

② 冷却作用　流出切削区的切削液带走大量的热,从而降低工件与刀具的温度,提高刀

表1-7 车削加工常用钢材的切削速度参考数值

加工材料	硬度 HBS	背吃刀量 a_p/mm	高速钢刀具 v/(m/min)	高速钢刀具 f/(mm/r)	硬质合金刀具 未涂层 v/(m/min) 焊接式	未涂层 v/(m/min) 可转位	未涂层 f/(mm/r)	涂层 材料	涂层 v/(m/min)	涂层 f/(mm/r)	陶瓷（超硬材料）刀具 v/(m/min)	陶瓷 f/(mm/r)	说明
易切碳钢 低碳	100~200	1	55~90	0.18~0.2	185~240	220~275	0.18	TY15	320~410	0.18	550~700	0.13	切削条件较好时可用冷压 Al₂O₃陶瓷，切削条件较差时宜用 Al₂O₃＋TiC 热压混合陶瓷
		4	41~70	0.40	135~185	160~215	0.50	TY14	215~275	0.40	425~580	0.25	
		8	34~55	0.50	110~145	130~170	0.75	TY5	170~220	0.50	335~490	0.40	
易切碳钢 中碳	175~225	1	52	0.2	165	200	0.18	TY15	305	0.18	520	0.13	
		4	40	0.40	125	150	0.50	TY14	200	0.40	395	0.25	
		8	30	0.50	100	120	0.75	TY5	160	0.50	305	0.40	
碳钢 低碳	125~225	1	43~46	0.18	140~150	170~195	0.18	TY15	260~290	0.18	520~580	0.13	
		4	34~33	0.40	115~125	135~150	0.50	TY14	170~190	0.40	365~425	0.25	
		8	27~30	0.50	88~100	105~120	0.75	TY5	135~150	0.50	275~365	0.40	
碳钢 中碳	175~275	1	34~40	0.18	115~130	150~160	0.18	TY15	220~240	0.18	460~520	0.13	
		4	23~30	0.40	90~100	115~125	0.50	TY14	145~160	0.40	290~350	0.25	
		8	20~26	0.50	70~78	90~100	0.75	TY5	115~125	0.50	200~260	0.40	
碳钢 高碳	175~275	1	30~37	0.18	115~130	140~155	0.18	TY15	215~230	0.18	460~520	0.13	
		4	24~27	0.40	88~95	105~120	0.50	TY14	145~150	0.40	275~335	0.25	
		8	18~21	0.50	69~76	84~95	0.75	TY5	115~120	0.50	185~245	0.40	
合金钢 低碳	125~225	1	41~46	0.18	135~150	170~185	0.18	TY15	220~235	0.18	520~580	0.13	
		4	32~37	0.40	105~120	135~145	0.40~0.50	TY14	175~190	0.40	365~395	0.25	
		8	24~27	0.50	84~95	105~115	0.50~0.75	TY5	135~145	0.50	275~335	0.40	
合金钢 中碳	175~275	1	34~41	0.18	105~115	130~150	0.18	TY15	175~200	0.18	460~520	0.13	
		4	26~32	0.40	85~90	105~120	0.50	TY14	135~160	0.40	280~360	0.25	
		8	20~24	0.50	67~73	82~95	0.75	TY5	105~120	0.50	220~265	0.40	
合金钢 高碳	175~275	1	30~37	0.18	105~115	135~145	0.18	TY15	175~190	0.18	460~520	0.13	
		4	24~27	0.40	84~90	105~115	0.50	TY14	135~150	0.40	275~335	0.25	
		8	18~21	0.50	66~72	82~90	0.75	TY5	105~120	0.50	215~245	0.40	
高强度钢	225~350	1	20~26	0.18	90~105	115~135	0.18	TY15	150~185	0.18	380~440	0.13	
		4	15~20	0.40	69~84	90~105	0.40	TY14	120~135	0.40	205~265	0.25	
		8	12~15	0.50	53~66	69~84	0.50	TY5	90~105	0.50	145~205	0.40	

具耐用度,减小热变形,提高加工精度。不过切削液对刀具与切屑界面的影响不大,试验表明,切削液只能缩小刀具与切屑界面的高温区域,并不能降低最高温度,因为一般的浇注方法主要表现为冷却切屑。切削液如果能喷注到刀具副后面处,将对刀具和工件的冷却效果更好。

切削液的冷却效果还与它的导热系数、比热容、汽化热、汽化速度及流量、流速等有关系。切削液的冷却作用主要靠热传导,因为水的导热系数为油的3～5倍,且比热容也大一倍,所以水溶液比油的冷却性能好。

切削液自身温度对冷却效果影响很大。切削液温度高,冷却作用小,切削液温度太低,切削液黏度大,冷却效果也不好。

③ 清洗作用　在车、铣、磨、钻等加工时,常浇注和喷射切削液来清洗机床上的切屑和杂物,并将切屑和杂物带走。

④ 防锈作用　一些切削液中加入了防锈添加剂,它能与金属表面起化学反应而生成一层保护膜,从而起到防锈的作用。

(2)切削液添加剂。

① 油性添加剂　单纯矿物油与金属的吸附力差,润滑效果不好,如在矿物油中添加油性添加剂,将改善润滑作用。动物或植物油、皂类、胺类等与金属吸附力强,形成的物理吸附油膜较牢固,是理想的油性添加剂。不过物理吸附油膜在温度较高时将失去吸附能力,因此一般油性添加剂切削液在200 ℃以下使用。

② 极压添加剂　这种添加剂主要利用添加剂中的化合物,在高温下与加工金属快速反应形成化学吸附膜,从而起固体润滑剂作用。目前常用的极压添加剂中一般含氯、硫和磷等化合物。由于化学吸附膜与金属结合牢固,一般在400～800 ℃高温仍起作用。含硫与氯的极压切削液分别对有色金属和钢铁有腐蚀作用,应注意合理使用。

③ 表面活性剂　表面活性剂是一种有机化合物,它使矿物油微小颗粒稳定分散在水中,形成稳定的水包油乳化液。表面活性剂除起乳化作用外,还能吸附在金属表面,形成润滑膜,起润滑作用。

乳化液中除加入适量的乳化稳定剂(如乙二醇、正丁醇)外,还添加防锈添加剂(如亚硝酸钠等)、抗泡沫剂(二甲基硅油等)、防霉添加剂(苯酚等)。

(3)切削液的种类。

① 切削油　切削油分为两类:一类以矿物油为基体加入油性添加剂的混合油,一般用于低速切削有色金属及磨削中;另一类是极压切削油,是在矿物油中添加极压添加剂制成,适用于重切削和难加工材料的切削。

② 乳化液　乳化液是用乳化油加70%～98%(质量分数)的水稀释而成的乳白色或半透明状液体,它由切削油加乳化剂制成。乳化液具有良好的冷却和润滑性能。乳化液的稀释程度根据用途定,浓度高润滑效果好,但冷却效果差;反之,冷却效果好,润滑效果差。

③ 水溶液　水溶液的主要成分是水,为具有良好的防锈性能和一定的润滑性能,常加入一定的添加剂(如亚硝酸钠、硅酸钠等)。常用的水溶液有电介质水溶液和表面活性水溶液。在水中加入电介质作为防锈剂的称为电介质水溶液;在水中加入皂类等表面活性物质的称为表面活性水溶液,可增强水溶液的润滑作用。

(4)切削液选用原则。

切削液的效果除与其本身的性能有关外,还与工件材料、刀具材料、加工方法等因素有关,应该综合考虑,合理选择,以达到最佳的效果。表 1-8 所示为常用切削液选用表。以下是一般的选用原则。

表 1-8　常用切削液选用表

加工类型		工 件 材 料					
		碳 钢	合 金 钢	不锈钢及耐热钢	铸铁及黄铜	青 铜	铝及合金
车、铣及镗孔	粗加工	3%～5%乳化液	(1)5%～15%乳化液,(2)5%石墨或硫化乳化液,(3)5%氯化石蜡油制乳化液	(1)10%～30%乳化液,(2)10%硫化乳化液	(1)一般不用,(2)3%～5%乳化液	一般不用	(1)一般不用,(2)中性或含有游离酸小于4mg的弱性乳化液
	精加工	(1)石墨化或硫化乳化液,(2)5%乳化液(高速时),(3)10%～15%乳化液(低速时)		(1)氧化煤油,(2)煤油75%、油酸或植物油25%,(3)煤油60%、松节油20%、油酸20%	黄铜一般不用,铸铁用煤油	7%～10%乳化液	(1)煤油,(2)松节油,(3)煤油与矿物油的混合物
切断及车槽		(1)15%～20%乳化液,(2)硫化乳化液,(3)活性矿物油,(4)硫化油		(1)氧化煤油,(2)煤油75%、油酸或植物油25%,(3)硫化油85%～87%、油酸或植物油13%～15%	(1)7%～10%乳化液,(2)硫化乳化液		
钻孔及镗孔		(1)7%硫化乳化液,(2)硫化切削油		(1)3%肥皂+2%亚麻油水溶液(不锈钢钻孔),(2)硫化切削油(不锈钢镗孔)	(1)一般不用,(2)煤油(用于铸铁),(3)菜籽油(用于黄铜)	(1)7%～10%乳化液,(2)硫化乳化液	(1)一般不用,(2)煤油,(3)煤油与菜籽油的混合油
铰孔		(1)硫化乳化液,(2)10%～15%极压乳化液,(3)硫化油与煤油混合液(中速)		(1)10%乳化液或硫化切削油,(2)含硫氯磷切削油			(1)2号锭子油,(2)2号锭子油与蓖麻油的混合物,(3)煤油和菜籽油的混合物

续表

加工类型	工件材料					
	碳　钢	合　金　钢	不锈钢及耐热钢	铸铁及黄铜	青　铜	铝及合金
车螺纹	(1)硫化乳化液， (2)氧化煤油， (3)煤油75%，油酸或植物油25%， (4)硫化切削油， (5)变压器油70%，氯化石蜡30%		(1)氧化煤油， (2)硫化切削油， (3)煤油60%，松节油20%、油酸20%， (4)硫化油60%、煤油25%、油酸15%， (5)四氯化碳90%，猪油或菜籽油10%	(1)一般不用， (2)煤油(铸铁)， (3)菜籽油(黄铜)	(1)一般不用， (2)菜籽油	(1)硫化油30%、煤油15%、2号或3号锭子油55%， (2)硫化油30%、煤油15%、油酸30%、2号或3号锭子油25%
滚齿插齿	(1)20%~25%极压乳化液， (2)含硫(或氯、磷)的切削油			(1)煤油(铸铁)， (2)菜籽油(黄铜)	(1)10%~15%极压乳化液， (2)含氯切削油	(1)10%~15%极压乳化液， (2)煤油
磨削	(1)电解水溶液， (2)3%~5%乳化液， (3)豆油+硫黄粉			3%~5%乳化液		磺化蓖麻油1.5%、浓度30%~40%的氢氧化钠，加至微碱性，煤油9%，其余为水

注：表中及上下文中涉及成分的百分数都指质量分数。

① 粗加工　粗加工时，切削用量大，产生的切削热量大，容易使刀具迅速磨损。此类加工一般采用冷却作用为主的切削液，如离子型切削液或3%~5%乳化液。切削速度较低时，刀具磨损主要为机械磨损，宜选用润滑性能好的切削液；速度较高时，刀具主要是热磨损，应选用冷却效果好的切削液。

硬质合金刀具耐热性好，热裂敏感，可以不用切削液。如采用切削液，必须连续、充分浇注，以免冷热不均而产生热裂纹，损伤刀具。

② 精加工　精加工时，切削液的主要作用是提高工件表面加工质量和加工精度。加工一般钢件，在较低的切削速度(6.0~30 m/min)情况下，宜选用极压切削油或10%~12%极压乳化液，以减小刀具与工件之间的摩擦和黏结，抑制积屑瘤的产生。

精加工铜及其合金、铝及其合金或铸铁时，宜选用粒子型切削液或10%~12%乳化液，或10%~12%极压乳化液。加工铜材料时，不宜采用含硫切削液，因为硫对铜有腐蚀作用。另外，加工铝时，不适合采用含硫与氯的切削液，因为这两种元素易与铝形成强度高于铝的化合物,反而增大刀具与切屑间的摩擦,也不宜采用水溶液,因高温时水常使铝产生针孔。

③ 难加工材料的切削 难加工材料硬质点多,导热系数小,切削热不易散出,刀具磨损较快。此类加工一般处于高温高压的边界润滑摩擦状态,应选用润滑性能好的极压切削油或高浓度的极压乳化液。当用硬质合金刀具高速切削时,可选用冷却作用为主的低浓度乳化液。

【任务实施】

根据开始的工作任务解决方案如下:

(1)避免积屑瘤产生的方法。

根据积屑瘤对加工的影响可知,积屑瘤能增大刀具实际前角,使切削更容易,所以这位师傅在粗加工时采用了利用积屑瘤的加工方法,但积屑瘤很不稳定,它会周期性地脱落,这就造成了刀具实际切削厚度在变化,影响零件的加工尺寸精度。另外,积屑瘤的脱落和形状的不规则又使零件加工表面变得非常粗糙,影响零件表面粗糙度。所以在精加工阶段,这位师傅又努力避免积屑瘤的产生。

积屑瘤是切屑与刀具前刀面摩擦温度达到一定程度,切屑与前刀面接触层金属发生加工硬化时产生的,因此可以采取以下几个方面的措施来避免积屑瘤的产生。

通过热处理,提高零件材料的硬度;调整刀具角度,增大前角,从而减小切屑对刀具前刀面的压力;调低切削速度,使切削层与刀具前刀面接触面温度降低,避免黏结现象的发生;采用很高的切削速度,提切削温度,因为温度高到一定程度,积屑瘤也不会产生;更换切削液,采用润滑性能更好的切削液,减少切削摩擦。

(2)切削用量的选择注意事项。

粗加工时切削用量的选择取决于工件的加工余量,首先选择尽可能大的背吃刀量;其次根据机床进给系统及刀杆的强度、刚度等条件,选择尽可能大的进给量;最后根据刀具耐用度确定最佳的切削速度。

精加工时切削用量的选择要首先根据粗加工后的加工余量确定背吃刀量;其次根据已加工表面粗糙度的要求,选取较小的进给量;最后在保证刀具耐用度的前提下,尽可能选择较高的切削速度。

(3)切削液的选择方法。

粗加工时,切削液的主要作用是散热,避免刀具磨损过快,一般采用冷却效果好的切削液。加工现场中切削速度较低时,刀具磨损主要是以机械磨损为主,这时宜选用润滑性能为主的切削液;加工现场中切削速度较高时,刀具磨损主要是热磨损,这时宜选用冷却为主的切削液。

精加工时,切削液的主要作用是提高工件表面加工质量和加工精度。加工一般钢件时,为了减小刀具与工件之间的摩擦和黏结,抑制积屑瘤的产生,宜选用极压切削油 10%～12%极压乳化液。精加工铜及其合金、铝及合金或铸铁时,为了提高加工表面质量,宜选用粒子型切削液或 10%～12%乳化液,以及 10%～12%极压乳化液。加工铜材料时,不宜采用含硫切削液,因为硫对铜有腐蚀作用。精加工铝时,也不宜采用含硫与氯的切削液,因为这两种元素宜与铝形成强度高于铝的化合物,反而增大刀具与切屑间的摩擦,也不宜采用水溶液,因高温时水强使铝产生针孔。另外,硬质合金刀具一般不用切削液。如采用切削液,必须连续、充分浇注,以免冷热不均产生热裂纹而损伤刀具。

【思考与实训】

1.画图说明切削运动有哪些类型。

2. 画图说明工件切削过程中产生哪些表面。

3. 切削用量的三要素是什么? 试写出它们的计算公式。

4. 观察切屑,说出切屑的类型及特点。

5. 简述切屑的折断过程及断屑的措施有哪些。

6. 简述金属切削过程产生塑性变形的三个变形区的特点。

7. 切削热产生在哪些区域? 切削温度是如何分布的?

8. 简述如何改善工件材料的切削加工性能。

9. 切削用量选择的原则和方法有哪些?

10. 切削液的作用是什么? 它有哪些种类? 切削加工时,如何选择切削液?

任务二　零件的工艺分析

【任务引入】

1. 某主轴箱体主轴孔的设计要求为 $\phi100H7$,孔面粗糙度要求为 $Ra0.8$。其加工工艺路线为:毛坯→粗镗→半精镗→精镗→浮动镗。试确定各工序尺寸及其公差。

2. 图 1-19 所示零件,要加工内孔 $\phi40H7$、阶梯孔 $\phi13$ 和 $\phi22$ 等三种不同规格和精度要求的孔,零件材料为 HT200 铸铁。请选择加工方法和在选择刀具的基础上确定其切削用量。

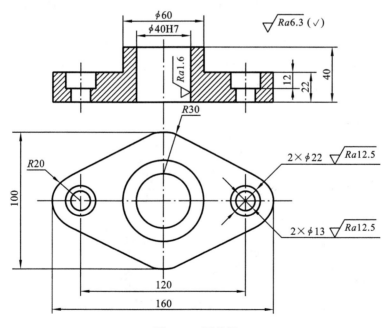

图 1-19　零件图

【相关知识准备】

1. 零件图的工艺分析

在拟定零件的机械加工工艺规程之前,需要对零件图进行工艺性分析,并提出修改意见。

1）零件图的尺寸分析

首先应熟悉零件在产品中的作用、位置、装配关系和工作条件,弄清楚各项技术要求对零件装配质量和使用性能的影响,找出主要的和关键的技术要求,然后对零件图进行分析。

（1）检查零件图的完整性和正确性。

在了解零件形状和结构之后,应检查零件视图是否正确,表达是否直观、清楚,绘制是否符合国家标准,尺寸、公差以及技术要求的标注是否齐全、合理等。

（2）零件的技术要求分析。

零件的技术要求包括下列几个方面:加工表面的尺寸精度,主要加工表面的形状精度,主要加工表面之间的相互位置精度,加工表面的粗糙度以及表面质量方面的要求,热处理要求,其他要求(如动平衡、未注圆角或倒角、去毛刺、毛坯要求等)。

分析这些要求在保证使用性能的前提下是否经济合理,在现有生产条件下能否实现。特别要分析主要表面的技术要求,因为主要表面的加工确定了零件工艺过程的大致轮廓。

（3）零件的材料分析。

分析毛坯材料的力学性能和热处理状态,毛坯的铸造品质和被加工部位的硬度,是否有白口、夹砂、疏松等。判断其加工的难易程度,为选择刀具材料和切削用量提供依据。

（4）合理的尺寸标注。

① 零件图上的重要尺寸应直接标注,而且在加工时应尽量使工艺基准与设计基准重合,并符合尺寸链最短的原则。图 1-20 中活塞环槽的尺寸为重要尺寸,其宽度应直接注出。

② 零件图上标注的尺寸应便于测量,不要从轴线、中心线、假想平面等难以测量的基准上标注尺寸。图 1-21 中轮毂键槽的深度,只有尺寸 c 的标注才便于用卡尺或样板测量。

③ 零件图上的尺寸不应标注成封闭式,以免产生矛盾。如图 1-22 所示,已标注了孔距尺寸 $a \pm \delta_a$ 和角度 $a \pm b_a$,则 x、y 轴的坐标尺寸就不能再随便标注。有时为了方便加工,可按尺寸链计算出来,并标注在圆括号内,作为加工时的参考尺寸。

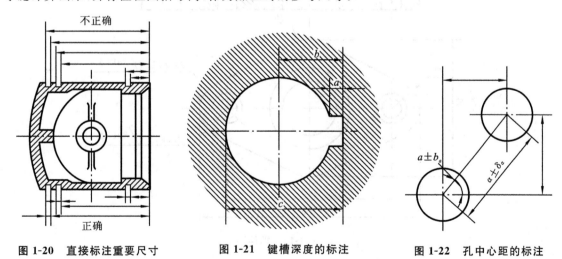

图 1-20　直接标注重要尺寸　　图 1-21　键槽深度的标注　　图 1-22　孔中心距的标注

④ 零件上非配合的自由尺寸,应按加工顺序尽量从工艺基准注出。如图 1-23 所示的齿轮轴,图 1-23(a)的表示方法大部分尺寸要经换算,且不能直接测量。而图 1-23(b)的标注方式,与加工顺序一致,又便于加工测量。

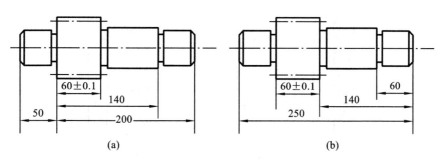

图 1-23 按加工顺序标注自由尺寸

（a）错误；（b）正确

⑤ 零件上各非加工表面的位置尺寸应直接标注，而非加工面与加工面之间只能有一个联系尺寸。如图 1-24 所示，图 1-24(a)中的注法不合理，只能保证一个尺寸符合图样要求，其余尺寸可能会超差。而图 1-24(b)中标注尺寸 A 在加工面 Ⅳ 时予以保证，其他非加工面的位置应直接标注。

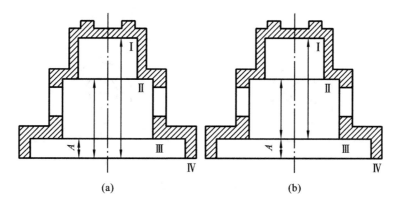

图 1-24 非加工面与加工面之间的尺寸标注

（a）错误；（b）正确

2）零件的结构工艺性分析

零件的结构工艺性是指在满足使用性能的前提下，零件是否能以较高的生产效率和最低的成本方便地加工出来的特性。为了多快好省地把所设计的零件加工出来，就必须对零件的结构工艺性进行详细分析。零件的结构工艺性分析主要考虑如下几方面。

（1）有利于达到所要求的加工质量。

① 合理确定零件的加工精度与表面质量 加工精度若定得过高会导致增加工序，增加制造成本，过低会影响机器的使用性能，故必须根据零件在整个机器中的作用和工作条件合理地确定，尽可能使零件加工方便且制造成本低。

② 保证位置精度 为保证零件的位置精度，最好使零件能在一次安装中加工出所有相关表面，这样就能依靠机床本身的精度来达到所要求的位置精度。图 1-25(a)所示的结构，不能保证外圆 $\phi 80$ 与内孔 $\phi 60$ 的同轴度。如改成图 1-25(b)所示的结构，就能在一次安装中加工出外圆与内孔，保证二者的同轴度。

（2）有利于减少加工工作量。

① 尽量减小不必要的加工面积。减小加工面积不仅可减少机械加工的劳动量，而且还可

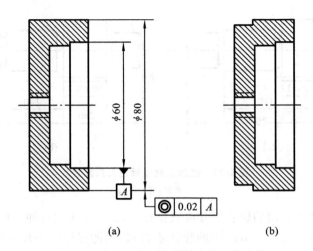

图 1-25　有利于保证位置精度的工艺结构

(a) 错误；(b) 正确

以减少刀具的损耗,提高装配质量。图 1-26(b)中减小了轴承座底面的加工面积,降低了修配的工作量,保证配合面的接触。图 1-27(b)中,既减小了精加工的面积,又避免了深孔加工。

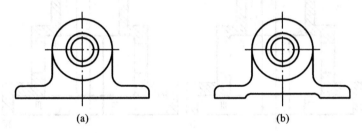

图 1-26　减小轴承座底面加工面积

(a) 错误；(b) 正确

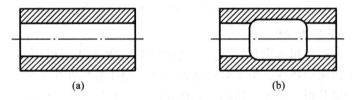

图 1-27　减少深孔精加工的面积

(a) 错误；(b) 正确

②　尽量避免或简化内表面的加工　因为外表面的加工要比内表面加工方便、经济,又便于测量。因此,在零件设计时应力求避免在零件内腔进行加工。如图 1-28 所示的箱体,若将图1-28(a)所示的结构改成图 1-28(b)所示的结构,这样不仅加工方便而且还有利于装配。再如图 1-29 所示,将图 1-29(a)中零件 2 上的内沟槽 3 加工改成图 1-29(b)中零件 1 的外沟槽加工,这样加工与测量就变得很方便。

(3) 有利于提高生产效率。

①　零件的有关尺寸应力求一致,并能用标准刀具加工　图 1-30(b)中将退刀槽尺寸改为一致,则减少加工刀具的种类,节省了换刀时间。图 1-31(b)所示使凸台高度相等,则简化了

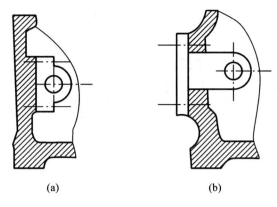

图 1-28　将内表面转化为外表面加工

（a）错误；（b）正确

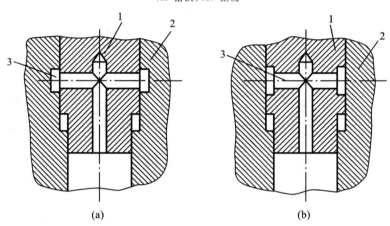

图 1-29　将内沟槽转化为外沟槽加工

（a）错误；（b）正确

1,2—零件；3—内沟槽

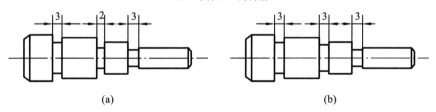

图 1-30　退刀槽尺寸一致

（a）错误；（b）正确

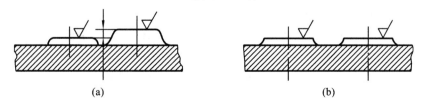

图 1-31　凸台高度相等

（a）错误；（b）正确

加工过程中刀具的调整。图 1-32（b）所示的结构，能直接采用标准钻头钻孔，从而方便了加工。

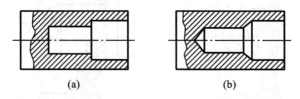

图 1-32　便于采用标准钻头

（a）错误；（b）正确

② 减少零件的安装次数　零件的加工表面应尽量分布在同一方向，或互相平行或互相垂直；次要表面应尽可能与主要表面分布在同一方向上，以便在加工主要表面时，能同时将次要表面也加工出来；孔端的加工表面应为圆形凸台或沉孔，以便在加工孔时同时将凸台或沉孔全锪出来。如图 1-33（b）中的钻孔方向应一致，图 1-34（b）中键槽的方位应一致。

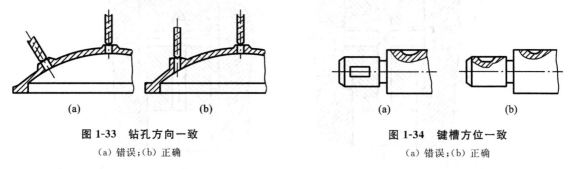

图 1-33　钻孔方向一致

（a）错误；（b）正确

图 1-34　键槽方位一致

（a）错误；（b）正确

③ 零件的结构应便于加工　如图 1-35（b）、图 1-36（b）所示，设有退刀槽、越程槽，减少了刀具（砂轮）的磨损。图 1-37（b）所示的结构，便于刀具接近，从而保证了加工的可能性。

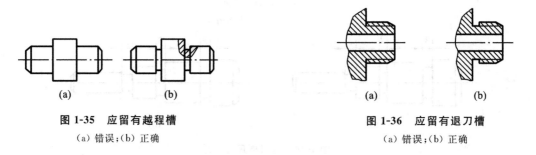

图 1-35　应留有越程槽

（a）错误；（b）正确

图 1-36　应留有退刀槽

（a）错误；（b）正确

④ 避免在斜面上钻孔和钻头单刃切削　图 1-38（b）所示的斜面钻孔方式，避免了因钻头两边切削力不等使钻孔轴线倾斜或折断钻头。

⑤ 便于多刀或多件加工　如图 1-39（b）所示，为适应多刀加工，阶梯轴各段长度应相似或成整数倍；直径尺寸应沿同一方向递增或递减，以便调整刀具。零件设计的结构要便于多件加工，如图 1-40 所示，图 1-40（b）所示结构可将毛坯排列成行以便于多件连续加工。

2．毛坯的选择

正确选择合适的毛坯，对零件的加工质量、材料消耗和加工工时都有很大的影响。显然毛坯的尺寸和形状越接近成品零件，机械加工的工作量就越小，但是这样的毛坯的制造成本就越

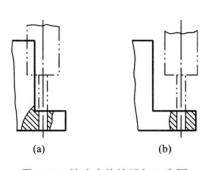

图 1-37 钻头应能接近加工表面

（a）错误；（b）正确

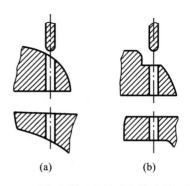

图 1-38 避免在斜面上钻孔和钻头单刃切削

（a）错误；（b）正确

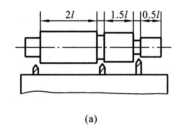

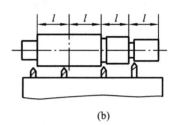

图 1-39 便于多刀加工

（a）错误；（b）正确

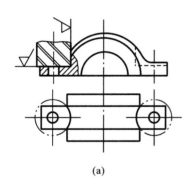

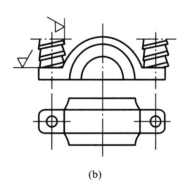

图 1-40 便于多件连续加工

（a）错误；（b）正确

高，所以应根据生产纲领，综合考虑毛坯制造和机械加工的费用来确定毛坯尺寸和形状，以求得最好的经济效益。

1）毛坯的确定

（1）毛坯的种类。

① 铸件 形状较复杂的零件毛坯一般用铸造方法制造。铸造方法有砂型铸造、熔模铸造、金属型铸造、压力铸造等。当毛坯精度要求高、生产批量很大时，采用金属型铸造法。铸件材料有铸铁，铸钢，铜、铝等有色金属。

② 锻件 强度要求高、形状比较简单的零件毛坯一般用锻造方法制造。锻造方法有自由锻和模锻等。自由锻毛坯精度低、加工余量大、生产效率低，适用于小批量生产以及大型零件

毛坯生产。模锻毛坯精度高、加工余量小、生产效率高,但成本也高,适用于中小型零件毛坯的大批大量生产。

③ 型材　型材有热轧和冷拉两种方法:热轧适用于尺寸较大、精度较低的毛坯;冷拉适用于尺寸较小、精度较高的毛坯。

④ 焊接件　焊接件是根据需要将型材或钢板等焊接而成的,它简单方便,生产周期短,但需经时效处理后才能进行机械加工。

⑤ 冷冲压件　冷冲压件毛坯可以非常接近成品要求,在小型机械、仪表和轻工电子产品方面应用广泛,但因冲压模具昂贵而仅用于大批大量生产。

(2) 毛坯选择时应考虑的因素。

① 零件的材料及力学性能要求　零件材料的工艺特性和力学性能大致决定了毛坯的种类。例如铸铁零件用铸造毛坯;钢质零件当形状较简单且力学性能要求不高时常用棒料,对于重要的钢质零件,为获得良好的力学性能,应选用锻件,当形状复杂力学性能要求不高时用铸钢件;有色金属零件常用型材或铸造毛坯。

② 零件的结构形状与外形尺寸　体积大且结构较简单的零件毛坯多用砂型铸造或自由锻方法制造;结构复杂的毛坯多用铸造方法制造;体积小的零件可用模锻件或压力铸造毛坯;板状钢质零件多用锻造方法制造;轴类零件的毛坯,若台阶直径相差不大,可用棒料,若各台阶尺寸相差较大,则宜选择锻造方法制造。

③ 生产批量的大小　大批量生产中,应采用精度和生产效率都较高的毛坯制造方法。铸件采用金属模机器造型或熔模铸造,锻件用模锻或精密锻造。小批量生产可用木模手工造型或自由锻来制造毛坯。

④ 现有生产条件　选用毛坯时,必须考虑具体的生产条件,如现场毛坯制造的实际水平和能力、外购的可能性等,否则就不现实。

⑤ 充分利用新工艺、新材料　为节约材料和能源,提高机械加工生产效率,应充分考虑熔模铸造、精锻、冷轧、冷挤压、粉末冶金、异形钢材及工程塑料等在机械加工中的应用,这样,可大大减少机械加工量,提高经济效益。

2) 加工余量的确定

(1) 加工余量的概念。

加工余量有总加工余量和工序余量之分。由毛坯转变为零件的过程中,在某加工表面上切除金属层的总厚度,称为该表面的总加工余量(亦称毛坯余量)。一般情况下,总加工余量并非一次切除,而是分在各工序中逐渐切除,故每道工序所切除的金属层厚度称为该工序加工余量(简称工序余量)。工序余量是相邻两工序的工序尺寸之差,毛坯余量是毛坯尺寸与零件图的设计尺寸之差。由于工序尺寸有公差,故实际切除的余量大小不等。图 1-41 所示为工序余量与工序尺寸及其公差的关系。

由图可知,工序余量的基本尺寸(简称基本余量或公称余量)Z 可按下式计算

对于被包容面:$Z=$ 上工序基本尺寸－本工序基本尺寸

对于包容面:$Z=$ 本工序基本尺寸－上工序基本尺寸

为了便于加工,工序尺寸都按"入体原则"标注极限偏差,即被包容面的工序尺寸取上偏差为零,包容面的工序尺寸取下偏差为零。毛坯尺寸则按双向布置上、下偏差。工序余量和工序尺寸及其公差的计算公式如下:

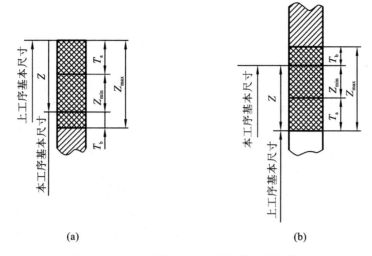

图 1-41 工序余量与工序尺寸及其公差的关系

（a）被包容面（轴）；（b）包容面（孔）

$$Z = Z_{\min} + T_a \qquad\qquad (1\text{-}18)$$

$$Z_{\max} = Z + T_b = Z_{\min} + T_a + T_b \qquad (1\text{-}19)$$

式中　$Z_{\min}$——最小工序余量，mm；

　　　$Z_{\max}$——最大工序余量，mm；

　　　T_a——上工序尺寸的公差，mm；

　　　T_b——本工序尺寸的公差，mm。

　　由于毛坯尺寸、零件尺寸和各道工序的工序尺寸都存在误差，所以无论是总加工余量，还是工序加工余量都是一个变动值，故存在最大和最小加工余量，它们与工序尺寸及其公差的关系如图 1-42 所示。

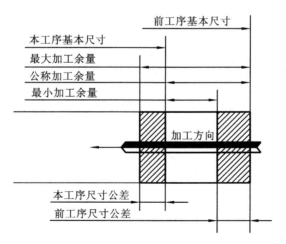

图 1-42 工序加工余量与工序尺寸及其公差的关系

　　由图 1-42 可以看出，公称加工余量为前工序尺寸和本工序尺寸之差，最小加工余量为前工序尺寸的最小值和本工序尺寸的最大值之差，最大加工余量为前工序尺寸的最大值和本工序尺寸的最小值之差。工序加工余量的变动范围（最大加工余量与最小加工余量之差）等于前工序与本工序的工序尺寸公差之和。

（2）影响加工余量的因素。

在确定工序的具体内容时，其工作之一就是合理地确定工序加工余量。加工余量的大小对零件的加工质量和制造的经济性均有较大的影响。加工余量过大，必然增加机械加工的劳动量，降低生产效率，增加原材料、设备、工具及电力等的消耗。加工余量过小不能确保上工序形成的各种误差和表面缺陷能按要求处理，影响零件的质量，甚至导致产生废品。由图1-41可知，工序加工余量（公称值，以下同）除可用相邻工序的工序尺寸表示外，还可以用另外一种方法表示，即工序加工余量等于最小加工余量与前工序工序尺寸公差之和。因此，在讨论影响加工余量的因素时，应研究影响最小加工余量的因素。

影响最小加工余量的因素较多，现将主要影响因素介绍如下。

① 前工序形成的粗糙表面层和缺陷层深度（R_a和D_a） 为了使工件的加工质量逐步提高，一般每道工序都应切到待加工表面以下的正常金属组织，将上道工序形成的粗糙表面层和缺陷层切掉。

② 前工序形成的形状误差和位置误差（Δ_x和Δ_w） 当形状公差、位置公差和尺寸公差之间的关系是独立原则时，尺寸公差不控制形位公差。此时，最小加工余量应保证将前工序形成的形状和位置误差切掉。

以上影响因素中的误差及缺陷，有时会重叠在一起，如图1-43所示，图中的Δ_x为平面度误差、Δ_w为平行度误差，但为了保证加工质量，可对各项进行简单叠加，以便彻底切除。上述各项误差和缺陷都是前工序形成的，为能将其全部切除，还要考虑本工序的装夹误差ε_b的影响。如图1-44所示，由于三爪自定心卡盘定心不准，工件轴线偏离主轴旋转轴线e值，造成加工余量不均匀，为确保将前工序的各项误差和缺陷全部切除，直径上的余量应增加$2e$。

装夹误差ε_b的值可在求出定位误差、夹紧误差和夹具的对定误差后求得。

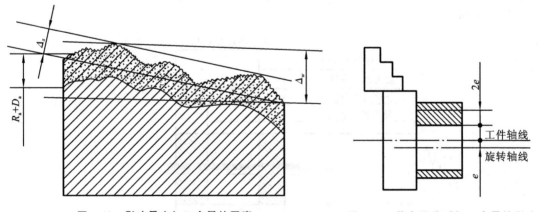

图1-43　影响最小加工余量的因素　　　　图1-44　装夹误差对加工余量的影响

综上所述，影响工序加工余量的因素可归纳为下列几点：

① 前工序的工序尺寸公差（T_a）；

② 前工序形成的粗糙表面层和表面缺陷层厚度（R_a+D_a）；

③ 前工序形成的形状误差和位置误差（Δ_x、Δ_w）；

④ 本工序的装夹误差（ε_b）。

（3）确定加工余量的方法。

确定加工余量的方法有以下三种。

① 查表修正法　确定加工余量时，可从手册中获得所需数据，然后结合工厂的实际情况进行修正。查表时应注意表中的数据为公称值，对称表面（轴孔等）的加工余量是双边余量，非对称表面的加工余量是单边的。查表修正法目前应用最广。

② 经验估计法　此法是根据实践经验确定加工余量。为防止加工余量不足而产生废品，往往估计的数值总是偏大，因而这种方法只适用于单件或小批量生产。

③ 分析计算法　此法是根据加工余量计算公式和一定的试验资料，通过计算确定加工余量的一种方法。采用这种方法确定的加工余量比较经济合理，但必须有比较全面可靠的试验资料及先进的计算手段方可进行，故目前应用较少。

在确定加工余量时，总加工余量和工序加工余量要分别确定。总加工余量的大小与选择的毛坯制造精度有关。用查表法确定工序加工余量时，粗加工工序的加工余量不应由查表确定，而是用总加工余量减去各工序余量求得，同时要对求得的粗加工工序余量进行分析，如果过小，要增加总加工余量；过大，应适当减少总加工余量，以免造成浪费。

3. 尺寸链的计算

1）工艺尺寸链的定义

加工如图 1-45 所示的零件，用零件的面 1 来定位加工面 3，得尺寸 A_1。仍以面 1 定位加工面 2，保证尺寸 A_2，于是 A_1、A_2 和 A_0 就形成了一个封闭的图形。这种由相互联系的尺寸按一定顺序首尾相接排列成的封闭图形就称为尺寸链。由单个零件的有关工艺尺寸所组成的尺寸链，称为工艺尺寸链。

通过以上分析可以知道，工艺尺寸链的主要特征是：封闭性和关联性。

封闭性——尺寸链中各个尺寸的排列呈封闭形式，不封闭就不成为尺寸链。

关联性——任何一个直接保证的尺寸及其精度的变化，必将影响间接保证的尺寸和其精度。如上述尺寸链中，A_1、A_2 的变化，都将引起 A_0 的变化。

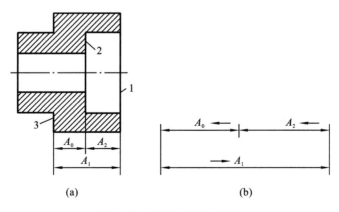

图 1-45　定位套的尺寸联系

（a）零件图；（b）尺寸链图

2）工艺尺寸链的组成

组成工艺尺寸链的各个尺寸都称为工艺尺寸链的环。图 1-45 中的尺寸 A_1、A_2 和 A_0 都是工艺尺寸链的环。环又可分为封闭环和组成环。

（1）封闭环——在加工过程中,间接获得、最后保证的尺寸。图 1-45 中的 A_0 是间接获得的,为封闭环。每个尺寸链只能有一个封闭环。

（2）组成环——除封闭环以外的其他环,称为组成环。组成环的尺寸是直接保证的,它又影响到封闭环的尺寸。按其对封闭环的影响又可分为增环和减环。

① 增环——当其余组成环不变时,而该环增大(或减小)使封闭环随之增大(或减小)的环,称为增环。图 1-45 中的 A_1 即为增环,可标记成 $\vec{A}_1$。

② 减环——当其余组成环不变,该环增大(或减小)反而使封闭环减小(或增大)的环,称为减环。图 1-45 中的尺寸 A_2 即为减环。标记成 $\overleftarrow{A}_2$。

工艺尺寸链一般都用工艺尺寸链图表示,如图 1-45(b)所示。建立工艺尺寸链时,应首先对工艺过程和工艺尺寸进行分析,确定间接保证精度的尺寸,并将其定为封闭环,然后再从封闭环出发,按照零件表面尺寸间的联系,用首尾相接的单向箭头顺序表示各组成环,这种尺寸图就是尺寸链图。根据上述定义,利用尺寸链图即可迅速判断组成环的性质,凡与封闭环箭头方向相同的环即为减环,而凡与封闭环箭头方向相反的环即为增环。

3）工艺尺寸链的计算

工艺尺寸链的计算方法有两种,即极值法和概率法,这里仅介绍生产中常用的极值法。

（1）闭环的基本尺寸。

封闭环的基本尺寸等于组成环环尺寸的代数和,即

$$A_0 = \sum_{i=1}^{m} \vec{A}_i - \sum_{j=m+1}^{n} \overleftarrow{A}_j \tag{1-20}$$

式中　A_0——封闭环的尺寸;

　　　$\vec{A}_i$——增环的基本尺寸;

　　　$\overleftarrow{A}_j$——减环的基本尺寸;

　　　m——增环的环数;

　　　n——组成环的环数。

（2）封闭环的极限尺寸。

封闭环的最大极限尺寸等于所有增环的最大极限尺寸之和减去所有减环的最小极限尺寸之和,封闭环的最小极限尺寸等于所有增环的最小极限尺寸之和减去所有减环的最大极限尺寸之和,故极值法也称为极大极小法,即

$$A_{0max} = \sum_{i=1}^{m} \vec{A}_{imax} - \sum_{j=m+1}^{n} \overleftarrow{A}_{jmin} \tag{1-21}$$

$$A_{0min} = \sum_{i=1}^{m} \vec{A}_{imin} - \sum_{j=m+1}^{n} \overleftarrow{A}_{jmax} \tag{1-22}$$

（3）封闭环的上偏差 $ES(A_0)$ 与下偏差 $EI(A_0)$。

封闭环的上偏差等于所有增环的上偏差之和减去所有减环的下偏差之和,即

$$ES(A_0) = \sum_{i=1}^{m} ES(\vec{A}_i) - \sum_{j=m+1}^{n} EI(\overleftarrow{A}_j) \tag{1-23}$$

封闭环的下偏差等于所有增环的下偏差之和减去所有减环的上偏差之和,即

$$EI(A_0) = \sum_{i=1}^{m} EI(\vec{A_i}) - \sum_{j=m+1}^{n} ES(\overleftarrow{A_j}) \tag{1-24}$$

（4）封闭环的公差 $T(A_0)$。

封闭环的公差等于所有组成环公差之和，即

$$T(A_0) = \sum_{i=1}^{n} T(A_i) \tag{1-25}$$

（5）计算封闭环的竖式。

封闭环还可列竖式进行解算。解算时的应用口诀：增环上下偏差照抄，减环上下偏差对调、反号，如表 1-9 所示。

表 1-9 封闭环的竖式

环 的 类 型	基 本 尺 寸	上偏差 ES	下偏差 EI
增环 $\vec{A_1}$	$+A_1$	ES_{A1}	EI_{A1}
增环 $\vec{A_2}$	$+A_2$	ES_{A2}	EI_{A2}
减环 $\overleftarrow{A_3}$	$-A_3$	$-ES_{A3}$	$-EI_{A3}$
减环 $\overleftarrow{A_4}$	$-A_4$	$-ES_{A4}$	$-EI_{A4}$
封闭环 A_0	A_0	ES_{A0}	EI_{A0}

4）基准重合时工序尺寸及其公差的计算

零件上外圆和内孔的加工多属于这种情况。当表面需经多次加工时，各工序的加工尺寸及公差取决于各工序的加工余量及所采用加工方法的经济加工精度，计算的顺序是由最后一道工序向前推算。计算步骤如下。

（1）定毛坯总余量和工序余量。

（2）定工序尺寸及公差。最终工序尺寸公差等于设计尺寸公差，其余工序尺寸公差按经济精度确定。求工序基本尺寸要从零件图上的设计尺寸开始，一直往前推算到毛坯尺寸，某工序基本尺寸等于后道工序基本尺寸加上或减去后道工序余量。

（3）标注工序尺寸公差。最后一道工序的公差按设计尺寸标注，其余工序尺寸公差按入体原则标注。

5）基准不重合时工序尺寸及其公差的计算

（1）测量基准与设计基准不重合时工序尺寸及其公差的计算。

在加工中，有时会遇到某些加工表面的设计尺寸不便测量，甚至无法测量的情况，为此需要在工件上另选一个容易测量的测量基准，通过对该测量尺寸的控制来间接保证原设计的精度。这就产生了测量基准与设计基准不重合时的测量尺寸及公差的计算问题。

【例 1-1】 如图 1-46 所示的零件，两个端面已加工完毕，加工孔底面 C 时，要保证尺寸 $16_{-0.35}^{0}$ mm，因该尺寸不方便测量，只好测量尺寸链图中的 A_1 来间接保证，试确定测量尺寸 A_1。

解 ①列出尺寸链图。根据题意画出尺寸链图，如图 1-46（b）所示。尺寸 $16_{-0.35}^{0}$ mm 是在加工中间接保证的尺寸，为封闭环，即 $A_0 = 16_{-0.35}^{0}$ mm，判断各组成环的增减环的增减性，各组成环中 A_1 为减环，A_2 为增坏。

②计算。

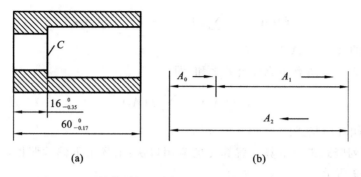

图 1-46　测量基准与设计基准不重合时工序尺寸的计算

(a) 零件图；(b) 尺寸链图

A_1 基本尺寸：由 $A_0 = A_2 - A_1$，则

$$A_1 = A_2 - A_0 = (60 - 16)\ mm = 44\ mm。$$

A_1 的偏差：由 $ES(A_0) = ES(A_2) - EI(A_1)$，则

$$EI(A_1) = ES(A_2) - ES(A_0) = 0 - 0 = 0。$$

由 $EI(A_0) = EI(A_2) - ES(A_1)$，则

$$ES(A_1) = EI(A_2) - EI(A_0) = -0.17 - (-0.35)\ mm = +0.18\ mm。$$

A_1 的公差：由 $T(A_0) = T(A_2) + T(A_1)$，则

$$T(A_1) = T(A_0) - T(A_2) = (0.35 - 0.17)\ mm = 0.18\ mm。$$

③ 结论：A_1 的尺寸为 $44_0^{0.18}$ mm。

（2）定位基准与设计基准不重合时工序尺寸及其公差的计算。

零件采用调整法加工时，如果加工表面的定位基准与设计基准不重合，就要进行尺寸换算，重新标注工序尺寸。

【例 1-2】　如图 1-47(a)所示的零件，除 B 面及右端 $\phi40H7$ 孔未加工外，其余各表面均已加工完。现以 A 面为定位基准，欲采用调整法加工 B 面及 $\phi40H7$ 孔，加工时需保证 $25_{-0.15}^{\ 0}$ mm 的尺寸精度，试确定尺寸 L_3。

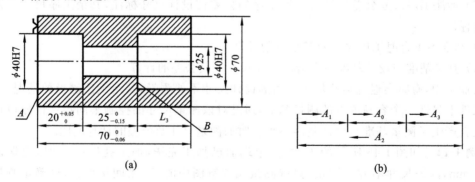

图 1-47　定位基准与设计基准不重合时工序尺寸计算

(a) 零件图；(b) 尺寸链图

解　① 列出尺寸链图。根据题意画出尺寸链图，如图 1-47(b)所示。尺寸 $25_{-0.15}^{\ 0}$ mm 是在加工中间接保证的尺寸，为封闭环，即 $A_0 = 25_{-0.15}^{\ 0}$ mm，判断各组成环的增减性，各组成环中 $A_1 = 20_{\ 0}^{+0.05}$ mm、$A_3 = L_3$ 为减环，$A_2 = 70_{-0.06}^{\ 0}$ mm 为增环。

② 计算。

L_3 基本尺寸：由 $A_0 = A_2 - A_1 - A_3$，则

$$A_3 = A_2 - A_0 - A_1 = (70 - 20 - 25) \text{ mm} = 25 \text{ mm}。$$

L_3 的偏差：由 $\text{ES}(A_0) = \text{ES}(A_2) - \text{EI}(A_1) - \text{EI}(A_3)$，则

$$\text{EI}(A_3) = \text{ES}(A_2) - \text{EI}(A_1) - \text{ES}(A_0) = (0 - 0 - 0) \text{ mm} = 0 \text{ mm}。$$

由 $\text{EI}(A_0) = \text{EI}(A_2) - \text{ES}(A_1) - \text{ES}(A_3)$，则

$$\text{ES}(A_3) = \text{EI}(A_2) - \text{ES}(A_1) - \text{EI}(A_0) = [-0.06 - 0.05 - (-0.15)] \text{ mm} = +0.04 \text{ mm}。$$

L_3 的公差：由 $T(A_0) = T(A_2) + T(A_1) + T(A_3)$，则

$$T(A_3) = T(A_0) - T(A_2) - T(A_1) = (0.15 - 0.06 - 0.05) \text{ mm} = 0.04 \text{ mm}。$$

③ 结论：L_3 的尺寸为 $25^{+0.04}_{0}$ mm。

【例 1-3】 图 1-48 所示为齿轮内孔的局部简图，设计要求为：孔径尺寸为 $\phi 40^{+0.06}_{0}$，键槽深度尺寸为 $43.3^{+0.2}_{0}$，其加工顺序为：

① 镗内孔至 $\phi 39.6^{+0.10}_{0}$；

② 插键槽至尺寸 L_1；

③ 淬火处理；

④ 磨内孔，同时保证内孔直径 $\phi 40^{+0.06}_{0}$ mm 和键槽深度 $43.3^{+0.2}_{0}$ mm。

试确定插键槽的工序尺寸 L_1。

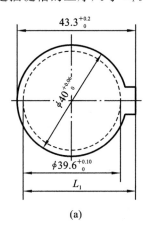

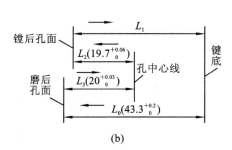

(a)   (b)

图 1-48　内孔及键槽加工的工序尺寸换算

(a) 零件图；(b) 尺寸链图

解 ① 列出尺寸链图。根据题意画出尺寸链图，如图 1-48(b) 所示。需要注意的是，当有直径尺寸时，一般应考虑用半径尺寸来画尺寸链。尺寸 $43.3^{+0.2}_{0}$ mm 是在加工中间接保证的尺寸，为封闭环，即 $L_0 = 43.3^{+0.2}_{0}$ mm；判断各组成环的增减性，各组成环中 L_1 为增环、$L_3 = 20^{+0.03}_{0}$ mm 为增环，$L_2 = 19.7^{+0.06}_{0}$ 为减环。

② 计算。

L_1 基本尺寸：由 $L_0 = L_1 + L_3 - L_2$，则

$$L_1 = L_2 + L_0 - L_3 = (19.7 + 43.3 - 20) \text{ mm} = 43 \text{ mm}。$$

L_1 的偏差：由 $\text{ES}(L_0) = \text{ES}(L_1) + \text{ES}(L_3) - \text{EI}(L_2)$，则

$$\text{ES}(L_1) = \text{EI}(L_2) + \text{ES}(L_0) - \text{ES}(L_3) = (0 + 0.2 - 0.03) \text{ mm} = +0.17 \text{ mm}。$$

由 $\mathrm{EI}(L_0)=\mathrm{EI}(L_1)+\mathrm{EI}(L_3)-\mathrm{ES}(L_2)$，则

$\mathrm{EI}(L_1)=\mathrm{ES}(L_2)+\mathrm{EI}(L_0)-\mathrm{EI}(L_3)=(+0.06+0-0)\ \mathrm{mm}=+0.06\ \mathrm{mm}。$

L_1 的公差：由 $T(L_0)=T(L_2)+T(L_1)+T(L_3)$，则

$T(L_1)=T(L_0)-T(L_2)-T(L_3)=(0.2-0.06-0.03)\ \mathrm{mm}=0.11\ \mathrm{mm}。$

③ 结论：L_1 的尺寸为 $43^{+0.17}_{+0.06}$ mm。

4. 数控加工工艺路线设计

设计工艺路线是制订工艺规程的重要内容之一，其主要内容包括选择各加工方法、划分加工阶段、划分工序以及安排工序的先后顺序等。设计者应根据一些综合性的工艺原则，结合本企业的实际生产条件，提出几种方案，再从中选择最佳方案。

1）加工方法的选择

机械零件的结构形状是多种多样的，但它们都是由平面、外圆柱面、内圆柱面或曲面、成形面等基本表面所组成的。每一种表面都有多种加工方法，具体选择时应根据零件的加工精度、表面粗糙度、材料、结构形状、尺寸及生产类型等，选用相应的加工方法和加工方案。

（1）外圆表面加工方法的选择。

外圆表面的加工方式主要是车削和磨削，要求较高时，还要经光整加工。图 1-49 所示为外圆表面的加工方案。

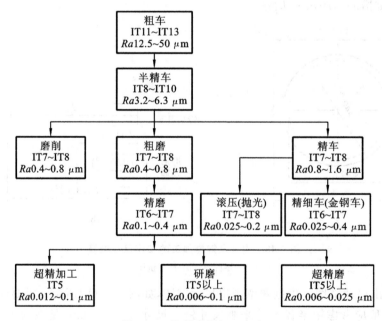

图 1-49　外圆表面加工方案

① 最终工序为车削的加工方案，适用于除淬火钢以外的各种金属。

② 最终工序为磨削的加工方案，适用于淬火钢、未淬火钢和铸铁；不适用于有色金属，因为其韧度大，磨削时易堵塞砂轮。

③ 最终工序为精、细车或金刚车的加工方案，适用于要求较高的有色金属的精加工。

④ 为提高生产效率和加工质量，一般在光整加工前进行精磨。

⑤ 对表面粗糙度要求高，而尺寸精度要求不高的外圆，可通过滚压或抛光来达到要求。

（2）内孔表面加工方法的选择。

内孔表面的加工方法有钻孔、扩孔、铰孔、镗孔、拉孔、磨孔以及光整加工等。图 1-50 所示为常用的孔加工方案。应根据被加工孔的加工要求、尺寸、具体的生产条件、批量的大小以及毛坯上有无预加工孔合理选用。

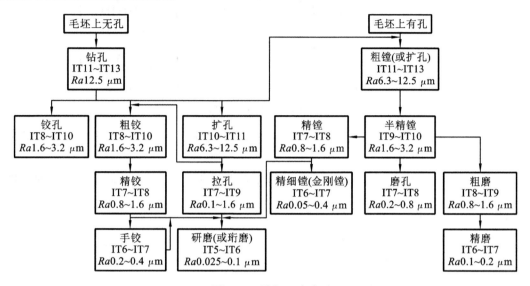

图 1-50　孔加工方案

① 加工精度为 IT9 级的孔，当孔径小于 10 mm 时，可采用钻→铰方案；当孔径小于 30 mm 时，可采用钻→扩方案；当孔径大于 30 mm 时，可采用钻→镗方案。这些方案适用于工件材料为除淬火钢以外的各种金属。

② 加工精度为 IT8 级的孔，当孔径小于 20 mm 时，可采用钻→铰方案；当孔径大于 20 mm 而小于 80 mm 时，可采用钻→扩→铰方案，此方案适用于加工除淬火钢以外的各种金属，此外也可采用最终工序为精镗或拉的方案。淬火钢可采用磨削加工。

③ 加工精度为 IT7 级的孔，当孔径小于 12 mm 时，可采用钻→粗铰→精铰方案；当孔径在 12~60 mm 之间时，可采用钻→扩→粗铰→精铰方案或钻→扩→拉方案。若加工毛坯上已铸出或锻出的孔，可采用粗镗→半精镗→精镗方案或采用粗镗→半精镗→磨孔的方案。最终工序为铰孔的加工方案适用于未淬火钢或铸铁。有色金属铰出的孔表面粗糙度值较大，常用精细镗孔代替铰孔。最终工序为拉的加工方案适用于工件材料为未淬火钢、铸铁及有色金属的大批大量生产。

④ 加工精度为 IT6 级的孔，最终工序采用手铰、精细镗、研磨或珩磨等均能达到，应视具体情况选择。韧度较大的有色金属不宜采用珩磨，可采用研磨或精细镗。研磨对大、小孔加工均适用，而珩磨只适用于大直径孔的加工。

（3）平面加工方法的选择。

平面的主要加工方法有铣削、刨削、车削、磨削及拉削等，精度要求高的表面还需经研磨或刮削加工。图 1-51 所示为常见的平面加工方案。图中尺寸公差的等级是指平行平面之间距离尺寸的公差等级。

最终工序为刮研的加工方案多用于单件小批生产中配合表面要求高且不淬硬平面的加

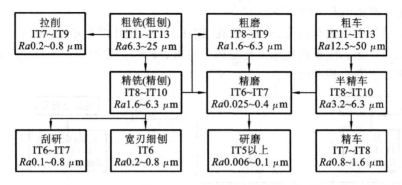

图 1-51　平面加工方案

工。当批量较大时,可用宽刀细刨代替刮研。宽刀细刨特别适用于加工像导轨面这样的狭长平面,能显著提高生产效率。

磨削适用于直线度及表面粗糙度要求高的淬硬工件和薄片工件,也适用于未淬硬钢件上面积较大的平面的精加工,但不宜加工塑性较大的有色金属。

车削主要用于回转体零件的加工。

拉削平面适用于大批量生产中的加工质量要求较高且面积较小的平面。

最终工序为研磨的方案适用于加工小型零件的精密平面,如量规等精密量具的表面。

(4) 平面轮廓和曲面轮廓加工方法的选择。

① 平面轮廓常用的加工方法有铣削、线切割及磨削等。图 1-52(a)所示的内平面轮廓,当曲率半径较小时,可采用数控线切割方法加工。若选择铣削方法,因铣刀直径受最小曲率半径的限制,铣刀直径太小,刚度不足,会产生较大的加工误差。图 1-52(b)所示的外平面轮廓,可采用数控铣削方法加工,也可采用线切割方法加工。对精度及表面粗糙度要求较高的轮廓表面,在数控铣削加工之后,需再进行磨削加工。数控铣削加工适用于除淬火钢以外的各种金属,数控线切割加工可用于各种金属,数控磨削加工适用于除有色金属以外的各种金属。

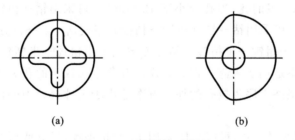

(a)　　　　　　　　　　　　　　　(b)

图 1-52　平面轮廓类零件
(a) 内平面轮廓;(b) 外平面轮廓

② 立体曲面轮廓的加工方法主要是数控铣削。多用球头铣刀,以行切法加工,如图 1-53所示。根据曲面形状、刀具形状以及精度要求等通常采用二轴半联动或三轴联动。对精度和表面粗糙度要求高的曲面,当用三轴联动的行切法加工不能满足要求时,可用模具铣刀,选择四轴或五轴联动加工。

表面加工方法的选择,除了考虑加工质量、零件的结构形状和尺寸、零件的材料和硬度以及生产类型外,还要考虑到加工的经济性。各种表面加工方法所能达到的精度和表面粗糙度

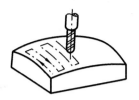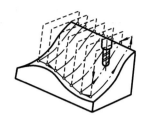

图 1-53　曲面的行切法加工

都有一个相当大的范围。当精度达到一定程度后,要继续提高精度,成本会急剧上升。例如外圆车削,将精度从 IT7 级提高到 IT6 级,此时需用价格较高的金刚石车刀,很小的背吃刀量和进给量,从而增加了刀具费用,延长了加工时间,大大地增加了加工成本。对于同一加工表面,采用的加工方法不同,加工成本也不一样。例如,公差为 IT7 级和表面粗糙度为 $Ra0.4$ 的外圆表面,采用精车就不如采用磨削加工经济。

任何一种加工方法获得的精度只在一定范围内才是经济的,这种一定范围内的加工精度即为该种加工方法的经济精度,它是指在正常加工条件下(采用符合质量标准的设备、工艺装备和工人,不延长加工时间)所能达到的加工精度。经济精度对应的表面粗糙度称为经济粗糙度。在选择加工方法时,应根据工件的精度要求选择与经济精度相适应的加工方法。常用加工方法的经济精度及表面粗糙度,可查阅有关工艺手册。

表 1-10 至表 1-13 分别列出了外圆、内孔和平面的加工方案及经济精度,以及各种加工方法的经济精度和经济表面粗糙度(中批生产),供选择加工方法时参考。

表 1-10　外圆表面加工方案及经济精度

序号	加 工 方 案	经济精度	经济表面粗糙度 $Ra/\mu m$	适 用 范 围
1	粗车	IT11 以下	50～12.5	适用于除淬火钢以外的各种金属
2	粗车→半精车	IT8～IT10	6.3～3.2	
3	粗车→半精车→精车	IT7～IT8	1.6～0.8	
4	粗车→半精车→精车→滚压(或抛光)	IT7～IT8	0.2～0.025	
5	粗车→半精车→磨削	IT7～IT8	0.8～0.4	主要用于淬火钢,也可用于未淬火钢,但不宜加工有色金属
6	粗车→半精车→粗磨→精磨	IT6～IT7	0.4～0.1	
7	粗车→半精车→粗磨→精磨→超精加工(或轮式超精磨)	IT5	0.1～$Rz0.1$	
8	粗车→半精车→精车→金刚石车	IT6～IT7	0.4～0.025	主要用于加工要求较高的有色金属加工
9	粗车→半精车→粗磨→精磨→超精磨或镜面磨	IT5 以上	0.025～$Rz0.05$	适用于极高精度的外圆加工
10	粗车→半精车→粗磨→精磨→研磨	IT5 以上	0.1～$Rz0.05$	

表 1-11　内孔加工方案及经济精度

序号	加 工 方 案	经济精度	经济表面粗糙度 $Ra/\mu m$	适 用 范 围
1	钻	IT11～IT12	12.5	加工未淬火钢及铸铁的实心毛坯,也可用于加工有色金属(但表面粗糙度值稍大,孔径要求小于 20 mm)
2	钻→铰	IT9	3.2～1.6	
3	钻→铰→精铰	IT7～IT8	1.6～0.8	
4	钻→扩	IT10～IT11	12.5～6.3	同上,但孔径要求大于 20 mm
5	钻→扩→铰	IT8～IT9	3.2～1.6	
6	钻→扩→粗铰→精铰	IT7	1.6～0.8	
7	钻→扩→机铰→手铰	IT6～IT7	0.4～0.1	
8	钻→扩→拉	IT7～IT9	1.6～0.1	大批量生产(精度由拉刀的精度而定)
9	粗镗(或扩孔)	IT11～IT12	12.5～6.3	适用于除淬火钢外各种材料毛坯的铸出孔或锻出孔
10	粗镗(粗扩)→半精镗(精扩)	IT8～IT9	3.2～1.6	
11	粗镗(扩)→半精镗(精扩)→精镗(铰)	IT7～IT8	1.6～0.8	
12	粗镗(扩)→半精镗(精扩)→精镗→浮动镗刀精镗	IT6～IT7	0.8～0.4	
13	粗镗(扩)→半精镗→磨孔	IT7～IT8	0.8～0.2	主要用于淬火钢也可用于未淬火钢,但不宜用于有色金属
14	粗镗(扩)→半精镗→粗磨→精磨	IT6～IT7	0.2～0.1	
15	粗镗→半精镗→精镗→金刚镗	IT6～IT7	0.4～0.05	主要用于精度要求高的有色金属加工
16	钻→(扩)→粗铰→精铰→珩磨; 钻→(扩)→拉→珩磨; 粗镗→半精镗→精镗→珩磨	IT6～IT7	0.2～0.025	主要用于精度要求很高的孔
17	以研磨代替上述方案中的珩磨	IT6 级以上		

表 1-12　平面加工方案及经济精度

序号	加 工 方 案	经济精度	经济表面粗糙度 $Ra/\mu m$	适 用 范 围
1	粗车→半精车	IT9	6.3～3.2	
2	粗车→半精车→精车	IT7～IT8	1.6～0.8	端面
3	粗车→半精车→磨削	IT8～IT9	0.8～0.2	
4	粗刨(或粗铣)→精刨(或精铣)	IT8～IT9	6.3～1.6	一般不淬硬平面

续表

序号	加工方案	经济精度	经济表面粗糙度 $Ra/\mu m$	适用范围
5	粗刨(或粗铣)→精刨(或精铣)→刮研	IT6～IT7	0.8～0.1	精度要求较高的不淬硬平面;批量较大时宜采用宽刀精刨方案
6	以宽刀刨削代替上述方案刮研	IT7	0.8～0.2	
7	粗刨(或粗铣)→精刨(或精铣)→磨削	IT7	0.8～0.2	精度要求高的平面
8	粗刨(或粗铣)→精刨(或精铣)→粗磨→精磨	IT6～IT7	0.4～0.02	
9	粗铣→拉	IT7～IT9	0.8～0.2	大量生产,较小的平面(精度视拉刀精度而定)
10	粗铣→精铣→磨削→研磨	IT6 级以上	$0.1～Rz0.05$	高精度平面

表 1-13　各种加工方法的经济精度和经济表面粗糙度(中批生产)

被加工表面	加工方法	经济精度	经济表面粗糙度 $Ra/\mu m$
外圆和端面	粗车	IT11～IT13	50～12.5
	半精车	IT8～IT11	6.3～3.2
	精车	IT7～IT9	3.2～1.6
	粗磨	IT8～IT11	3.2～0.8
	精磨	IT6～IT8	0.8～0.2
	研磨	IT5	0.2～0.012
	超精加工	IT5	0.2～0.012
	精细车(金刚车)	IT5～IT6	0.8～0.05
孔	钻孔	IT11～IT13	50～6.3
	铸锻孔的粗扩(镗)	IT11～IT13	50～12.5
	精扩	IT9～IT11	6.3～3.2
	粗铰	IT8～IT9	6.3～1.6
	精铰	IT6～IT7	3.2～0.8
	半精镗	IT9～IT11	6.3～3.2
	精镗(浮动镗)	IT7～IT9	3.2～0.8
	精细镗(金刚镗)	IT6～IT7	0.1～0.8
	粗磨	IT9～IT11	6.3～3.2
	精磨	IT7～IT9	1.6～0.4
	研磨	IT6	0.2～0.012
	珩磨	IT6～IT7	0.4～0.1
	拉孔	IT7～IT9	1.6～0.8

被加工表面	加工方法	经 济 精 度	经济表面粗糙度 $Ra/\mu m$
平面	粗刨、粗铣	IT11～IT13	50～12.5
	半精刨、半精铣	IT8～IT11	6.3～3.2
	精刨、精铣	IT6～IT8	3.2～0.8
	拉削	IT7～IT8	1.6～0.8
	粗磨	IT8～IT11	6.3～1.6
	精磨	IT6～IT8	0.8～0.2
	研磨	IT5～IT6	0.2～0.012

2）加工阶段的划分

当零件的加工质量要求较高时,往往不可能用一道工序来满足其要求,而要用几道工序逐步达到所要求的加工质量。按工序性质的不同,零件的加工过程通常可分为粗加工、半精加工、精加工和光整加工四个阶段。

（1）各加工阶段的主要任务。

① 粗加工阶段　其任务是切除毛坯上大部分多余的金属,使毛坯在形状和尺寸上接近零件成品,因此,该阶段主要目标是提高生产效率。

② 半精加工阶段　其任务是使主要表面达到一定的精度,留有一定的精加工余量,为主要表面的精加工(如精车、精磨等)做好准备,并可完成一些次要表面加工,如扩孔、攻螺纹、铣键槽等。

③ 精加工阶段　其任务是保证各主要表面达到规定的尺寸精度和表面粗糙度要求。主要目标是全面保证加工质量。

④ 光整加工阶段　其对零件上精度和表面粗糙度要求很高（IT6 级以上,表面粗糙度 $Ra0.2~\mu m$ 以下)的表面进行光整加工,其主要目标是提高尺寸精度、减小表面粗糙度,但一般不用来提高位置精度。

加工阶段的划分不是绝对的,必须根据工件的加工精度要求和工件的特点来决定。一般说来,工件精度要求越高、刚度越差,划分阶段应越细;当工件批量小、精度要求不太高、工件刚度较好时也可以不分或少分阶段;重型零件由于输送及装夹困难,一般在一次装夹下完成粗精加工,为了弥补不分阶段带来的弊端,常常在粗加工工步后松开工件,然后以较小的夹紧力重新夹紧,再进行精加工工步。

（2）划分加工阶段的目的。

① 保证加工质量　工件在粗加工时,切除的金属层较厚,切削力和夹紧力都比较大,切削温度也高,将引起较大的变形,如果不划分加工阶段,粗、精加工混在一起,就无法避免上述原因引起的加工误差。按加工阶段加工,粗加工造成的加工误差可以通过半精加工和精加工来纠正,从而保证零件的加工质量。

② 合理使用设备　粗加工时切削用量大,可采用功率大,刚度高,效率高而精度低的机床;精加工时切削力小,对机床破坏小,采用高精度机床。这样发挥了设备的各自特点,既能提高生产效率,又能延长精密设备的使用寿命。

③ 便于及时发现毛坯缺陷　对毛坯的各种缺陷,如铸件的气孔、夹砂和余量不足等,在粗

加工后即可发现,便于及时修补或决定报废,以免继续加工下去造成浪费。

④ 便于安排热处理工序 如粗加工后,一般要安排去应力的热处理。

（3）划分加工工序。

① 加工工序划分的原则 加工工序的划分可以采用两种不同原则,即工序集中原则和工序分散原则。

a. 工序集中原则 工序集中原则是指每道工序包括尽可能多的加工内容,从而使工序的总数减少。采用工序集中原则的优点是:有利于采用高效的专用设备,提高生产效率;有利于减少工序,缩短工艺路线,简化生产计划和生产组织工作;有利于减少机床数量、操作工人数和占地面积;有利于减少工件装夹次数,保证加工表面的相互位置精度,同时减少夹具的数量和装夹工件的辅助时间。但是专用设备和工艺装备投资大、调整维修比较麻烦,生产准备周期长,也不利于转产。

b. 工序分散原则 工序分散就是将工件的加工分散在较多的工序中进行,每道工序的加工内容较少。采用工序分散原则的优点是:加工设备和工艺装备结构简单,调整和维修方便,操作简单,转产容易;有利于选择合理的切削用量,减少机动时间。但工艺路线较长,所需设备及工人多,占地面积大。

② 加工工序划分方法 加工工序划分主要考虑生产纲领、所用设备及零件本身的结构和技术要求等。大批量生产时,若使用多轴、多刀的加工中心,可按工序集中原则组织生产;若在由组合机床组成的自动线上加工,工序一般按分散原则划分。单件小批生产时,通常采用工序集中原则;成批生产时,可按工序集中原则划分,也可按工序分散原则划分,应视具体情况而定;对于结构尺寸和质量都很大的重型零件,应采用工序集中原则,以减少装夹次数和运输量;对于刚度差、精度高的零件,应按工序分散原则划分工序。随着数控技术的发展,特别是加工中心的应用,工艺路线的安排更多地趋向于工序集中。

在数控铣床上加工的零件,一般按工序集中原则划分加工工序,划分方法如下。

a. 按安装次数划分 以一次安装完成的那一部分工艺过程为一道工序。这种方法适用于加工内容不多的工件,加工完成后就能达到待检状态。

b. 按粗、精加工划分 以精加工中完成的那一部分工艺过程为一道工序,粗加工中完成的那一部分工艺过程为一道工序。这种划分方法适用于加工后变形较大,需粗、精加工分开的零件,如毛坯为铸件、焊接件或锻件的零件加工。

c. 按加工部位划分。以完成相同型面的那一部分工艺过程为一道工序,对于加工表面多而复杂的零件,可按其结构特点(如内形、外形、曲面和平面等)划分成多道工序。

d. 按所用刀具划分 以同一把刀具完成的那一部分工艺过程为一道工序,这种方法适用于工件的待加工表面较多、机床连续工作时间过长、加工程序的编制和检查难度较大等情况。加工中心常用这种方法来划分加工工序。

3）加工顺序的安排

（1）加工顺序安排的原则。

① 先粗后精 先安排粗加工,中间安排半精加工,最后安排精加工和光整加工。

② 先主后次 先安排零件的装配基准面和工作表面等主要表面的加工,后安排如键槽、紧固用的光孔和螺纹孔等次要表面的加工。由于次要表面加工工作量小,又常与主要表面有位置精度要求,所以一般放在主要表面的半精加工之后,精加工之前进行。

③ 先面后孔　对于箱体、支架、连杆、底座等零件,先加工用作定位的平面和孔的端面,然后再加工孔。这样可使工件定位夹紧稳定可靠,有利于保证孔与平面的位置精度,减小刀具的磨损,同时也给孔加工带来方便。

④ 基面先行　作为精基准的表面,要首先加工出来。所以,第一道工序一般是进行定位面的粗加工和半精加工(有时包括精加工),然后再以精基准面定位加工其他表面。例如,轴类零件顶尖孔的加工就是如此。

（2）材料热处理方法的选择。

热处理可以提高材料的力学性能,改善金属的切削性能以及消除残余应力。在制订工艺路线时,应根据零件的技术要求和材料的性质,合理地安排热处理工序。

① 退火与正火　退火或正火的目的是为了消除材料组织的不均匀,细化晶粒,改善金属的加工性能。对高碳钢零件用退火降低其硬度,对低碳钢零件用正火提高其硬度,以获得较好的可切削性,同时能消除毛坯制造中的应力。退火或正火一般安排在机械加工之前进行。

② 时效处理　时效处理以消除内应力、减少工件变形为目的。为了消除残余应力,在工艺过程中需安排时效处理。对于一般铸件,常在粗加工前或粗加工后安排一次时效处理,对于要求较高的零件,在半精加工后需再安排一次时效处理;对于一些刚度较差、精度要求特别高的重要零件(如精密丝杠、主轴等),常常在每个加工阶段之间都安排一次时效处理。

③ 调质　对零件淬火后再高温回火,能消除内应力、改善加工性能并能获得较好的综合力学性能。调质一般安排在粗加工之后进行。对一些性能要求不高的零件,调质也常作为最终热处理。

④ 淬火、渗碳淬火和渗氮　它们的主要目的是提高零件的硬度和耐磨性,常安排在精加工(磨削)之前进行,其中渗氮由于热处理温度较低,零件变形很小,也可以安排在精加工之后。

5. 机械加工质量分析

1）加工精度的概念

加工精度是加工后零件表面的实际尺寸、形状和位置三种几何参数与零件图要求的理想几何参数的符合程度。理想的几何参数,对尺寸而言就是平均尺寸,对表面几何形状而言就是绝对的圆、圆柱、平面、锥面和直线等,对表面之间的相互位置而言就是绝对的平行、垂直、同轴和对称等。零件实际几何参数与理想几何参数的偏离数值称为加工误差。

加工精度与加工误差都是评价加工表面几何参数的术语。加工精度用公差等级衡量,等级值越小,其精度越高;加工误差用数值表示,数值越大,其误差越大。加工精度高,就是加工误差小,反之亦然。

任何加工方法所得到的实际参数都不会绝对准确,从零件的功能看,只要加工误差在零件图要求的公差范围内,就认为保证了加工精度。配合件的质量取决于零件的加工质量和配合件的装配质量,零件加工质量包含零件加工精度和表面质量两大部分。

加工精度包括三个方面内容:

（1）尺寸精度　其指加工后零件的实际尺寸与零件尺寸的公差带中心的相符合程度;

（2）形状精度　其指加工后的零件表面的实际几何形状与理想的几何形状的相符合程度;

（3）位置精度　其指加工后零件有关表面之间的实际位置与理想位置的相符合程度。

2）原始误差与加工误差的关系

加工精度分析就是分析和研究导致加工精度不能满足要求的各种因素,即各种原始误差产生的可能性,并采取有效的工艺措施进行克服,从而提高加工精度。

在机械加工中,机床、夹具、工件和刀具构成一个完整的系统,称为工艺系统。由于工艺系统本身的结构和状态、操作过程以及加工过程中的物理力学现象,而使刀具和工件之间的相对位置关系发生偏移的各种因素称为原始误差。原始误差有的与切削过程有关,有的与工艺系统本身的初始状态有关,这两部分误差又受环境条件、操作者技术水平等因素的影响。

(1)与工艺系统本身初始状态有关的原始误差。

① 原理误差　原理误差为加工方法原理上存在的误差。

② 工艺系统几何误差　其是指工件与刀具的相对位置在静态下已存在的误差。如刀具和夹具制造误差、调整误差以及安装误差;工件和刀具的相对位置在运动状态下存在的误差,如机床的主轴回转运动误差,导轨的导向误差,传动链的传动误差等。

(2)与切削过程有关的原始误差。

① 工艺系统力效应引起的变形,如工艺系统受力变形、工件内应力的产生和消失而引起的变形等造成的误差。

② 工艺系统热效应引起的变形,如机床、刀具、工件的热变形等造成的误差。

3)影响加工精度的因素

机床、刀具、夹具的制造误差、安装误差、使用中的磨损都直接影响工件的加工精度。也就是说,在加工过程中工艺系统会产生各种误差,从而改变刀具和工件在切削运动过程中的相互位置关系而影响零件的加工精度。这些误差与工艺系统本身的结构状态和切削过程有关,产生加工误差的主要因素有如下几种。

(1)系统的几何误差。

① 加工原理误差　加工原理误差是由于采用了近似的加工运动方式或者近似的刀具轮廓而产生的误差,因在加工原理上存在误差,故称加工原理误差。只要原理误差在允许范围内,这种加工方式仍是可行的。

② 机床的几何误差　其指机床的制造误差、安装误差以及使用中的磨损,这些误差都直接影响工件的加工精度。其中主要是指机床主轴回转运动、机床导轨直线运动和机床传动链的误差。

③ 刀具的制造误差、安装误差及磨损　刀具的制造误差、安装误差以及使用中的磨损,都影响工件的加工精度。刀具在切削过程中,切削刃、刀面与工件、切屑产生强烈摩擦,使刀具磨损。当刀具磨损达到一定值时,加工表面的表面粗糙度值增大,切屑颜色和形状发生变化,并伴有振动。刀具磨损将直接影响切削效率、加工质量和成本。

④ 夹具误差　夹具误差包括定位误差、夹紧误差、夹具安装误差及对刀误差等。下面将对夹具的定位误差进行详细的分析。

工件在夹具中的位置是以其定位基面与定位元件相接触(配合)来确定的。然而,由于定位基面、定位元件工作表面的制造误差,会使各工件在夹具中的实际位置不相一致。加工后,各工件的加工尺寸必然大小不一,形成误差。这种由于工件在夹具上定位不准而造成的加工误差称为定位误差,用 Δ_D 表示。它包括基准位移误差和基准不重合误差。采用调整法加工一批工件时,定位误差的实质是工序基准在加工尺寸方向上的最大变动量。采用试切法加工时不存在定位误差。

定位误差产生的原因是工件的制造误差和定位元件的制造误差,还有两者的配合间隙及工序基准与定位基准不重合等。

当定位基准与工序基准不重合时而造成的加工误差,称为基准不重合误差,其大小等于定位基准与工序基准之间尺寸的公差,用 Δ_B 表示。

工件在夹具中定位时,由于工件定位基面与夹具上定位元件限位基面的制造公差和最小配合间隙的影响,导致定位基准与限位基准不能重合,从而使各个工件的位置不一致,给加工尺寸造成误差,这个误差称为基准位移误差,用 Δ_Y 表示。图 1-54(a) 所示是圆套上铣键槽的工序简图,工序尺寸为 A 和 B。图 1-54(b) 所示是加工示意图,工件以内孔在圆柱心轴上定位,O 是心轴轴心,C 是对刀尺寸。尺寸 A 的工序基准是内孔轴线,定位基准也是内孔轴线,两者重合。但是,由于工件内孔面与心轴圆柱面有制造公差和最小配合间隙,使得定位基准(工件内孔轴线)与限位基准(心轴轴线)不能重合,定位基准相对于限位基准下移了一段距离,由于刀具调整好位置后在加工一批工件过程中位置不再变动(与限位基准的位置不变)。所以,定位基准的位置变动影响到尺寸 A 的大小,给尺寸 A 造成了误差,这个误差就是基准位移误差。基准位移误差的大小应等于因定位基准与限位基准不重合造成工序尺寸的最大变动量。由图 1-54(b) 可知,一批工件定位基准的最大变动量为

$$\Delta A = A_{\max} - A_{\min} \tag{1-26}$$

式中　ΔA——一批工件定位基准的最大变动量;

　　　$A_{\max}$——最大工序尺寸;

　　　$A_{\min}$——最小工序尺寸。

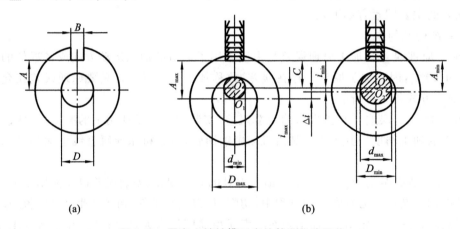

图 1-54　圆套上铣键槽工序的基准位移误差

(a) 工序简图;(b) 加工示意图及基准位移误差

当定位基准的变动方向与工序尺寸的方向相同时,基准位移误差等于定位基准的变动范围,即

$$\Delta_y = \Delta i \tag{1-27}$$

此时,$\Delta i = i_{\max} - i_{\min}$

式中　$i_{\max}$——定位基准的最大位移;

　　　$i_{\min}$——定位基准的最小位移。

当定位基准的变动方向与工序尺寸的方向不同时,基准位移误差等于定位基准的变动范围在加工尺寸方向上的投影,如图 1-55 所示,即

$$\Delta_y = \Delta i \cos \alpha \tag{1-28}$$

式中　α——定位基准的变动方向与工序尺寸方向之间的夹角。

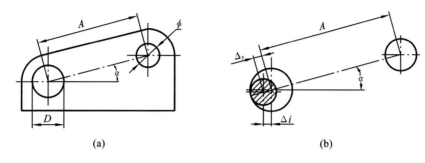

图 1-55　铰孔加工工序的基准位移误差

（a）工序简图；（b）加工示意图及基准位移误差

（2）工艺系统的受力变形。

由机床、夹具、工件、刀具所组成的工艺系统是一个弹性系统，在加工过程中由于切削力、传动力、惯性力、夹紧力以及重力的作用，会产生弹性变形，从而破坏了刀具与工件之间的准确位置，产生加工误差。例如车削细长轴时，如图 1-56 所示，在切削力的作用下，工件因弹性变形而出现"让刀"现象，随着刀具的进给，在工件的全长上切削深度将会由大变小，然后再由小变大，结果使零件产生腰鼓形。

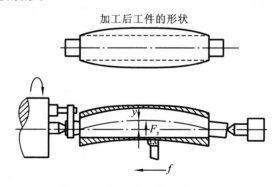

图 1-56　细长轴车削时受力变形

① 工艺系统受力变形对加工精度的影响　切削过程中存在受力点位置变化引起的加工误差的切削过程中，工艺系统的刚度随切削力着力点位置的变化而变化，工艺系统存在变形的差异，导致零件产生加工误差。

在两顶尖间车削粗而短的光轴时，由于工件刚度较大，在切削力作用下的变形相对于机床、夹具和刀具的变形要小得多，故可忽略不计，此时，工艺系统的总变形完全取决于机床床头、尾架（包括顶尖）和刀架（包括刀具）的变形，工件产生的误差为双曲线圆柱度误差。

在两顶尖间车削细长轴时，由于工件细长，刚度小，在切削力作用下，其变形大大超过机床夹具和刀具的受力变形。因此，机床、夹具和刀具的受力变形可略去不计，此时，工艺系统的变形主要为工件的变形，加工后工件一般有腰鼓形圆柱度误差。

毛坯加工余量不均或材料硬度变化导致切削力大小变化会引起加工误差，工件的毛坯外形虽然具有粗略的零件形状，但它在尺寸、形状以及表面层材料硬度均匀性上都有较大的误差，毛坯的这些误差在加工时使切削深度不断发生变化，从而导致切削力的变化，进而引起工艺系统产生相应的变形,使得零件在加工后还保留与毛坯表面类似的形状或尺寸误差,这种现象称为"误差复映规律",所引起的加工误差称为"复映误差"。

② 减小工艺系统受力变形的措施　一是提高工件加工时的刚度,二是提高工件安装时的夹紧,三是提高机床部件的刚度。

（3）工艺系统的热变形。

机械加工中,工艺系统在各种热源的作用下会产生一定的热变形。由于工艺系统热源分布的不均匀性及各环节结构、材料的不同,使工艺系统不同区域的变形存在差异,从而破坏了刀具与工件的准确位置及运动关系,产生加工误差。对于精密加工,热变形引起的加工误差一般占总误差的一半以上。因此,在近代精密加工中,控制热变形对加工精度的影响已成为重要的任务和研究课题。

在加工过程中,工艺系统的热源主要有内部热源和外部热源两大类。内部热源来自切削过程,主要包括切削热、摩擦热和派生热源。外部热源主要来自于外部环境,主要包括环境温度和热辐射。这些热源产生的热会导致工件、刀具和机床的热变形。

减少工艺系统热变形的措施主要有:一是减少工艺系统的热源及其发热量;二是加强冷却和提高散热能力;三是控制温度变化,均衡温度;四是采用补偿措施;五是改善机床结构,减小其热变形。结构的对称性一方面指传动元件(如轴承、齿轮等)在箱体内应尽量对称安装,使其传给箱壁的热量均衡,对称部分变形相近;另一方面指有些零件(如箱体)应尽量采用热对称结构,以便受热均匀。另外还应注意合理选材,对精度要求高的零件尽量选用膨胀系数小的材料。

（4）调整误差。

零件加工的每一个工序中,为了达到被加工表面的精度要求,总得对机床、夹具和刀具进行这样或那样的调整。任何调整工作必然会带来一些原始误差,这种原始误差即调整误差,而调整误差与调整方法有关,常用的调整方法主要有以下几种。

① 试切法调整　试切法调整,即对被加工零件进行试切→测量→调整→再试切,直至达到所要求的精度。它的调整误差来源有:测量误差;微量进给时,机构灵敏度所引起的误差;最小切削深度影响。

② 用定程机构调整。

③ 用样件或样板调整。

（5）工件残余应力引起的误差。

残余应力是指当外部载荷去掉以后仍存留在工件内部的应力。残余应力是由于金属发生了不均匀的体积变化而产生的。其外界因素来自热加工或冷加工。有残余应力的零件处于一种不稳定状态,一旦其内应力的平衡条件被打破,内应力的分布就会发生变化,从而引起新的变形,影响加工精度。

内应力主要有毛坯制造中产生的内应力,冷校正产生的内应力,切削加工产生的内应力。

减小或消除内应力的措施:一是采用适当的热处理工序,二是给工件足够的变形时间,三是零件结构要合理,结构要简单,壁厚要均匀。

（6）数控机床产生误差的独特性。

数控机床与普通机床的最主要差别有两点:一是数控机床具有"指挥系统"——数控系统;二是数控机床具有执行运动的驱动系统——伺服系统。

在数控机床上所产生的加工误差,与在普通机床上产生的加工误差相比较,其来源有许多共同之处,但也有独特之处,例如伺服进给系统的跟踪误差、检测系统中的采样延迟误差等,这些都是普通机床加工时所没有的。所以在数控加工中,除了要控制在普通机床上加工时常出现的那一类误差源以外,还要有效地抑制数控加工时才可能出现的误差源。这些误差源对加工精度的影响主要有以下几个方面。

① 机床重复定位精度的影响　数控机床的定位精度是指数控机床各坐标轴在数控系统的控制下运动的位置精度,引起定位误差的因素包括数控系统的误差和机械传动的误差。而数控系统的误差则与插补误差、跟踪误差等有关。机床重复定位精度是指重复定位时坐标轴的实际位置和理想位置的符合程度。

② 检测装置的影响　检测装置通常安装在机床工作台或丝杠上,相当于普通机床的刻度盘和人的眼睛,检测装置将工作台位移量转换成电信号,并且反馈给数控装置,如果与指令值比较有误差,则控制工作台向消除误差的方向移动。数控系统按有无检测装置可分为开环、闭环与半闭环系统。开环系统精度取决于步进电动机和丝杠精度,闭环系统精度取决于检测装置精度。检测装置是高性能数控机床的重要组成部分。

③ 刀具误差的影响　加工中心有自动换刀功能,因而在提高生产效率的同时,也带来了刀具交换误差。用不同刀具加工一批工件时,由于频繁重复换刀,致使刀柄相对于主轴锥孔产生重复定位误差而降低加工精度。

抑制数控机床误差的途径有硬件补偿和软件补偿。过去一般多采用硬件补偿的方法,如加工中心采用螺距误差补偿。随着微电子、控制、监测技术的发展,出现了软件补偿技术,它的特征是应用数控系统的补偿控制单元和相应的软件,以实现误差的补偿,其原理是利用坐标的附加移动来修正误差。

（7）提高加工精度的工艺措施。

保证和提高加工精度的方法大致可概括为以下几种:减小原始误差法、补偿原始误差法、转移原始误差法、均分原始误差法、均化原始误差法、就地加工法等。

① 减少原始误差　这种方法是生产中应用较广的一种基本方法。它是在查明产生加工误差的主要因素之后,设法消除或减少这些因素。例如细长轴的车削,现在采用了大走刀反向车削法,基本消除了轴向切削力引起的弯曲变形。若辅之以弹簧顶尖,则可进一步消除热变形引起的热伸长的影响。

② 补偿原始误差　误差补偿法是人为地造出一种新的误差,去抵消原来工艺系统中的原始误差。当原始误差是负值时人为的误差就取正值,反之,取负值,并尽量使两者大小相等;或者利用一种原始误差去抵消另一种原始误差,也是尽量使两者大小相等,方向相反,从而达到减小加工误差,提高加工精度的目的。

③ 误差转移　误差转移法实质是转移工艺系统的几何误差、受力变形和热变形等。误差转移法的实例很多。如当机床精度达不到零件加工要求时,常常不是一味提高机床精度,而是从工艺上或夹具上想办法,使机床的几何误差转移到不影响加工精度的方面去。如磨削主轴锥孔保证其和轴颈的同轴度,不是靠机床主轴的回转精度来保证,而是靠夹具保证。当机床主轴与工件之间用浮动连接以后,机床主轴的原始误差就被转移掉了。

④ 均分原始误差　在加工中,由于毛坯或上道工序误差的存在,往往造成本工序的加工误差,或者由于工件材料性能改变,或者上道工序的工艺改变(如毛坯精化后,把原来的切削加

工工序取消），引起原始误差发生较大的变化，这些原始误差的变化，对本工序的影响主要有两种情况：误差复映，引起本工序误差；定位误差扩大，引起本工序误差。

解决这个问题，最好是采用分组调整均分误差的方法。这种方法的实质就是把原始误差按其大小均分为 n 组，这样每组毛坯误差范围就缩小为原来的 $1/n$，然后按组为单位分别调整加工。

⑤ 均化原始误差　对配合精度要求很高的轴和孔，常采用研磨工艺。研具本身并不要求具有高精度，但它能在和工件做相对运动时对工件进行微量切削，使工件的高点逐渐被磨掉（当然，研具也被工件磨去一部分），最终使工件达到高的精度。这种表面间的摩擦和磨损的过程，就是误差不断减小的过程，这就是误差均化法。它的实质就是利用有密切联系的表面相互比较，相互检查，从对比中找出差异，然后进行相互修正或互为基准加工，使工件被加工表面的误差不断缩小和均化。在生产中，许多精密基准件（如平板、直尺、角度规、端齿分度盘等）都是利用误差均化法加工出来的。

⑥ 就地加工法　在加工和装配中有些精度问题常会涉及零件或部件间的相互关系，相当复杂，如果一味地提高机床本身精度，不仅困难，有时甚至不可能，若采用就地加工法（也称自身加工修配法）的方法，就可能很方便地解决看起来非常困难的精度问题。就地加工法在机械零件加工中常用来作为保证零件加工精度的有效措施。

4）机械加工表面质量的概念

机械加工表面质量，是指零件在机械加工后表面层的几何形状误差和物理、化学及力学性能。产品的工作性能、可靠性、寿命在很大程度上取决于主要零件的表面质量，而零件的损坏，在多数情况下都是从表面开始的，这是由于表面是零件材料的边界，常常承受工作负荷所引起的最大应力和外界介质的侵蚀，表面上有着引起应力集中而导致破坏的根源，所以这些表面直接与机器零件的使用性能有关。在现代机器中，许多零件是在高速、高压、高温、高负荷下工作的，对零件的表面质量有较高的要求。

任何机械加工方法所获得的加工表面都不可能是绝对理想的表面，总存在着表面粗糙度、表面波度等微观几何形状误差。表面层的材料在加工时还会发生物理、力学性能变化，以及在某些情况下发生化学性能的变化。图 1-57 所示为加工表层沿深度方向的变化情况。加工表

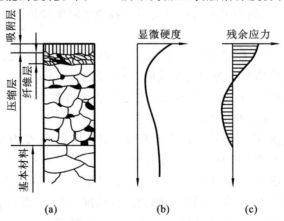

图 1-57　加工表面层沿深度方向的变化情况

（a）加工表面层；（b）表面层显微硬度；（c）表面层残余应力

层在最外层生成氧化膜或其他化合物,并吸收、渗进了气体、液体和固体的粒子,称为吸附层,其厚度一般不超过 $8~\mu m$。压缩层为塑性变形区,由切削力造成,厚度为几十至几百微米,随加工方法的不同而变化,其上部为纤维层,是由被加工材料与刀具之间的摩擦力所造成的。另外,切削热也会使加工表面层产生各种变化,如同淬火、回火一样使材料产生相变以及晶粒大小的变化等,因此,加工表面层的物理力学性能不同于基体。图 1-57(b)、图 1-57(c)所示为加工表面层的显微硬度和残余应力变化。

（1）机械加工表面的几何特性。

如图 1-58 所示,加工表面的几何形状,总是以“峰”“谷”形式交替出现,其偏差又有宏观、微观的差别。

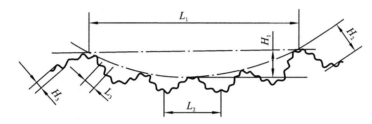

图 1-58　表面的几何特性

① 表面粗糙度　它是指加工表面的几何形状误差,其波长 L_3 与波高 H_3 的比值一般小于 50,主要由刀具的形状以及切削过程中塑性变形和振动等因素决定。

② 表面波度　它是介于几何形状误差（$L_1/H_1 > 1000$）与表面粗糙度（$L_3/H_3 < 50$）之间的周期性几何形状误差。它主要是由机械加工过程中工艺系统低频振动所引起的,其波长 L_2 与波高 H_2 的比值一般为 $50 \sim 1000$。波高为波度的特征参数,用测量长度上五个最大的波幅的算术平均值 ω 表示,即

$$\omega = (\omega_1 + \omega_2 + \omega_3 + \omega_4 + \omega_5)/5 \tag{1-29}$$

③ 表面纹理方向　它是指表面刀纹的方向,取决于该表面所采用的机械加工方法及其主运动和进给运动的关系。一般对运动副或密封件有纹理方向的要求。

④ 伤痕　它是指在加工表面的一些个别位置上出现的缺陷,大多是随机分布的,常见形式为沙眼、气孔、裂痕和划痕等。

（2）表面层物理、化学和力学性能。

机械加工中切削力和切削热的综合作用会使加工表面层金属的物理、力学和化学性能发生一定的变化,主要表现在以下三个方面:

① 表面层硬化（冷作硬化）;

② 表面层金相组织变化及由此引起的表层金属强度、硬度、塑性及耐腐蚀性的变化;

③ 表面层产生残余应力或造成原有残余应力的变化。

5）加工表面质量对零件使用性能的影响

（1）表面质量对零件耐磨性的影响。

零件的耐磨性与摩擦副的材料、润滑条件和零件的表面加工质量等因素有关。特别是在前两个条件已确定的前提下,零件的表面加工质量就起着决定性的作用。

零件的磨损可分为三个阶段,如图 1-59 所示。第Ⅰ阶段称为初期磨损阶段。由于摩擦副

开始工作时,两个零件表面互相接触,一开始只是在两表面波峰接触,实际的接触面积只是名义接触面积的一小部分。当零件受力时,波峰接触部分将产生很大的压强,因此磨损非常显著。经过初期磨损后,实际接触面积增大,磨损变缓,进入磨损的第Ⅱ阶段,即正常磨损阶段。这一阶段零件的耐磨性最好,持续的时间也较长。最后,由于波峰被磨平,表面粗糙度值变得非常小,不利于润滑油的储存,且使接触表面之间的分子亲和力增大,甚至发生分子黏合,使摩擦阻力增大,从而进入磨损的第Ⅲ阶段,即急剧磨损阶段。

表面粗糙度对摩擦副的初期磨损影响很大,但也不是表面粗糙度值越小越耐磨。图 1-60 所示是表面粗糙度对初期磨损量影响的实验曲线。从图中可看到,曲线 1 为表面粗糙度值越小,初期磨损量变化越大,不耐磨;曲线 2 为表面粗糙度值越大,初期磨损量变化越小,耐磨。在一定工作条件下,摩擦副表面总是存在一个最佳表面粗糙度值,最佳表面粗糙度为 Ra 0.32~1.25 μm。

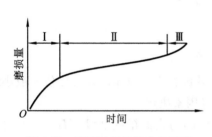

图 1-59　磨损过程的基本规律图

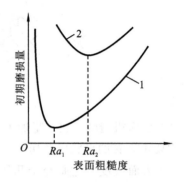

图 1-60　表面粗糙度与初期磨损量

表面纹理方向对耐磨性也有影响,这是因为它能影响金属表面的实际接触面积和润滑液的存留情况。轻载时,当两表面的纹理方向与相对运动方向一致时,磨损最小,当两表面纹理方向与相对运动方向垂直时,磨损最大。但是在重载情况下,由于压强、分子亲和力和润滑液的储存等因素的变化,其规律与上述有所不同。

表面层的加工硬化,一般能提高耐磨性 0.5~1 倍。这是因为加工硬化提高了表面层的强度,减少了表面进一步塑性变形和咬焊的可能,但过度的加工硬化会使金属组织疏松,甚至出现疲劳裂纹和产生剥落现象,从而使耐磨性下降,所以零件的表面硬化层必须控制在一定的范围之内。

（2）表面质量对零件疲劳强度的影响。

零件在交变载荷的作用下,其表面微观不平的凹谷处和表面层的缺陷处容易引起应力集中而产生裂纹,造成零件的疲劳破坏。试验表明,减小零件表面粗糙度值可以使零件的疲劳强度有所提高。因此,对于一些承受交变载荷的重要零件,如曲轴的曲拐与轴颈交界处,精加工后常进行光整加工,以减小零件的表面粗糙度值,提高其疲劳强度。

加工硬化对零件的疲劳强度影响也很大。表面层的适度硬化可以在零件表面形成一个硬化层,它能阻碍表面层裂纹的出现,从而使零件疲劳强度提高。但零件表面层硬化程度过大,反而易于产生裂纹,故零件的硬化程度与硬化深度也应控制在一定的范围之内。

表面层的残余应力对零件疲劳强度也有很大影响,当表面层为残余压应力时,能延缓裂纹的扩展,提高零件的疲劳强度;当表面层为残余拉应力时,容易使零件表面产生裂纹而降低其疲劳强度。

（3）表面质量对零件耐蚀性的影响。

零件的表面粗糙度在一定程度上影响零件的耐蚀性。零件表面越粗糙，越容易积聚腐蚀性物质，凹谷越深，渗透与腐蚀作用越强烈。因此，减小零件表面粗糙度值，可以提高零件的耐蚀性能。

零件表面残余压应力使零件表面紧密，腐蚀性物质不易进入，可增强零件的耐蚀性，而表面残余拉应力则降低零件的耐蚀性。

（4）表面质量对配合性质及零件其他性能的影响。

相配零件间的配合关系是用过盈量或间隙值来表示的。在间隙配合中，如果零件的配合表面粗糙，则配合件磨损快而配合间隙增大较快，改变配合性质，降低配合精度；在过盈配合中，如果零件的配合表面粗糙，则装配后配合表面的凸峰被挤平，配合件间的有效过盈量减小，降低配合件间连接强度，影响配合的可靠性。因此对有配合要求的表面，必须限定较小的表面粗糙度值。

零件的表面质量对零件的使用性能还有其他方面的影响。例如，对于液压缸和滑阀，较大的表面粗糙度值会影响密封性；对于工作时滑动的零件，恰当的表面粗糙度值能提高运动的灵活性，减少发热和功率损失；零件表面层的残余应力会使加工好的零件因应力重新分布而变形，从而影响其尺寸和形状精度等。

总之，提高加工表面质量，对保证零件的使用性能、提高零件的使用寿命是很重要的。

6）加工表面粗糙度及其影响因素

加工表面几何特性包括表面粗糙度、表面波度、表面加工纹理等几个方面。表面粗糙度是构成加工表面几何特征的基本单元。用金属切削刀具加工工件表面时，表面粗糙度主要受几何因素、物理因素和机械加工工艺因素三个方面的作用和影响。

（1）几何因素。从几何的角度考虑，刀具的形状和几何角度，特别是刀尖圆角半径、主偏角、副偏角和切削用量中的进给量等对表面粗糙度有较大的影响。

（2）物理因素。从切削过程的物理实质考虑，刀具的刃口圆角及后刀面的挤压与摩擦会使金属材料发生塑性变形，影响表面粗糙度。在加工塑性材料而形成带状切屑时，在前刀面上容易形成硬度很高的积屑瘤，它可以代替前刀面和切削刃进行切削，使刀具的几何角度、背吃刀量发生变化。积屑瘤的轮廓很不规则，因而会使工件表面上出现深浅和宽窄都不断变化的刀痕。有些积屑瘤嵌入工件表面，更增大了表面粗糙度值。切削加工时的振动也会使工件表面粗糙度值增大。

（3）机械加工工艺因素。从机械加工工艺的角度考虑其对工件表面粗糙度的影响，主要有与切削刀具有关的因素、与工件材质有关的因素和与加工条件有关的因素等。

【任务实施】

（1）任务 1 的实施。

从机械工艺手册查得各工序的加工余量和所能达到的精度，具体数值见表 1-14 中的第二、三列，计算结果见表 1-14 中的第四、五列。

表 1-14　主轴孔工序尺寸及公差的计算

工序名称	工序余量/mm	工序的经济精度/mm	工序基本尺寸/mm	工序尺寸及公差
浮动镗	0.1	$H7(^{+0.035}_{0})$	100	$\phi 100^{+0.035}_{0}$ mm, $Ra = 0.8$ μm
精镗	0.5	$H9(^{+0.087}_{0})$	$100-0.1=99.9$	$\phi 99.9^{+0.087}_{0}$ mm, $Ra = 1.6$ μm
半精镗	2.4	$H11(^{+0.22}_{0})$	$99.9-0.5=99.4$	$\phi 99.4^{+0.22}_{0}$ mm, $Ra = 6.3$ μm
粗镗	5	$H13(^{+0.035}_{0})$	$99.4-2.4=97$	$\phi 97^{+0.054}_{0}$ mm, $Ra = 12.5$ μm
毛坯孔	8		$97-5=92$	$\phi 92(\pm 1.2)$ mm

（2）任务 2 的实施。

$\phi 40$ 内孔的尺寸公差为 H7，表面粗糙度要求较高，为 $Ra1.6$ μm，根据表 1-11 所示的孔加工方案，可选择钻孔→粗镗（扩）→半精镗（精扩）→精镗（铰）方案。

阶梯孔 $\phi 13$ 和 $\phi 22$ 没有尺寸公差要求，可按自由尺寸公差 IT11～12 处理，表面粗糙度要求不高，为 $Ra12.5$ μm，因而可选择钻孔→锪孔方案。

$\phi 38$ 底孔钻削查切削用量手册，高速钢钻头钻削灰铸铁时的切削速度为 21～36 m/min，进给量为 0.2～0.3 mm/r，取 $v_c = 24$ m/min，$f = 0.2$ mm/r，根据式（2-2）计算主轴转为 200 r/min，根据式（2-3）计算进给速度 $v_f = 40$ mm/min。同理可计算其他各工序的切削用量。该零件各孔加工所用刀具及切削用量参数如表 1-15 所示。

表 1-15　刀具与切削用量参数

刀具编号	加工内容	刀具参数	主轴转速 $n/(r/min)$	进给量 $v_f/(mm/min)$	背吃刀量 a_p/mm
01	$\phi 38$ 钻孔	$\phi 38$ 钻头	200	40	19
02	$\phi 40H7$ 粗镗	镗孔刀	600	40	0.8
	$\phi 40H7$ 精镗	镗孔刀	500	30	0.2
03	$2\times \phi 13$ 钻孔	$\phi 13$ 钻头	500	30	6.5
04	$2\times \phi 22$ 钻孔	$\phi 22\times 14$ 锪钻	350	25	4.5

【思考与实训】

1. 零件图的尺寸分析包括哪些内容？

2. 在进行零件的结构分析时应考虑哪些因素？

3. 什么叫加工余量，影响加工余量的因素有哪些？

4. 如何安排材料的热处理工序？

5. 如图 1-61 所示，工件成批生产时用端面 B 定位加工表面 A（调整法），以保证尺寸 $10^{0}_{-0.20}$ mm，试计算铣削表面 A 时的工序尺寸及公差。

6. 如图 1-62 所示，工件成批生产时用 A 面定位镗孔（A、B、C 面均已加工）。试计算采用调整法加工孔时的工序尺寸及公差。

7. 零件加工通常划分哪几个阶段，各阶段的主要任务是什么？

8. 观察实训车间已加工零件的精度，简述影响加工精度的因素有哪些。

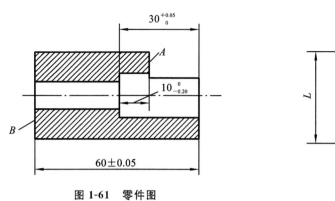

图 1-61　零件图

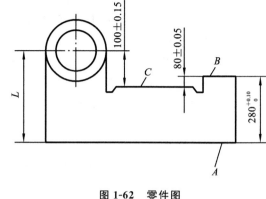

图 1-62　零件图

任务三　数控加工工艺文件的编制

【任务引入】

1. 正确绘出机械加工工艺过程卡、机械加工工序卡、数控加工工艺卡、数控刀具卡、数控加工走刀路线图、数控加工工件安装和原点设定卡。

2. 说明上述这些数控加工工艺文件的作用。

【相关知识准备】

1. 机械加工工艺规程

1) 生产过程与工艺过程

采用机械加工的方法,直接改变毛坯的形状、尺寸和表面质量等,使其成为零件的过程称为机械加工工艺过程(以下简称为工艺过程)。

(1) 生产过程。

工业产品的生产过程是指由原材料到成品之间的各个相互联系的劳动过程的总和。这些过程包括:

① 生产技术准备过程　包括产品投产前的市场调查分析,产品研制,技术鉴定等。

② 生产工艺过程　包括毛坯制造,零件加工,部件和产品装配、调试、油漆和包装等。

③ 辅助生产过程　为使基本生产过程能正常进行所必经的辅助过程,包括工艺装备的设计制造、能源供应、设备维修等。

④ 生产服务过程　包括原材料采购运输、保管、供应及产品包装、销售等。

由上述过程可以看出,机械产品的生产过程是相当复杂的。为了便于组织生产,现代机械工业的发展趋势是组织专业化生产,即一种产品的生产是分散在若干个专业化工厂进行,最后集中由一个工厂制成完整的机械产品。例如,制造机床时,机床上的轴承、电动机、电器、液压元件以及其他许多零部件都是由专业厂生产的,最后由机床厂完成关键零部件和配套件的生产,并装配成完整的机床。专业化生产有利于零部件的标准化、通用化和产品的系列化,从而能在保证质量的前提下,提高劳动生产效率和降低成本。

生产过程的内容广泛,从产品开发、生产和技术准备到毛坯制造、机械加工和装配,涉及的问题多而复杂。为了使工厂具有较强的应变能力和竞争能力,现代工厂逐步用系统的观点看待生产过程的各个环节及它们之间的关系,即将生产过程看成一个具有输入和输出的生产系统。用系统工程学的原理和方法组织生产和指导生产,能使工厂的生产和管理科学化,能使工厂按照市场动态及时地改进和调节生产,不断更新产品以满足社会的需要,能使生产的产品质量更好、周期更短、成本更低。

随着市场全球化、需求多样化以及新产品开发周期越来越短,企业间采用动态联盟,实现异地协同设计与制造的生产模式是目前制造业发展的重要趋势。

（2）生产系统。

① 系统的概念　由数个相互作用和相互依赖的部分组成并具有特定功能的有机整体,这个整体就是"系统"。

② 机械加工工艺系统　机械加工工艺系统由金属切削机床、刀具、夹具和工件四个要素组成,它们彼此关联、互相影响。该系统的整体目的是在特定的生产条件下,在保证机械加工工序质量的前提下,采用合理的工艺过程,降低该工序的加工成本。

③ 机械制造系统　在机械加工工艺系统基础上以整个机械加工车间为整体的更高一级的系统。该系统的整体目的就是使该车间能最有效地全面完成全部零件的机械加工任务。

（3）工艺过程。

在生产过程中,那些与原材料转变为产品直接相关的过程称为工艺过程。它包括毛坯制造、零件加工、热处理、质量检验和装配等。而为保证工艺过程正常进行所需要的刀具、夹具制造,机床调整维修等则属于辅助过程。在工艺过程中,以机械加工方法按一定顺序逐步地改变毛坯形状、尺寸、相对位置和性能等,直至成为合格零件的那部分过程称为机械加工工艺过程。

技术人员根据产品数量、设备条件和工人素质等情况,确定采用的工艺过程,并将有关内容写成工艺文件,这种文件就称为工艺规程。

为了便于工艺规程的编制、执行和生产组织管理,需要把工艺过程划分为不同层次的单元,它们是工序、安装、工位、工步和走刀。其中工序是工艺过程中的基本单元。零件的机械加工工艺过程由若干个工序组成。在一个工序中包含一个或几个安装,每一个安装包含一个或几个工位,每一个工位包含一个或几个工步,每一个工步包含一个或几个走刀。

① 工序　一个或一组工人,在一个工作地或一台机床上对一个或同时对几个工件连续完成的那一部分工艺过程称为工序。划分工序的依据是工作地点是否变化和工作过程是否连续。例如,在车床上加工一批轴,既可以对每一根轴连续地进行粗加工和精加工,也可以先对整批轴进行粗加工,然后再依次对它们进行精加工。在第一种情形下,加工只包括一个工序;而在第二种情形下,由于加工过程的连续性中断,虽然加工是在同一台机床上进行的,但却成为两个工序。工序是组成工艺过程的基本单元,也是生产计划的基本单元。

② 安装　在机械加工工序中,使工件在机床上或在夹具中占据某一正确位置并被夹紧的过程,称为装夹。有时,工件在机床上需经过多次装夹才能完成一个工序的工作内容。

安装是指工件经过一次装夹后所完成的那部分工序内容。例如,在车床上加工轴,先从一端加工出部分表面,然后调头再加工另一端,这时的工序内容就包括两个安装。

③ 工位　采用转位（或移位）夹具、回转工作台或在多轴机床上加工时,工件在机床上一次装夹后,要经过若干个位置依次进行加工,工件在机床上所占据的每一个位置上所完成的那一部分工序就称为工位。简单来说,工件相对于机床或刀具每占据一个加工位置所完成的那

部分工序内容,称为工位。为了减少因多次装夹而带来的装夹误差和时间损失,常采用各种回转工作台、回转夹具或移动夹具,使工件在一次装夹中,先后处于几个不同的位置进行加工。图 1-63 所示是轴承盖螺钉孔的三工位加工示意图。操作者在上下料工位 I 处装上工件,当该工件依次通过钻孔工位 II、扩孔工位 III 后,即可在一次装夹后把四个阶梯孔在两个位置加工完毕。这样,既减少了装夹次数,又因各工位的加工与装卸是同时进行的,从而节约安装时间使生产效率大大提高。

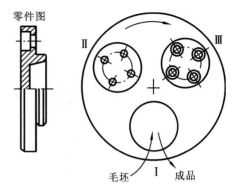

图 1-63　轴承盖螺钉孔的三工位加工

　　④ 工步　在加工表面不变,加工工具不变的条件下,所连续完成的那一部分工序内容称为工步,生产中也常称为"进给"。整个工艺过程由若干个工序组成,一个工序包括一个工步或几个工步,每一个工步通常包括一个工作行程,也可包括几个工作行程。为了提高生产效率,用几把刀具同时加工几个加工表面的工步,称为复合工步,也可以视为一个工步。例如,用组合钻床加工多孔箱体孔。

　　⑤ 走刀　加工刀具在加工表面上加工一次所完成的工步部分称为走刀。例如轴类零件如果要切去的金属层很厚,则需分几次切削,这时每切削一次就称为一次走刀,因此在切削速度和进给量不变的前提下刀具完成一次进给运动称为一次走刀。

　　图 1-64 所示为阶梯轴加工工序划分方案比较,从中可看出各自的工序、安装、工位、工步、走刀之间的关系。

　　2) 机械加工工艺规程

　　(1) 机械加工工艺规程概念。

　　机械加工工艺规程是将产品或零部件的制造工艺过程和操作方法按一定格式制订的技术文件。它是在具体生产条件下,本着最合理、最经济的原则编制而成的,经审批后用来指导生产的文件。

　　机械加工工艺规程包括零件加工工艺流程、加工工序内容、切削用量、采用设备和工时定额等。

　　(2) 机械加工工艺规程的作用。

　　① 机械加工工艺规程是生产准备工作的依据　在新产品投入生产以前,必须根据机械加工工艺规程进行有关的技术准备和生产准备工作。例如,原材料及毛坯的供给,工艺装备(如刀具、夹具、量具等)的设计、制造及采购,机床负荷的调整,作业计划的编排,劳动力的配备等。

　　② 机械加工工艺规程是组织生产的指导性文件　生产的计划和调度、工人的操作、质量检查等都是以机械加工工艺规程为依据。按照它进行生产,有利于稳定生产秩序、保证产品质量、获得较高的生产效率和较好的经济性。

　　③ 便于积累、交流和推广行之有效的生产经验　已有的工艺规程可在以后制订类似件的工艺规程时作参考,以减少制订工艺规程的时间和工作量,也有利于提高工艺技术水平。

　　(3) 制订机械加工工艺规程的原则和依据。

　　① 制订机械加工工艺规程的原则　制订工艺规程时,必须遵循以下原则:

　　a. 必须充分利用本企业现有的生产条件;

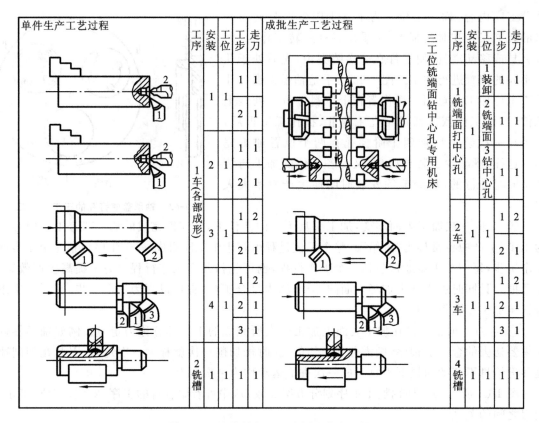

图 1-64 阶梯轴加工工序划分方案比较

b. 必须能可靠地加工出符合图样要求的零件,保证产品质量;

c. 保证良好的劳动条件,提高劳动生产效率;

d. 在保证产品质量的前提下,尽可能降低消耗、降低成本;

e. 应尽可能采用国内外先进工艺技术。

由于工艺规程是直接指导生产和操作的技术文件,因此工艺规程还应做到清晰、正确、完整和统一,所用术语、符号、编码和计量单位等都必须符合相关标准。

② 制订机械加工工艺规程的主要依据　制订机械加工工艺规程时,必须依据如下原始资料:

a. 产品的装配图和零件的工作图;

b. 产品的生产纲领;

c. 本企业现有的生产条件,包括毛坯的生产条件或协作关系、工艺装备和专用设备及其制造能力、工人的技术水平以及各种工艺资料和标准等;

d. 产品验收的质量标准;

e. 国内外同类产品的新技术、新工艺及其发展前景等的相关信息。

(4) 制订机械加工工艺规程的步骤。

① 计算年生产纲领,确定生产类型。

② 零件的工艺分析。

③ 确定毛坯,包括选择毛坯类型及其制造方法。

④ 选择定位基准。

⑤ 拟定工艺路线。

⑥ 确定各工序的加工余量和工序尺寸。

⑦ 确定切削用量和工时定额。

⑧ 确定各工序的设备、刀具、夹具、量具和辅助工具。

⑨ 确定各主要工序的技术要求及检验方法。

⑩ 填写工艺文件。

2. 机械加工工艺文件格式

1) 机械加工工艺文件

将工艺规程的内容填入一定格式的卡片中,即成为生产准备和施工所依据的工艺文件。常见的工艺文件有下列几种。

(1) 机械加工工艺过程卡片。这种卡片主要列出了整个零件加工所经过的工艺路线(包括毛坯制造、机械加工和热处理等),它是制订其他工艺文件的基础,也是生产技术准备、编制作业计划和组织生产的依据。由于它对各个工序的说明不够具体,故适用于生产管理。机械加工工艺过程卡片相当于工艺规程的总纲,其格式见表 1-16。

表 1-16　机械加工工艺过程卡片

厂　名			产品名称		零(部)件名称			共　页	第　页	
材料牌号			毛坯种类		单个毛坯可制件数		每台件数		备注	
工序号	工序名称		工序内容	车间	工段	设备	工艺装备		工时	
									准终	单件
描图										
描校										
底图号										
装订号										
						设计(日期)	审核(日期)	标准化(日期)	会签(日期)	
标记	处数	更改文件号	签字	日期	标记	处数	更改文件号	签字	日期	

(2) 机械加工工艺卡片。这种卡片是用于普通机床加工的,它是以工序为单位详细说明整个工艺过程的工艺文件。它是用来指导工人进行生产和帮助车间管理人员和技术人员掌握

整个零件的加工过程的,广泛用于成批生产的零件和小批生产中的重要零件。工艺卡片的内容包括零件的材料、质量、毛坯性质、各道工序的具体内容及加工要求等,其格式见表1-17。

表 1-17 机械加工工艺卡片的格式

厂名			产品名称		零(部)件名称				共 页		第 页	
材料牌号			毛坯种类		毛坯外形尺寸		单个毛坯可制件数		每台件数		备注	
工序	装夹	工步	工序内容	同时加工1零件数	切削用量				设备名称及编号	工艺装备名称及编号		工时
					背吃刀量/mm	切削速度/(m/min)	每分钟转数或往复次数	进给量/(mm/r)		夹具 刀具 量具	技术等级	准终 单件
描图												
描校												
底图号												
装订号										设计(日期) 审核(日期)	标准化(日期) 会签(日期)	
	标记 处数 更改文件号	签字	日期	标记	处数	更改文件号	签字	日期				

（3）机械加工工序卡片。这种卡片是用来具体指导工人在普通机床上加工操作的一种工艺文件。它是根据工艺卡片的每道工序制订的,其格式见表1-18。

2）数控加工工艺文件

数控加工工艺文件不仅是进行数控加工和产品验收的依据,也是操作者应遵守和执行的规程,同时还为零件重复生产积累了必要的工艺资料,完成了技术储备。这些技术文件是对数控加工的具体说明,目的是让操作者更明确加工程序的内容、装夹方式、各个加工部位所选用的刀具及其他技术问题。该文件包括了数控加工编程任务书、数控加工工序卡、数控刀具卡片和数控加工程序单等。

（1）数控加工编程任务书。

数据加工编程任务书阐明了工艺人员对数控加工工序的技术要求、工序说明和数控加工前应保证的加工余量,是编程员与工艺人员协调工作和编制数控程序的重要依据之一,见表1-19。

表 1-18　机械加工工序卡片

厂名		产品名称		零(部)件名称			共　页	第　页
(工序图)		车　间	工序号		工序名称		材料牌号	
		毛坯种类	毛坯外形尺寸		单个毛坯可制件数		每台件数	
		设备名称	设备型号		设备编号		同时加工件数	
		夹具编号		夹具名称			切削液	
		工位器具编号		工位器具名称			工序工时	
							准终	单件

	工步号	工步内容	工艺装备	主轴转速/(r/min)	切削速度/(m/min)	进给量/(mm/r)	背吃刀量/mm	进给次数	工步工时	
									机动	辅助
描图										
描校										
底图号										
装订号							设计(日期)	审核(日期)	标准化(日期)	会签(日期)
	标记	处数	更改文件号	签字	日期	标记	处数	更改文件号	签字	日期

表 1-19　数控加工编程任务书

工　艺　处		产品零件图号		任务书编号	
		零件名称			
		使用数控设备		共　页第　页	
主要工序说明及技术要求:					
		编程收到日期	月　日	经手人	
编　制		审　核		编　程		审　核		批　准	

（2）数控加工工序卡片。

数控加工工序卡片与普通加工工序卡片相似，所不同的是：工序简图中应注明编程原点与对刀点，要有编程说明及切削参数的选择等，它是操作人员进行数控加工的主要指导性工艺文件。工序卡应按已确定的工步顺序填写，见表1-20。如果工序加工内容比较简单，也可采用表1-21所示数控加工工艺卡片的形式。

表 1-20　数控加工工序卡片

单　位		产品名称或代号			零件名称	零件图号
工序简图		车间			使用设备	
		工艺序号			程序编号	
		夹具名称			夹具编号	
工步号	工步作业内容	加工面	刀具号	刀补量	主轴转速 /(r/min)	进给速度 /(mm/r)	背吃刀量 /mm	备注
编　制		审　核		批　准		年　月　日	共　页	第　页

表 1-21　数控加工工艺卡片

单位名称		产品名称或代号		零件名称		零件图号	
工序号	程序编号	夹具名称		使用设备		车　间	
工步号	工　步　内　容		刀具号	刀具规格	主轴转速 /(r/min)	进给速度 /(mm/r)	背吃刀量 /mm	备注
编　制	审　核	批　准		年　月　日		共　页	第　页

（3）数控加工刀具卡片。

数控加工刀具卡主要反映刀具名称、编号、规格和长度等内容。它是组装刀具、调整刀具的依据,见表1-22。

表 1-22 数控加工刀具卡片

产品名称或代号			零件名称			零件图号	
序号	刀具号	刀具规格名称	数量		加工表面		备 注
编 制		审 核		批 准		共 页	第 页

（4）数控加工程序单。

数控加工程序单是编程员根据工艺分析情况,按照机床指令代码的使用方法编制的。它是记录数控加工工艺过程、工艺参数的清单,有助于操作员正确理解加工程序内容,见表1-23。

表 1-23 数控加工程序单

零件号		零件名称		编制		审核	
程序号				日期		日期	
N	G	X(U)	Z(W)	F	S	T	M	CR	备 注

（5）数控加工走刀路线图。

在数控加工中,常常要注意防止刀具在运动过程中与夹具或工件发生意外碰撞,为此必须设法告诉操作者关于编程中的刀具运动路线(如从哪里下刀、在哪里抬刀、哪里是斜下刀等)。为简化走刀路线图,一般可采用统一约定的符号来表示。不同的机床可以采用不同的图例与格式,表1-24 为一种常用格式。

表 1-24　数控加工走刀路线图

数控加工走刀 路线图	零件图号		工序号		工步号		程序号	
机床型号		程序段号		加工内容			共　页	第　页

							编程	
							校对	
							审批	

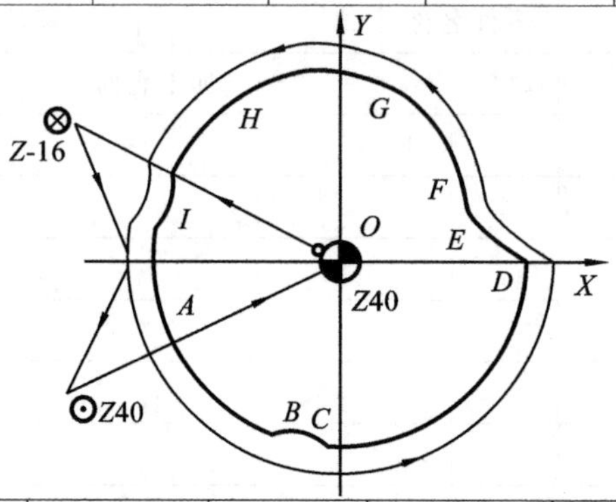

符号	⊙	⊗	⊕	•→	—	↦	○----	∿	⇄
含义	抬刀	下刀	编程原点	起刀点	走刀方向	走刀路线相交	爬斜坡	铰孔	行切

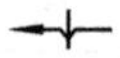

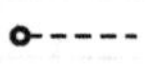

（6）数控加工工件安装和原点设定卡。

数控加工工件安装和原点设定卡（简称装夹图和零件设定卡）应表示出数控加工原点定位方法和夹紧方法，并注明加工原点设置位置和坐标方向、使用的夹具名称和编号等，见表 1-25。

表 1-25　数控加工工件安装和原点设定卡

零件名称		数控加工工件安装和原点设定卡		工序号	
零件图号				装夹次数	

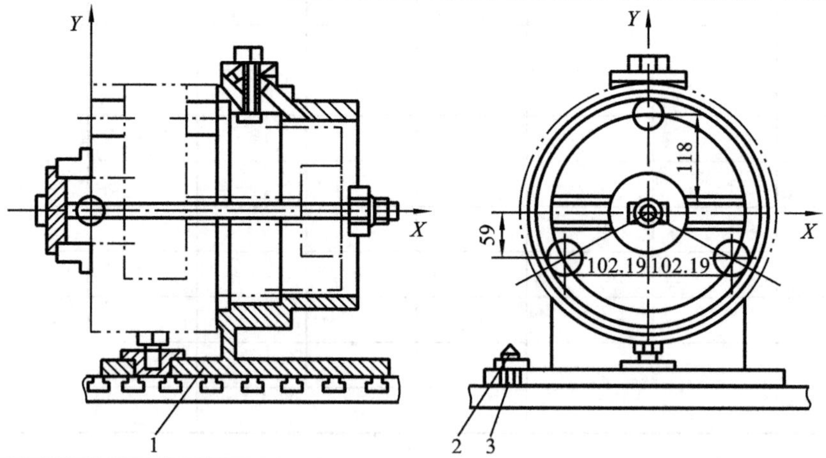					3	T 形槽螺栓	
					2	压板	
					1	镗铣夹具板	
编制	审核	批准	第　页				
			共　页		序号	夹具名称	夹具图号

【任务实施】

参照表 1-16～表 1-25 所示完成机械加工工艺过程卡、机械加工工序卡、数控加工工艺卡、数控加工刀具卡、数控加工走刀路线图、数控加工工件安装和原点设定卡的绘制。其数控加工工艺文件的作用说明可参考知识准备中的相关内容。

【思考与实训】

1. 什么是生产过程和工艺过程？

2. 什么是工序？划分工序的主要依据是什么？

3. 什么是生产纲领和生产类型？

4. 什么是机械加工工艺规程？一般包括哪些内容？其作用是什么？

5. 正确绘制机械加工工艺过程卡、机械加工工序卡、数控加工工艺卡、数控加工刀具卡、数控加工走刀路线图、数控加工工件安装和原点设定卡。

项目二　数控刀具的选择

【学习目标】

1. 学会选用刀具和牌号,掌握刀具几何角度的概念,能合理选择刀具的几何参数。

2. 学会刀具的前角、后角、主偏角、副偏角、刃倾角的选择,掌握刀具磨钝标准、刀具的耐用度的概念,以及影响刀具耐用度的因素。

3. 理解机夹可转位车刀的组成、种类、特点及刀片代号的含义,掌握数控车削刀具的类型;能够正确选择机夹可转位车刀。

4. 熟知数控铣刀的基本要求,掌握数控铣刀的种类、用途及参数,能够正确选择面铣刀和立铣刀。

5. 熟知加工中心常用刀具的类型、特点,数控刀具系统的种类及特点,掌握加工中心刀具刀柄的结构及柄部形式的代号含义并能正确选用刀具。

6. 学会日内瓦式刀库和链式刀库的换刀过程。

【知识要点】

刀具的几何角度,刀具失效形式及耐用度,机夹可转位车刀的选用,数控铣削刀具的选用,加工中心刀具系统,刀库及典型换刀过程。

【训练项目】

1. 刀具几何参数及失效形式分析。

2. 典型数控车削刀具的选用。

3. 面铣刀和立铣刀的选用。

4. 日内瓦式刀库和链式刀库的换刀过程。

任务一　对数控刀具的认识

【任务引入】

图 2-1 所示为 75°大切深强力车刀,刀具材料为 YT15,一般用于中等刚度车床上加工热轧和锻制的中碳钢。切削用量为:背吃刀量 $a_p = 15 \sim 20$ mm,进给量 $f = 0.25 \sim 0.4$ mm/r。试对该刀具的几何参数进行分析。

【相关知识准备】

1. 数控机床刀具材料概述

因为在金属切削加工中,刀具切削部分起主要作用,所以刀具材料一般指刀具切削部分的材料。刀具材料决定了刀具的切削性能,直接影响加工效率、刀具耐用度和加工成本,刀具材

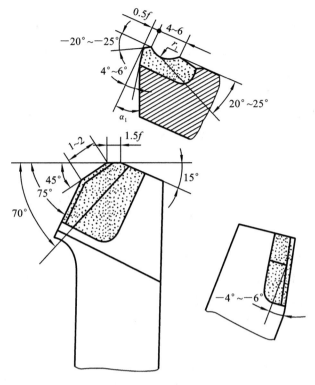

图 2-1 75°大切深强力车刀

料的合理选择是切削加工工艺的一项重要内容。

1) 数控机床对刀具材料的基本要求

金属加工时,刀具受到很大切削压力、摩擦力和冲击力,产生很高的切削温度,刀具在这种高温、高压和剧烈的摩擦环境下工作,故刀具材料需满足如下基本要求。

(1) 高硬度。刀具是从工件上去除材料,所以刀具材料的硬度必须高于工件材料的硬度。刀具材料最低硬度应在 60 HRC 以上。对于碳素工具钢材料,在室温条件下硬度应在 62 HRC 以上;高速钢硬度为 63~70 HRC;硬质合金刀具硬度为 89~93 HRC。

(2) 高强度与强韧度。刀具材料在切削时受到很大的切削力与冲击力,如车削 45 钢,在背吃刀量 $a_p=4$ mm,进给量 $f=0.5$ mm/r 的条件下,刀片所承受的切削力达到 4000 N,可见,刀具材料必须具有较高的强度和较高的韧度。一般刀具材料的韧度用冲击韧度 a_K 表示,反映刀具材料抗脆性和崩刃能力。

(3) 较强的耐磨性和耐热性。刀具耐磨性反映刀具抵抗磨损的能力。一般刀具硬度越高,耐磨性越好。刀具金相组织中硬质点(如碳化物、氮化物等)越多,颗粒越小,分布越均匀,则刀具耐磨性越好。

刀具材料耐热性是衡量刀具切削性能的主要标志,通常用高温下刀具保持高硬度的性能来衡量,也称热硬性。刀具材料高温硬度越高,则耐热性越好,在高温环境中抗塑性变形能力、抗磨损能力越强。

(4) 优良导热性。刀具导热性越好,表示切削产生的热量越容易传导出去,传热降低了刀具切削部分温度,减少刀具磨损。另外,刀具材料导热性越好,其抗耐热冲击和抗热裂纹性能也越强。

(5) 良好的工艺性与经济性。刀具不但要有良好的切削性能,本身还应该易于制造,这要求刀具材料有较好的工艺性,如锻造、热处理、焊接、磨削、高温塑性变形等功能。此外,经济性也是刀具材料的重要指标之一,选择刀具时,要考虑经济效果,以降低生产成本。

2) 数控刀具材料的种类和选择

当前所使用的刀具材料有许多种,应用最多的还是工具钢(如碳素工具钢、合金工具钢、高速钢等)和硬质合金类普通刀具材料,以下对这些普通刀具材料分别介绍。

(1) 高速钢。

高速钢是一种含钨、钼、铬、钒等合金元素较多的工具钢。高速钢具有良好的热稳定性,在 500～600 ℃的高温下仍能切削,与碳素工具钢、合金工具钢相比较,其切削速度高 1～3 倍,刀具耐用度高 10～40 倍。高速钢具有较高强度和韧度,如抗弯强度为一般硬质合金的 2～3 倍,为陶瓷的 5～6 倍,且具有一定的硬度(63～70HRC)和耐磨性。

普通高速钢分为两种,钨系高速钢和钨钼系高速钢。

钨系高速钢的典型钢种为 W18Cr4V(简称 T1),它是应用最普遍的一种高速钢。这种钢磨削性能和综合性能好,通用性强。常温硬度为 63～66 HRC,600℃高温下硬度为 48.5 HRC 左右。不过此钢的缺点是碳化物分布常不均匀,强度与韧度不够,热塑性差,不宜制造成大截面刀具。

钨钼系高速钢是将一部分钨用钼代替所制成的钢。典型钢种为 W6Mo5Cr4V2(简称 M2)。此种钢的优点是减小了碳化物数量及分布的不均匀性,和 W18 钢相比,M2 抗弯强度提高 17%,冲击韧度提高 40%以上,而且大截面刀具也具有同样的强度与韧性,它的性能也较好。此钢的缺点是高温切削性能和 W18 相比稍差。我国生产的另一种钨钼系高速钢为 W9Mo5Cr4V2(简称 W9),它的抗弯强度和冲击韧度都高于 M2,而且热塑性、刀具耐用度、磨削加工性和热处理时脱碳倾向性都比 M2 有所提高。

高性能高速钢是在普通高速钢中增加碳、钒含量并添加钴、铝等合金元素而形成的新钢种。此类钢的优点是具有较强的耐热性,在 630～650 ℃高温下,仍可保持 60 HRC 的高硬度,而且刀具耐用度是普通高速钢的 1.5～3 倍。它适合加工奥氏体不锈钢、高温合金、钛合金、超高强度钢等难加工材料。此类钢的缺点是强度与韧度较普通高速钢低,高钒高速钢磨削加工性差。典型的有高碳高速钢 9W6Mo5Cr4V2、高钒高速钢 W6Mo5Cr4V3、钴高速钢 W6Mo5Cr4V2Co5 及超硬高速钢 W2Mo9Cr4VCo8 和 W6Mo5Cr4V2Al 等。

粉末冶金高速钢是用高压氩气或纯氮气雾化熔化的高速钢钢液,得到细小的高速钢粉末,然后经热压制成刀具毛坯。

粉末冶金钢有以下优点:无碳化物偏析,强度、韧度和硬度高,硬度值达 69～70 HRC;材料各向同性,热处理内应力和变形小;磨削加工性好,磨削效率比熔炼高速钢高 2～3 倍;耐磨性好。

此类钢适于制造切削难加工材料的刀具、大尺寸刀具(如滚刀和插齿刀等)、精密刀具和加工量大的复杂刀具。几种常用高速钢的牌号及主要性能见表 2-1。

(2) 硬质合金。

硬质合金是由难熔金属碳化物(如 TiC、WC、NbC 等)和金属黏结剂(如 Co、Ni 等)经粉末冶金方法加工制成。

表 2-1　高速钢的牌号及主要性能表

类型	高速钢牌号		常温硬度 HRC	抗弯强度 /MPa	冲击韧度 /(kJ/mm²)	600 ℃下的硬度 HRC
	中国牌号	习惯名称				
普通高速钢	W18Cr4V	T1	62～65	3430	290	50.5
	W6Mo5Cr4V2	M2	63～66	3500～4000	300～400	47～48
高性能高速钢	W6Mo5Cr4V3	M3	65～67	3200	250	51.7
	W7Mo4Cr4V2Co5	M41	66～68	2500～3000	230～350	54
	W6Mo5Cr4V2Al	501 钢	66～69	3000～4100	230～350	55～56
	W2Mo9Cr4VCo8	M42	67～69	2650～3730	230～290	55.2
	W10Mo4Cr4V3Al	5F6 钢	68～69	3010	200	54.2

① 硬质合金的性能特点　硬质合金中高熔点、高硬度碳化物含量高,因此硬质合金常温下硬度很高,能达到 78～82 HRC,热熔性好,热硬性可达 800～1000 ℃以上,硬质合金刀具能承受的切削速度比高速钢的高 4～7 倍。

硬质合金缺点是脆性大,抗弯强度和冲击韧度不强。抗弯强度只有高速钢的 1/3～1/2,冲击韧度只有高速钢的 1/4～1/35。

硬质合金力学性能主要由组成硬质合金碳化物的种类、数量、粉末颗粒的粗细和黏结剂的含量决定。碳化物的硬度和熔点越高,硬质合金的热硬性越好。黏结剂含量越大,则强度与韧性越好。碳化物粉末越细,而黏结剂含量一定,则硬度越高。

② 普通硬质合金的种类、牌号及适用范围　国产普通硬质合金按其化学成分的不同,可分为四类:

钨钴类(WC+Co)合金,代号为 YG,对应于国标 K 类。此合金钴含量越高,韧度越高,适于粗加工,钴含量低,适于精加工。

钨钛钴类(WC+TiC+Co)合金,代号为 YT,对应于国标 P 类。此类合金有较高的硬度和耐热性,主要用于加工切屑呈带状的钢件等塑性材料。合金中 TiC 含量高,则耐磨性和耐热性提高,但强度降低。因此粗加工一般选择 TiC 含量少的牌号,精加工选择 TiC 含量多的牌号。

钨钛钽(铌)钴类(WC+TiC+TaC(Nb)+Co)合金,代号为 YW,对应于国标 M 类。此类硬质合金不但适用于冷硬铸铁、有色金属及合金半精加工,也能用于高锰钢、淬火钢、合金钢及耐热合金钢的半精加工和精加工。

碳化钛基类(WC+TiC+Ni+Mo)合金,代号 YN,对应于国标 P01 类。一般用于精加工和半精加工,尤其适合大长零件且加工精度较高的零件,但不适于有冲击载荷的粗加工和低速切削。

③ 超细晶粒硬质合金　超细晶粒硬质合金的硬度和耐磨性较高,抗弯强度和冲击韧度也高,已接近高速钢。适合做小尺寸铣刀、钻头等,并可用于加工高硬度难加工材料。常用硬质合金的牌号及主要性能见表 2-2。

表 2-2 硬质合金的牌号及主要性能

代号	牌号	密度/(g/cm³)	硬度/HRA	抗弯强度/MPa	使用性能或推荐用途
YG3	K05	15.20~15.40	91.5	140	铸铁、有色金属及其合金的精加工、半精加工,要求无冲击
YG3X	K05	15.20~15.40	92.0	130	细晶粒,铸铁、有色金属及其合金的精加工、半精加工
YG6	K20	14.85~15.05	90.5	186	铸铁、有色金属及其合金的半精加工、精加工
YG6X	K10	14.85~15.05	91.7	180	细晶粒,铸铁、有色金属及其合金的半精加工、粗加工
YG8	K30	14.60~14.85	90.0	206	铸铁、有色金属及其合金粗加工,可用于断续切削
YT5	P30	11.50~13.20	90.0	175	碳素钢、合金钢的粗加工,可用于断续切削
YT14	P20	11.20~11.80	91.0	155	碳素钢、合金钢的半精加工、粗加工,可用于断续切削时的精加工
YT15	P10	11.10~11.60	91.5	150	碳素钢、合金钢的半精加工、粗加工,可用于继续切削时的精加工
YT30	P01	9.30~9.70	92.5	127	碳素钢、合金钢的精加工
YW1	M10	12.85~13.40	92.0	138	高温合金、不锈钢等难加工材料的精加工、半精加工
YW2	M20	12.65~13.35	91.0	168	高温合金、不锈钢等难加工材料的半精加工、粗加工

④ 涂层硬质合金 涂层硬质合金是在韧性较好的硬质合金基体上或高速钢刀具基体上,涂覆一层耐磨性的难熔金属化合物而制成。

常用的涂层材料有 TiC、TiN、Al_2O_3 等。TiC 比 TiN 的硬度高,抗磨损性能好。不过 TiN 与金属亲和力小,在空气中抗氧化能力强。因此,对于摩擦剧烈的刀具,宜采用 TiC 涂层,而在容易产生黏结条件下,宜采用 TiN 涂层刀具。

涂层可以采用单涂层和复合涂层,如 TiC-TiN、TiC-Al_2O_3、TiC-TiN-Al_2O_3 等。涂层厚度一般在 $5 \sim 8 \ \mu m$,它具有比基体高得多的硬度,表层硬度可达 2500~4200 HV。

涂层刀具具有高的抗氧化性能和抗黏结性能,因此具有较高的耐磨性。涂层摩擦系数较低,可降低切削时的切削力和切削温度,提高刀具耐用度,高速钢基体涂层能把刀具耐用度可提高 2~10 倍,硬质合金基体涂层能把刀具耐用度提高 1~3 倍。加工材料硬度愈高,涂层刀具效果愈好。

涂层刀具主要用于车削、铣削等加工,由于成本较高,还不能完全取代无涂层刀具的使用。硬质合金涂层刀具在涂覆后强度和韧度都有所降低,不适合受力大和冲击大的粗加工,也不适合高硬材料的加工。涂层刀具经过钝化处理,切削刃锋利程度减小,不适合进给量很小的精密切削。

（3）陶瓷。

陶瓷刀具的材料主要由硬度和熔点都很高的 Al_2O_3、Si_3N_4 等氧化物、氮化物组成，另外还有少量的金属碳化物、氧化物等添加剂，通过粉末冶金工艺方法制粉后再压制烧结而成。常用的陶瓷刀具有两种：Al_2O_3 基陶瓷和 Si_3N_4 基陶瓷。

陶瓷刀具优点是有很高的硬度和耐磨性，硬度达 $91\sim95$ HRA，耐磨性是硬质合金的 5 倍；刀具寿命比硬质合金的高；具有很好的热硬性，当切削温度 760 ℃时，具有 87HRA（相当于 66HRC）硬度，温度达 1200 ℃时，仍能保持 80HRA 的硬度；摩擦因数低，切削力比硬质合金小，用该类刀具加工时能降低工件表面粗糙度值。

陶瓷刀具缺点是强度和韧度差，热导率低。陶瓷最大缺点是脆性大，抗冲击性能很差。此类刀具一般用于高速精细加工硬材料。

（4）立方氮化硼。

立方氮化硼（简称 CBN）刀具是由立方氮化硼为原料在高温高压下制成。

CBN 刀具的主要优点是硬度高，硬度仅次于金刚石，热稳定性好，较大的导热系数和较小的摩擦系数。其缺点是强度和韧度较差，抗弯强度仅为陶瓷刀具的 $1/5\sim1/2$。

CBN 刀具适用于加工高硬度淬火钢、冷硬铸铁和高温合金材料。它不宜加工塑性大的钢件和镍基合金，也不适合加工铝合金和铜合金，通常采用负前角的高速切削。

（5）金刚石。

金刚石是碳的同素异构体，具有极高的硬度。现用的金刚石刀具有三类：天然金刚石刀具、人造聚晶金刚石刀具和复合聚晶金刚石刀具。

金刚石刀具具有如下优点：极高的硬度和耐磨性，人造金刚石硬度达 10000 HV，耐磨性是硬质合金的 $60\sim80$ 倍；切削刃锋利，能实现超精密微量加工和镜面加工；很高的导热性。

金刚石刀具的缺点是耐热性差，强度低，脆性大，对振动很敏感。

此类刀具主要用于高速条件下精细加工有色金属及其合金和非金属材料。

2. 刀具几何角度

刀具几何角度是确定刀具切削部分几何形状的重要参数，它的变化直接影响金属加工的质量。

1）刀具切削部分的组成

如图 2-2 所示，刀具切削部分主要由以下几个部分组成。

前刀面 A_γ——切屑沿其流出的表面。

主后刀面 A_α——与过渡表面相对的面。

副后刀面 A'_α——与已加工表面相对的面。

主切削刃——前刀面与主后刀面相交形成的刀刃。

副切削刃——前刀面与副后刀面相交形成的刀刃。

刀具的几何角度是在一定的平面参考系中确定的，平面参考系一般有正交平面参考系、法平面参考系和假定工作平面参考系。图 2-3 所示为正交平面参考系，各参考面如下。

基面 p_r——过切削刃选定点平行或垂直刀具安装面（或轴线）的平面。

切削平面 p_s——过切削刃选定点与切削刃相切并垂直于基面的平面。

正交平面 p_o——过切削刃选定点同时垂直于切削平面和基面的平面。

对于法平面参考系,则由 p_r、p_s、p_n 三平面组成,其中:

法平面 p_n——过切削刃选定点并垂直于切削刃的平面。

对于假定工作平面参考系,则由 p_r、p_f、p_p 三平面组成,其中:

假定工作平面 p_f——过切削刃选定点平行于假定进给运动方向并垂直于基面的平面。

背平面 p_p——过切削刃选定点和假定工作平面与基面都垂直的平面。

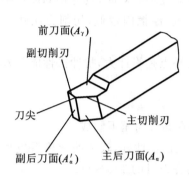

图 2-2　车刀的切削部分

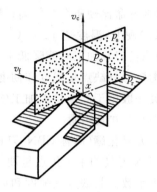

图 2-3　正交平面参考系

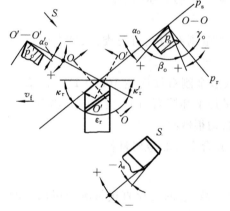

图 2-4　车削刀具几何角度

2) 刀具的切削部分的几何角度

这里所讲刀具几何角度是在正交平面参考系确定,是刀具工作图上标注的角度,亦称标注角度。如图 2-4 所示,车刀各标注角度如下。

前角 γ_o——在主切削刃选定点的正交平面 p_o 内,前刀面与基面之间的夹角。

后角 α_o——在正交平面 p_o 内,主后刀面与基面之间的夹角。

主偏角 κ_r——主切削刃在基面上的投影与进给方向的夹角。

刃倾角 λ_s——在切削平面 p_s 内,主切削刃与基面 p_r 的夹角。

以上四个角度中,前角 γ_o 与后角 α_o 分别是用来确定前刀面与后刀面方位的,而主偏角 κ_r 与刃倾角 λ_s 是用来确定主切削刃方位的。和以上四个角度相对应,又可定义副后刀面和副切削刃的如下四个角度:副前角 γ_o'、副后角 α_o'、副偏角 κ_r'、副倾角 λ_s'。

铣刀的刀具标注几何角度有自己的特点。图 2-5 所示为圆柱形铣刀的标注几何角度。由图可以看出,圆柱形铣刀基面 p_r 为过切削刃选定点和刀具轴线的平面,即与主切削速度垂直的平面。切削平面 p_s 同样为过该切削刃选定点与切削刃相切并与基面垂直的平面。

3) 刀具的工作角度

(1) 刀具的工作角度概念。

刀具在工作状态下的切削角度称为刀具的工作角度。刀具的工作角度是在刀具工作参考系下确定的。如正交参考系下的参考平面为:

工作基面 p_{re}——过切削刃选定点与合成切削速度 v_e 垂直的平面;

工作切削平面 p_{se}——过切削刃选定点与切削刃相切并垂直于工作基面的平面;

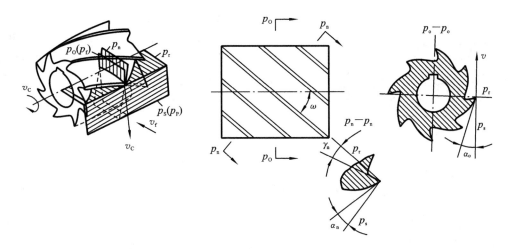

图 2-5 圆柱形铣刀的标注几何角度

工作正交平面 p_{oe}——过切削刃选定点并与工作基面和工作正交面都垂直的平面。

与标注角度类似,在其他参考系下也定义了相应的参考平面,如法平面参考系下的 p_{re}、p_{se}、p_{ne};工作平面参考系下的 p_{re}、p_{fe}、p_{pe}。同样也定义了与标注角度相对应的工作角度,γ_{oe}、α_{oe}、κ_{re}、λ_{se}、γ_{fe}、α_{fe} 等。

(2) 刀具安装位置对刀具工作角度的影响。

① 刀刃安装高低对工作前角、后角的影响。

如图 2-6 所示,当切削点高于工件中心时,此时工作基面和工作切削面与正常位置相应的平面成 θ 角,由图可以看出,此时工作前角增大 θ 角,而工作后角减小 θ 角。

$$\sin\theta = 2h/d$$

如刀尖低于工件中心,则工作角度变化与之相反。内孔镗削时与加工外表面情况相反。

② 导杆中心与进给方向不垂直对工作主偏角、副偏角的影响。

如图 2-7 所示,当刀杆中心与正常位置偏 θ 角时,刀具标注工作角度的假定工作平面与现工作平面 p_{fe} 成 θ 角,因而工作主偏角 κ_{re} 增大(或减小),工作副偏角 $\kappa'_{\gamma e}$ 减小(或增大),角度变化值为 θ 角,有

$$\kappa_{re} = \kappa_r \pm \theta, \quad \kappa'_{\gamma e} = \kappa'_r \mp \theta$$

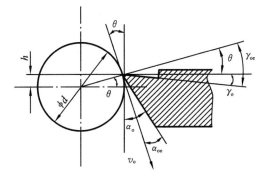

图 2-6 刀刃安装高低的影响

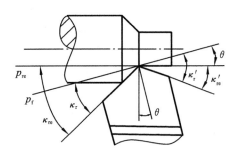

图 2-7 刀杆中心偏斜的影响

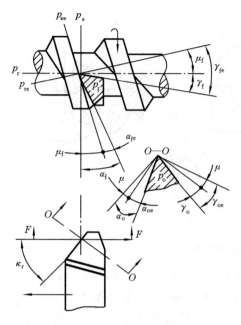

图 2-8 进给运动对刀具角度影响

（3）进给运动对刀具工作角度的影响。

车螺纹时，工作切削平面 p_{se} 与螺纹切削点相切，与刀具切削平面 p_s 成 μ_f 角，因工作基面与切削面垂直，因此工作基面也绕基面旋转 μ_f 角。从图 2-6 和图 2-8 可知，在正交平面内，刀具的工作角度为

$$\gamma_{oe} = \gamma_o + \mu_o; \quad \alpha_{oe} = \alpha_o - \mu_o$$

$$\tan\mu_f = f/\pi d_w$$

$$\tan\mu_o = \tan\mu_f \sin\kappa_r = f\sin\kappa_r/\pi d_w$$

式中 f——纵向进给量，对单线螺纹 f 为螺距；

d_w——工件直径，即螺纹外径。

由上式可看出，右螺纹的车削刀具工作前角增大，工作后角减小，如车左螺纹，则与之相反。同时，可知当进给量 f 较小时，纵向进给对刀具工作角度的影响可忽略，因此在一般的外圆车削中，因进给量小，常不考虑其对工作角度的影响。

4）刀具几何参数的合理选择

所谓刀具几何参数的合理选择，是指在保证加工质量的前提下，选择能提高切削效率，降低生产成本，获得最高刀具耐用度的刀具几何参数。

刀具几何参数包括刀具几何角度（如前角、后角、主偏角等）、刀面形式（如平面前刀面、倒棱前刀面等）和切削刃形状（直线形、圆弧形）等。

选择刀具考虑的因素很多，主要有工件材料、刀具材料、切削用量、工艺系统刚度等工艺条件以及机床功率等。以下所述是在一定切削条件下的基本选择方法，要选择好刀具几何参数，必须在生产实践中不断摸索、总结才能掌握。

（1）前角和前刀面形状的选择。

① 前角 γ_o 的选择   刀具前角 γ_o 是一个重要的刀具几何参数。在选择刀具前角时，首先应保证刀刃锋利，同时也要兼顾刀刃的强度与耐用度。但两者又是一对矛盾，需要根据生产现场的条件，考虑各种因素，以达到一平衡点。

刀具前角增大，刀刃变锋利，可以减小切削的变形，减小切屑流出前刀面的摩擦阻力，从而减小切削力和切削所需功率，切削时产生的热量也减小，刀具耐用度提高。但由于刀刃锋利，楔角过小，刀刃的强度也自然会降低。但刀具前角增大到一定程度时，刀头散热体积减小，若继续变大时，又将使切削温度升高，刀具耐用度降低。刀具前角的合理选择，主要由刀具材料和工件材料的种类与性质决定。

刀具前角增大，将降低刀刃强度，因此在选择刀具前角时，应考虑刀具材料的性质。刀具材料的不同，其强度和韧度也不同，强度和韧度大的刀具材料可以选择大的前角，而脆性大的刀具甚至取负的前角。如高速钢前角可比硬质合金刀具大 $5°\sim10°$，陶瓷刀具，前角常取负值，其值一般在 $0°\sim-15°$ 之间。图 2-9 所示为不同刀具材料韧度的变化趋势。

工件材料的性质也是前角选择考虑的因素之一。加工钢件等塑性材料时，切屑沿前刀面流出时和前刀面接触长度长，压力与摩擦较大，为减小变形和摩擦，一般采用选择大的前角。如加工铝合金取 $\gamma_o = 25°\sim35°$，加工低碳钢取 $\gamma_o = 20°\sim25°$，正火高碳钢取 $\gamma_o = 10°\sim15°$，当加

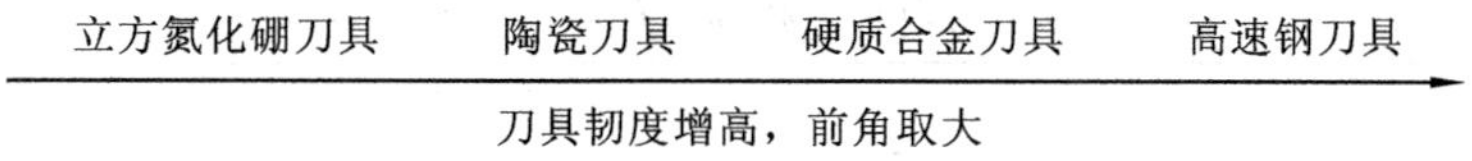

立方氮化硼刀具　　　陶瓷刀具　　　硬质合金刀具　　　高速钢刀具

刀具韧度增高，前角取大

图 2-9　不同刀具材料的韧性变化趋势

工高强度钢时，为增强切削刃，前角常取负值。加工脆性材料时，切屑为碎状，切屑与前刀面接触长度短，切削力主要集中在切削刃附近，受冲击时易产生崩刃，因此刀具前角相对塑性材料取得小些或取负值，以提高刀刃的强度。例如：加工灰铸铁，常取较小的正前角；加工淬火钢或冷硬铸铁等高硬度的难加工材料时，宜取负前角。若用正前角的硬质合金刀具加工淬火钢，一般刚开始切削就会发生崩刃。

刀具前角选择与加工条件也有关系。粗加工时，因加工余量大，切削力大，一般取较小的前角；精加工时，宜取较大的前角，以减小工件变形与表面粗糙度；带有冲击性的断续切削比连续切削前角取得小。机床工艺系统好，功率大，可以取较大的前角。但用数控机床加工时，为使切削性能稳定，宜取较小的前角。

前角的选择还与刀具其他参数和刀面形状有关系，特别是与刃倾角有关。如负倒棱（如图 2-10(b)角度 γ_{o1}）的刀具可以取较大的前角。大前角的刀具常与负刃倾角相匹配以保证切削刃的强度与抗冲击能力。

总之，前角选择的原则是在满足刀具耐用度的前提下，尽量选取较大。

不同刀具的合理前角参考值如表 2-3 和表 2-4 所示。

② 前刀面形状、刃区形状及其参数的选择。

a. 前刀面形状　前刀面形状的合理选择，对防止刀具崩刃、提高刀具耐用度和切削效率、降低生产成本都有重要意义。图 2-10 所示为几种前刀面形状及刃区剖面形式。

正前角锋刃平面型（图 2-10(a)）的特点是刃口较锋利，但强度差，γ_o 不能太大，不易折屑，主要用于高速钢刀具，精加工铸铁、青铜等脆性材料。

表 2-3　硬质合金刀具合理前角参考值

工 件 材 料		合理前角/(°)	工 件 材 料		合理前角/(°)
碳钢 R_m/GPa	≤0.445	20～25	不锈钢	奥氏体	15～30
	≤0.558	15～20		马氏体	15～-5
	≤0.784	12～15	淬硬钢	≥HRC40	-5～-10
	≤0.980	5～10		≥HRC50	-10～-15
40Cr	正火	13～18			
	调质	10～15	高强度钢		8～-10
灰铸铁	≤220HBS	10～15	钛及钛合金		5～15
	>200HBS	5～10	变形高温合金		5～15
铜	纯铜	25～35	铸造高温合金		0～10
	黄铜	15～35	高锰钢		8～-5
	青铜(脆黄铜)	5～15	铬锰钢		-2～-5
铝及铝合金		25～35			
软橡胶		50～60			

表 2-4　不同刀具材料加工钢时的前角参考值

R_m/GPa	高速钢	硬质合金	陶瓷
≤0.784	25°	12°～15°	10°
>0.784	20°	10°	5°

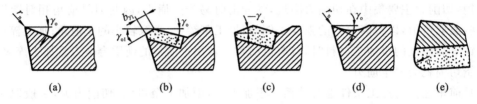

图 2-10　前刀面形状及刃区剖面形式

(a) 正前角锋刃平面型；(b) 带倒棱的正前角平面型；(c) 负前角平面型；(d) 曲面型；(e) 钝圆切削刃型

带倒棱的正前角平面型(图 2-10(b))的特点是切削刃强度及抗冲击能力强,同样条件下可以采用较大的前角,提高了刀具耐用度,主要用于硬质合金刀具和陶瓷刀具,加工铸铁等脆性材料。

负前角平面型(图 2-10(c))的特点是切削刃强度较好,但刀刃较钝,切削变形大。主要用于硬脆刀具材料。加工高强度高硬度材料,如淬火钢。图示类型负前角后部加有正前角,有利于切屑流出,许多刀具并无此角,只有负角。

曲面型(图 2-10(d))的特点是有利于排屑、卷屑和断屑,而且前角较大,切削变形小,所受切削力也较小。在钻头、铣刀、拉刀等刀具上都有曲面前面。

钝圆切削刃型(图 2-10(e))的特点是切削刃强度和抗冲击能力增加,具有一定的消振作用,适用于加工陶瓷等脆性材料。

b. 刃区形状　倒棱是提高刀刃强度的有效措施,倒棱是沿切削刃研磨出很窄的负前角棱面。当倒棱选择合理时,棱面将形成滞留金属三角区。切屑仍沿正前角面流出,切削力增大不明显,而切削刃加强并受到三角区滞留金属的保护,同时散热条件改善,刀具寿命明显提高。特别对于硬质合金和陶瓷等脆性刀具,粗加工时,效果更显著,可提高刀具耐用度1～5倍。另外,倒棱也使切削力的方向发生变化,在一定程度上改善刀片的受力状况,减小对切削刃产生的弯曲应力分量,从而提高刀具耐用度。

倒棱参数的最佳值与进给量有密切关系,通常取 $b_{\gamma 1}=0.2\sim 1$ mm 或 $b_{\gamma 1}=(0.3\sim 0.8)f$,粗加工时取大值,精加工时取小值。加工低碳钢、灰铸铁、不锈钢时,$b_{\gamma 1}\leqslant 0.5f$,$\gamma_{01}=-5°\sim$ $-10°$。加工硬皮的锻件或铸钢件,机床刚度与功率允许的情况下,倒棱负角可减小到 $-30°$,高速钢倒棱前角 $\gamma_{01}=0°\sim 5°$,硬质合金刀具 $\gamma_{01}=-5°\sim -10°$。冲击比较大时,负倒棱宽度可取 $b_{\gamma 1}=(1.5\sim 2)f$。

对于进给量很小($f\leqslant 0.2$ mm/r)的精加工刀具,为使切削刃锋利和减小刀刃钝圆半径,一般不磨倒棱。加工铸铁、铜合金等脆性材料的刀具,一般也不磨倒棱。

钝圆切削刃是在负倒棱的基础上进一步修磨而成,或直接钝化处理成。切削刃钝圆半径比锋刃的增大了一定的值,在切削刃强度方面获得与负倒棱一样的效果,但比负倒棱的更有利于消除刃区微小裂纹,使刀具获得较高耐用度。而且刃部钝圆对加工表面有一定的整轧和消振作用,有利于提高加工表面质量。

钝圆半径 r_n 有小型($r_n = 0.025 \sim 0.05$ mm),中型($r_n = 0.05 \sim 0.1$ mm)和大型($r_n = 0.1 \sim 0.15$ mm)三种。需要根据刀具材料、工件材料和切削条件三方面选择。

刀具材料强度和韧度影响钝圆半径选择。高速钢刀具一般采用正前角锋刃或小型切削刃,陶瓷刀片一般要求负倒棱且带大型钝圆切削刃,WC 基硬质合金刀具一般采用中型钝圆刀刃,TiC 基硬质合金刀具的刀刃在中型与大型之间。

工件材料的性质也影响钝圆半径的选择。易切削金属的加工,一般采用锋刃或小型钝圆半径刀具加工;切削灰铸铁和球墨铸铁等材质分布不均而容易产生冲击的材料,通常采用中型钝圆半径刀具加工;切削高硬度合金材料,一般采用中型或大型钝圆半径刀具加工。

(2)后角及后面形状的选择。

① 后角 α_o 的选择　从前面的切削变形规律可知,在第三变形区,加工表面在后刀面有一个被挤压然后又弹性回复的过程,使刀具与加工表面产生摩擦。刀具后角越小,则与加工表面接触的挤压和摩擦面越长,摩擦越大。因此,后角 α_o 的主要作用是减小刀具后刀面与加工表面的摩擦,另外当前角固定时,后角的增大与减小能增大和减小刀刃的锋利程度,改变刀刃的散热,从而影响刀具的耐用度。后角 α_o 的选择主要考虑因素是切削厚度和工件材料。

a. 切削厚度　试验表明,合理的后角值与切削厚度有密切关系。当切削厚度 h_D 和进给量 f 较小时,切削刃要求锋利,因而后角 α_o 应取大些。如高速钢立铣刀,每齿进给量很小,后角取到 $16°$。车刀后角的变化范围比前角小,粗车时,切削厚度 h_D 较大,为保证切削刃强度,取较小后角,$\alpha_o = 4° \sim 8°$;精车时,为保证加工表面质量,取较大后角 $\alpha_o = 8° \sim 12°$。车刀合理后角在 $f \leqslant 0.25$ mm/r 时,可选 $\alpha_o = 10° \sim 12°$;在 $f > 0.25$ mm/r 时,可选 $\alpha_o = 5° \sim 8°$。

b. 工件材料　工件材料强度或硬度较高时,为加强切削刃,一般采用较小后角。对于塑性较大材料,已加工表面易产生加工硬化,后刀面摩擦对刀具磨损和加工表面质量影响较大时,一般取较大后角。如加工高温合金时,$\alpha_o = 10° \sim 15°$。

选择后角的原则是,在不产生摩擦的条件下,应适当减小后角。

② 后刀面形状的选择　为减少刃磨后刀面的工作量,提高刃磨质量,在硬质合金刀具和陶瓷刀具上通常把后刀面做成双重后刀面,如图 2-11(a)所示。沿主切削刃和副切削刃磨出的窄棱面被称为刃带。对定尺寸刀具磨出刃带的作用是为制造刃磨刀具时有利于控制和保持尺寸精度,同时在切削时提高切削的平稳性和减小振动。一般刃带宽 b_{a1} 在 $0.1 \sim 0.3$ mm 范围内,超过一定值将增大摩擦,降低表面加工质量。如当工艺系统刚度较差,容易出现振动时,可以在车刀后面磨出 $b_{a1} = 0.1 \sim 0.3$ mm、$\alpha_o = -5° \sim -10°$ 的消振棱,如图 2-11(b)所示。

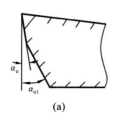
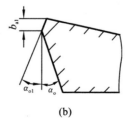

(a)　　　　　　　　　(b)

图 2-11　后刀面形状

(a)双重后角;(b)负后角刃带消振

(3)主偏角和副偏角的选择。

① 主偏角的选择　主偏角对刀具耐用度影响很大,因为根据切削层参数内容可知,在背

吃刀量 a_p 与进给量 f 不变时,主偏角 κ_r 减小将使切削厚度 h_D 减小和切削宽度 b_D 增加,参加切削的切削刃长度也相应增加切削宽度 b_D,切削刃单位长度上的受力减小,散热条件也得到改善,而且,主偏角 κ_r 减小时,刀尖角增大,刀尖强度提高,刀尖散热体积增大。所以,主偏角 κ_r 减小,能提高刀具耐用度,但主偏角的减小也会产生不良影响,因为根据切削力分析可以得知,主偏角 κ_r 减小将使背向力 F_p 增大,从而使切削时产生的挠度增大,降低加工精度。同时背向力的增大将引起振动,因此对刀具耐用度和加工精度产生不利影响。

由上述分析可知,主偏角 κ_r 的增大或减小对切削加工既有有利的一面,也有不利的一面,在选择时应综合考虑。其主要选择原则有以下几点:

a. 工艺系统刚度较好时(工件长径比 $l_w/d_w < 6$),主偏角 κ_r 可以取小值。如当在刚度好的机床上加工冷硬铸铁等高硬度高强度材料时,为减轻刀刃负荷,增加刀尖强度,提高刀具耐用度,一般取比较小的主偏角,$\kappa_r = 10° \sim 30°$。

b. 工艺系统刚度较差时(工件长径比 $l_w/d_w = 6 \sim 12$),或带有冲击性的切削,主偏角 κ_r 可以取大值,一般 $\kappa_r = 60° \sim 75°$,甚至主偏角 κ_r 可以大于 $90°$,以避免加工时振动。硬质合金车刀的主偏角多为 $60° \sim 75°$。

c. 根据工件加工要求选择。当车阶梯轴时,$\kappa_r = 90°$;同一把刀具加工外圆、端面和倒角时,$\kappa_r = 45°$。

② 副偏角 κ_r' 的选择 副偏角 κ_r' 的大小将对刀具耐用度和加工表面粗糙度产生影响。副偏角的减小,可降低残留物面积的高度,减小表面粗糙度值,同时刀尖强度和散热面积增大将提高刀具耐用度。但副偏角太小又会使刀具副后刀面与工件摩擦,使刀具耐用度降低,另外引起加工中振动。因此,副偏角的选择也需综合各种因素。

a. 工艺系统刚度好,加工高强度高硬度材料时,一般 $\kappa_r' = 5° \sim 10°$;加工外圆及端面,能中间切入时,$\kappa_r' = 45°$。

b. 工艺系统刚度较差,粗加工、强力切削时,$\kappa_r' = 10° \sim 15°$;车台阶轴、细长轴、薄壁件时,$\kappa_r' = 5° \sim 10°$。

c. 切断、车槽时,$\kappa_r' = 1° \sim 2°$。

副偏角的选择原则是,在不影响摩擦和振动的条件下,应选取较小的副偏角。

(4) 刀尖形状的选择。

主切削刃与负切削刃连接的地方称为刀尖,该处是刀具强度和散热条件都很差的地方。切削过程中,刀尖切削温度较高,非常容易磨损,因此增强刀尖,可以提高刀具耐用度。刀尖对已加工表面粗糙度有很大影响。

通过前面讲述的主偏角与副偏角的选择可知,主偏角 κ_r 和副偏角 κ_r' 的减小,都可以增强刀尖强度,但同时也增大了背向力 F_p,使得工件变形增大并引起振动。但如在主、副切削刃之间磨出倒角刀尖,则既可增大刀尖角,又不会使背向力 F_p 增大很多,如图 2-12(a) 所示。

倒角刀尖的偏角一般取 $\kappa_{r\varepsilon} = \kappa_r/2$,$b_\varepsilon = (0.2 \sim 0.25) a_p$。刀尖也可修成圆弧状,如图 2-12(b) 所示。对于硬质合金车刀和陶瓷车刀,一般 $r_\varepsilon = 0.5 \sim 1.5$ mm,对高速钢刀具,$r_\varepsilon = 1 \sim 3$ mm。增大 r_ε,刀具的磨损和破损都可减小,不过,此时背向力 F_p 也会增大,容易引起振动。考虑到脆性大的刀具对振动敏感,一般硬质合金刀具和陶瓷刀具的刀尖圆角半径 r_ε 值较小,精加工 r_ε 选取比粗加工小。精加工时,还可修磨出 $\kappa_{r\varepsilon} = 0°$、宽度 $b_\varepsilon' = (1.2 \sim 1.5) f$ 与进给方向平行的修光刃,如图 2-12(c) 所示。这种修光刃能在进给量较大时,还能获得较高的表面加工质

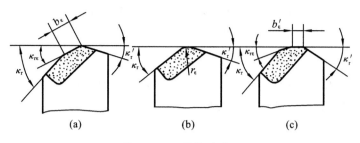

图 2-12　刀具的过渡刃

（a）倒角刃；（b）圆弧刃；（c）修光刃

量。如用阶梯端铣刀精铣平面时，采用 1～2 个带修光刃的刀齿，既简化刀齿调整，又提高加工效率和加工表面质量。

（5）刃倾角的选择。

刃倾角 λ_s 是在主切削平面 p_s 内，主切削刃与基面 p_r 的夹角。因此，主切削刃的变化，能控制切屑的流向。当 λ_s 为负值时，切屑将流向已加工表面，并形成长螺卷屑，容易损害加工表面，但切屑流向机床尾座，不会对操作者产生大的影响，如图 2-13（a）所示。当 λ_s 为正值，切屑将流向机床床头箱，影响操作者工作，并容易缠绕机床的转动部件，影响机床的正常运行，如图 2-13（b）所示。但精车时，为避免切屑擦伤工件表面，λ_s 可采用正值。另外，刃倾角 λ_s 的变化能影响刀尖的强度和抗冲击性能。当 λ_s 取负值时，刀尖在切削刃最低点，切削刃切入工件时，切入点在切削刃或前刀面，能保护刀尖免受冲击，增强刀尖强度。所以，一般大前角刀具通常选用负的刃倾角，既可以增强刀尖强度，又避免刀尖切入时产生的冲击。

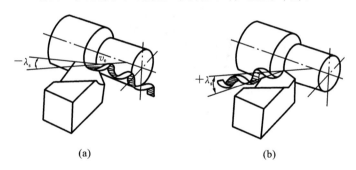

图 2-13　刃倾角对切屑流向的影响

（a）$-\lambda_s$ 切屑流向已加工表面方向；（b）$+\lambda_s$ 切屑流向待加工表面方向

车削刃倾角主要根据刀尖强度和流屑方向来选择，其合理数值见表 2-5。

表 2-5　车削刃倾角合理数值

适用范围	精车细长轴	精车有色金属	粗车一般钢和铸铁	粗车余量不均、淬硬钢等	冲击较大的断续车削	大刃倾角薄切屑
$\lambda_s/(°)$	0～5	5～10	0～−5	−5～−10	−5～−15	45～75

以上各种刀具参数的选择原则只是单独针对该参数而言，必须注意的是，刀具各个几何角度之间是互相联系互相影响的。在生产过程中，应根据加工条件和加工要求，综合考虑各种因素，合理选择刀具几何参数。如在加工硬度较高的工件材料时，为增加切削刃强度，一般取较

小后角,但加工淬硬钢等特硬材料时,常常采用负前角,但楔角较大,如适当增加后角,则既有利于切削刃切入工件,又提高刀具耐用度。

3．刀具的失效形式及耐用度

在金属切削过程中,刀具总会发生磨损,刀具的磨损与刀具材料,工件材料性质以及切削条件都有关系,通过掌握刀具磨损的原因及发展规律,能懂得如何选择刀具材料和切削条件,保证加工质量。

1）刀具的失效形式

（1）前刀面磨损。

前刀面磨损的特点是在前刀面上离切削刃小段距离区域有一月牙洼,随着磨损的加剧,主要是月牙洼逐渐加深,洼宽变化并不是很大。当洼宽发展到棱边较窄处时,会发生崩刃。磨损程度用洼深 KT 表示。这种磨损一般不多。

（2）后刀面磨损。

后刀面磨损的特点是在刀具后刀面上出现与加工表面基本平行的磨损带。如图 2-14 所示,它分为 C、B、N 三个区;C 区是刀尖区,由于散热差、强度低,磨损严重,最大值 VC;B 区处于磨损带中间,磨损均匀,最大磨损量 VB_{max};N 区处于切削刃与待加工表面的相交处,磨损严

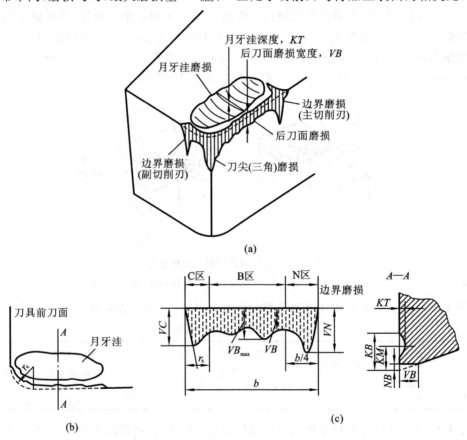

图 2-14 车刀的磨损

（a）刀具的磨损形态；（b）月牙洼的位置；（c）磨损的测量位置

重,磨损量以 VN 表示,此区域的磨损也称边界磨损,加工铸件、锻件等外皮粗糙的工件时,这个区域容易磨损。

（3）破损。

刀具破损比例较高,硬质合金刀具有 50%～60%因破损而报废。特别是用脆性大的刀具连续切削或加工高硬度材料时,破损更为严重。它又分为以下几种形式。

① 崩刃　崩刃的特点是在切削刃上产生小的缺口,尺寸与进给量相当。硬质合金刀具连续切削时容易发生。

② 剥落　剥落的特点是前后刀面上平行于切削刃剥落一层碎片,常与切削刃一起剥落。陶瓷刀具端铣常发生剥落,另外硬质合金刀具连续切削时也常发生剥落。

③ 裂纹　裂纹的特点是垂直或倾斜于切削刃。由于长时间连续切削,刀具疲劳而引起。

④ 塑性破损　塑性破损的特点是刀刃发生塌陷,由于切削时高温高压作用而引起。

2）刀具的失效原因

（1）硬质点磨损。

因为工件材料中常含有一些碳化物、氮化物和积屑瘤残留物等硬质点杂质,在金属加工过程中,会将刀具表面划伤,造成机械磨损。低速刀具磨损的主要原因是硬质点磨损。

（2）黏结磨损。

加工过程中,切屑与刀具接触面在一定的温度与压力下,产生塑性变形而发生冷焊现象后,刀具表面黏结点被切屑带走而发生的磨损。一般,具有较大的抗剪和抗拉强度的刀具抗黏结磨损能力强,如高速钢刀具具有较强的抗黏结磨损能力。

（3）扩散磨损。

由于切削时高温作用,刀具与工件材料中的合金元素相互扩散,而造成刀具磨损。硬质合金刀具和金刚石刀具切削钢件温度较高时,常发生扩散磨损。金刚石刀具不宜加工钢铁材料。一般在刀具表层涂覆 TiC、TiN、Al$_2$O$_3$ 等,能有效提高抗扩散磨损能力。

（4）氧化磨损。

硬质合金刀具切削温度达到 700～800 ℃时,刀具中一些 C、TiC 等被氧化,在刀具表层形成一层硬度较低的氧化膜,当氧化膜磨损掉后在刀具表面形成氧化磨损。

（5）相变磨损。

在切削的高温下,刀具金相组织发生改变,引起硬度降低造成的磨损。

总的来说,刀具磨损可能是上述中的一种或几种。对一定的刀具和工件材料,主要引起磨损的是切削温度。在低温区,一般以硬质点磨损为主;在高温区以黏结磨损、扩散磨损、氧化磨损等为主。

3）刀具磨钝标准及耐用度

（1）刀具磨钝标准。

刀具磨损到一定程度,将不能使用,这个限度称为磨钝标准。

一般以刀具表面的磨损量作为衡量刀具磨钝标准。因为刀具后刀面的磨损容易测量,所以国际标准中规定以 1/2 背吃刀量处后刀面上测量的磨损带宽 VB 作为刀具磨钝标准。具体标准可参考相关手册。

实际生产中,考虑到不影响生产,一般根据切削中发生的一些现象来判断刀具是否磨钝,例如是否出现振动与异常噪声等。

（2）刀具耐用度。

从刀具刃磨后开始切削，一直到磨损量达到刀具磨钝标准所用的总切削时间称为刀具耐用度，单位为 min。影响刀具耐用度的主要因素如下。

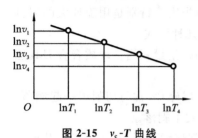

图 2-15　v_c-T 曲线

（1）切削用量。

切削速度对切削温度的影响最大，因而对刀具磨损的影响也最大。通过耐用度试验，可以作出图 2-15 所示的 v_c-T 对数曲线，由图看出，速度与耐用度的对数成正比关系，进一步通过直线方程求出切削速度与刀具耐用度之间有如下数学关系：

$$v_c T^m = C_。 \tag{2-1}$$

式中　v_c——切削速度，m/min；

　　　T——刀具耐用度，min；

　　　m——指数，表示 v_c 与 T 之间影响指数；

　　　$C_。$——与刀具、工件材料和切削条件有关的系数。指数 m 表示图 2-15 中直线斜率，从中可看出，m 越大，速度对刀具耐用度影响也越大。高速钢刀具一般 $m=0.1\sim0.125$，硬质合金刀具 $m=0.2\sim0.3$，陶瓷刀具 $m=0.4$。

增加进给量 f 与背吃刀量 a_p，刀具耐用度都将下降。由前面内容可知，进给量增大对温升的影响比背吃刀量大，因而进给量的增加对刀具耐用度影响相对大些。

（2）刀具几何参数。

增大前角，切削力减小，切削温度降低，刀具耐用度提高。不过前角太大，刀具强度变低，散热变差，刀具寿命反而下降。

减小主偏角与增大刀尖圆角半径，能增加刀具强度，降低切削温度，从而提高刀具耐用度。

（3）工件材料。

工件材料的硬度、强度和韧度越高，刀具在切削过程中产生的温度也越高，刀具耐用度也越低。

（4）刀具材料。

一般情况下，刀具材料热硬性越高，则刀具耐用度就越高。刀具耐用度的高低在很大程度上取决于刀具材料的合理选择。如加工合金钢，在切削条件相同时，陶瓷刀具耐用度比硬质合金刀具高。采用涂层刀具材料能有效提高刀具耐用度。

4. 难加工材料的切削加工性及加工方法

随着科学技术的发展，对机械产品性能的要求也越来越高，对所使用材料的要求也越来越高，现在出现了许多难加工材料，如高锰钢、高强度钢、不锈钢、高温合金等，以下对难加工材料进行介绍。

（1）高锰钢。

钢中锰的质量分数为 $11\%\sim14\%$ 时，称为高锰钢。常用有高碳高锰耐磨钢和中碳高锰无磁钢。高锰钢很难切削。

高锰钢切削加工性差的主要原因是加工硬化性能高和导热性差。高锰钢在切削加工过程中，因塑性变形使材料中奥氏体组织变为细晶粒马氏体组织，硬度提高一倍，而导热系数约为 45 钢的 1/4，因此切削温度很高。此外，高锰钢韧度高，约为 45 钢的 8 倍，切屑也不易折断，使加工更加困难。

在加工高锰钢时,为减小加工硬化,应使刀刃锋利。为增强刀刃和改善散热条件,一般车削选用前角 $\gamma_o = -5° \sim 5°$,负倒棱 $b_{\gamma1} = 0.2 \sim 0.8$ mm,倒棱前角 $\gamma_{o1} = -5° \sim -15°$,后角值较大,通常 $\alpha_o = -5° \sim -10°$,主偏角 $\kappa_r = 45°$。切削时速度不宜太高,一般为 $20 \sim 40$ m/min。因为加工硬化严重,进给量和背吃刀量不宜过小,以避免刀刃在硬化层切削,进给量一般选择为大于 0.16 mm/r,一般 $f = 0.2 \sim 0.8$ mm/r,背吃刀量粗车时选为 $a_p = 3 \sim 6$ mm,半精车时选为 $a_p = 1 \sim 3$ mm。

为提高切削效率,可采用加热切削法。

(2) 高强度钢。

高强度钢的室温强度高,抗拉强度在 1.177 GPa 以上。低合金和中合金高强度钢,在淬火及回火后能得到硬度为 $40 \sim 50$HRC 的高硬度和高强度。高强度钢的高硬组织在切削时,刀刃切削应力大,切削温度高,刀具磨损比较严重,难切削,但在退火状态下,高强度钢比较容易切削。

高强度钢切削时,应注意以下几点。

① 在刀具材料的选用上,如采用硬质合金刀具,应选用强度大、耐热冲击的刀具;采用高速钢刀具时,应选用高温高硬度的高钒高钴高速钢;为减小崩刃,选用碳化物细小均匀的钼系高速钢。

② 为防止崩刃,增强刀刃刚度,前角应取小值或负值,刀刃表面粗糙度值应小,刀刃尖角用圆弧代替,且应使圆弧半径 $r_\varepsilon > 0.8$ mm。

③ 切削时,切削速度要低,为普通结构钢的 $1/8 \sim 1/2$,进给量不宜过小。

④ 采用硬质合金刀具时,不宜采用水溶性切削液,以免刀刃承受较大的热冲击。

⑤ 粗车时,一般在退火状态下进行,前角选用较小的数值,倒棱前角 $\gamma_{o1} = -5° \sim -10°$,如 $f < 0.06$ mm/r 时,$\gamma_{o1} = 3° \sim -5°$,后角应选大些,$\alpha_o = 10°$。

(3) 不锈钢。

不锈钢按材料组织可分为多种形式,其中奥氏体不锈钢(如 12Cr18Ni9Ti)和马氏体不锈钢应用较多。

奥氏体不锈钢组织塑性大,容易产生加工硬化,而且刀热性也差,约为 45 钢的 1/3,因此奥氏体不锈钢较难切削;马氏体不锈钢淬火后硬度和强度都较高,切削也比较困难。未调质的马氏体不锈钢,虽然能在较高的速度下切削,但表面粗糙度较差。

切削不锈钢时应注意以下几点。

① 刀具材料应选用强度高,导热性好的硬质合金。

② 切削刀具一般选用较大前角、较小的主偏角,以利于切削。

③ 刀具前刀面和后刀面应仔细研磨,保证具有较小的表面粗糙度值。

④ 切削时选用较高和较低的切削速度,以免产生黏结现象。

⑤ 不锈钢切屑不容易折断,应采用断屑、排屑措施。

⑥ 不锈钢导热性能低,容易产生热变形,精加工时尺寸精度易受影响。

⑦ 车削不锈钢,在刀具参数的选择上,一般前角 $\gamma_o = 25° \sim 30°$,对于强度和硬度较大的不锈钢,可取 $\gamma_o = 20° \sim 25°$。粗车时,后角 $\alpha_o = 6° \sim 10°$,精车时 $\alpha_o = 10° \sim 12°$。粗车时 $b_{\gamma1} = 0.1 \sim 0.3$ mm,精车时倒棱 $b_{\gamma1} = 0.05 \sim 0.2$ mm。刀具材料一般选用细晶粒的 YG 硬质合金。不锈钢的车削用量见表 2-6。

表 2-6 不锈钢的车削用量

工件材料	车外圆及镗孔					
	v_c/(m/min)		f/(mm/r)		a_p/mm	
	工件直径/mm		粗加工	精加工	粗加工	精加工
	≤20	≥20				
奥氏体不锈钢 (12Cr18Ni9Ti 等)	40~60	60~110	0.2~0.8	0.07~0.3	2~4	0.2~0.5
马氏体不锈钢 (20Cr13 等,硬度≤250HBS)	50~70	70~120	0.2~0.8	0.07~0.3	2~4	0.2~0.5
马氏体不锈钢 (20Cr13 等,硬度>250HBS)	30~50	50~90	0.2~0.8	0.07~0.3	2~4	0.2~0.5
析出硬化不锈钢	25~40	40~70	0.2~0.8	0.07~0.3	2~4	0.2~0.5

(4) 硬质合金。

许多模具采用硬质合金制造。加工硬质合金材料时,除可以采用磨削加工外,还采用表层为人造金刚石、基体为硬质合金的复合金刚石刀具(PCD)加工。YG 类的硬质合金车削加工时,如选用切削速度 $v_c = 20$ m/min,进给量 $f = 0.02$ mm/r,背吃刀量 $a_p = 0.05$ mm,加工表面粗糙度可达 $Ra0.2$ μm。为提高刀具强度,一般刀具前角 $\gamma_o = -15°$。在切削液的选用上,一般选用含煤油的混合切削油,以提高浸润性和降低摩擦系数。

【任务实施】

任务实施具体如下。

(1) 取较大前角,$\gamma_o = 20° \sim 25°$,能减小切削变形,减小切削力和切削温度。主切削刃采用负倒棱,$b_{r1} = 0.5f$,$\gamma_{o1} = -20° \sim -25°$,提高切削刃强度,改善散热条件。

(2) 后角值较小,$\alpha_o = 4° \sim 6°$,而且磨制成双重后角,主要是为提高刀具强度,提高刀具的刃磨效率和允许刃磨次数。

(3) 主偏角较大,$\kappa_r = 70°$,副偏角也较大,$\kappa_r' = 15°$,以降低切削力 F_c 和背向力 F_p,避免产生振动。

(4) 刀尖形状采用倒角刀尖加修光刃,倒角 $\kappa_{re} = 45°$,$b_\varepsilon = 1 \sim 2$ mm,修光刃 $b_\varepsilon' = 1.5f$,主要是提高刀尖强度,增大散热体积。修光刃的作用是修光加工表面残留面积,提高加工表面的质量。

(5) 刃倾角取负值,$\lambda_s = -4° \sim -6°$,提高刀具强度,避免刀尖受切削冲击。

【思考与实训】

1. 刀具材料的基本要求有哪些?

2. 刀具材料有哪些?它们牌号是如何规定的?各种材料的性能是什么?

3. 画图说明刀具几何角度有哪些?

4. 去本校的实训车间观察刀具的安装位置,思考安装位置对刀具工作角度的影响。

5. 说明 γ_o 和 α_o、κ_r 和 κ_r' 的作用是什么及如何选择。

6. 刀具的失效形式有哪些?每种失效形式的特点是什么?失效产生的原因是什么?

7. 去本校的实训车间观察用过的刀具的磨损情况,思考刀具磨钝标准和刀具的耐用度以及影响刀具耐用度的因素。

任务二　数控车削刀具的选用

【任务引入】

请正确指明图 2-16 所示的刀具的名称,并指出图中标注的 1、2、3、4 的名称。如果该刀片的型号为 TNUM160308R-A4,试说明其含义。如果车刀型号为 PTGNR2020-16Q,说明其含义,选择可转位刀片时应考虑哪些因素。

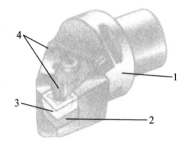

图 2-16　数控车削刀具

【相关知识准备】

1. 数控车削刀具

1) 数控车削刀具的分类

(1) 根据加工用途分类。

车床主要用于回转表面的加工,如圆柱面、圆锥面、圆弧面、螺纹、沟槽等切削加工,因此,数控车床用刀具可分为外圆车刀、内孔车刀、螺纹车刀、车槽刀等。

(2) 根据刀尖形状分类。

数控车刀按刀尖的形状一般分成 3 类,即尖形车刀、圆弧形车刀和成形车刀,如图 2-17 所示。

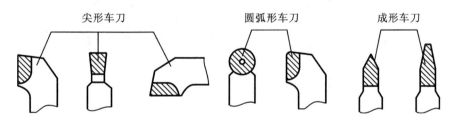

图 2-17　数控车床刀具的刀尖形状

① 尖形车刀　以直线形切削刃为特征的车刀一般称为尖形车刀。这类车刀的刀尖(刀位点)由直线形的主、副切削刃相交而成,常用的尖形车刀有端面车刀、切断刀、90°内外圆车刀等。尖形车刀主要用于车削内外轮廓、直线沟槽等直线形表面。

② 圆弧形车刀　构成圆弧形车刀的主切削刃形状为一段圆度误差或线轮廓度误差很小的圆弧。车刀圆弧刃上的每一点都是刀具的切削点,因此,车刀的刀位点不在圆弧刃上,而在该圆弧刃的圆心上。圆弧形车刀主要用于加工有光滑连接的成形表面及精度、表面质量要求高的表面,如精度要求高的内外圆弧面及尺寸精度要求高的内外圆锥面等。由尖形车刀自然或经修磨而成的圆弧刃车刀也属于这一类。

③ 成形车刀　成形车刀也称样板车刀,其加工零件的轮廓形状完全由车刀的切削刃形状和尺寸决定。常用的成形车刀有小半径圆弧车刀、非矩形车槽刀、螺纹车刀等。

(3) 根据车刀结构分类。

① 整体式车刀　整体式车刀(见图 2-18(a))主要指整体式高速钢车刀,通常小型车刀、螺

纹车刀和形状复杂的成形车刀采用整体式结构,具有抗弯强度高、冲击韧度好、制造简单和刃磨方便、刃口锋利等优点。

② 焊接式车刀 焊接式车刀(见图 2-18(b))是将硬质合金刀片用焊接的方法固定在刀杆上的一种车刀。焊接式车刀结构简单,制造方便,刚度较好,但抗弯强度低、冲击韧度差,切削刃不如高速钢车刀锋利,不易制作复杂刀具。

③ 机械夹固式车刀 机械夹固式车刀(见图 2-18(c))是将标准的硬质合金可换刀片通过机械夹固方式安装在刀杆上的一种车刀,是当前数控车床上使用最广泛的一种车刀。

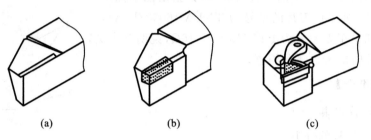

图 2-18 按车刀结构分类的数控车刀

(a)整体式车刀;(b)焊接式车刀;(c)机械夹固式车刀

2)常用车刀的种类、形状和用途

图 2-19 所示为常用车刀的种类、形状和用途示意图。

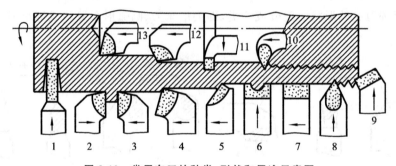

图 2-19 常用车刀的种类、形状和用途示意图

1—切断刀;2—90°左偏刀;3—90°右偏刀;4—弯头车刀;5—直头车刀;6—成形车刀;7—宽刃精车刀;
8—外螺纹车刀;9—端面车刀;10—内螺纹车刀;11—内槽车刀;12—通孔车刀;13—盲孔车刀

2. 机夹可转位车刀

数控车床所采用的机夹可转位车刀,其几何参数是通过刀片结构形状和刀体上刀片槽座的方位安装组合形成的,与通用车床的相比一般无本质的区别,其基本结构、功能特点是相同的。但数控车床的加工工序是自动完成的,因此对可转位车刀的要求又有别于通用车床所使用的刀具,具体要求和特点见表 2-7。

1)机夹可转位车刀的种类

机夹可转位车刀按其用途可分为外圆车刀、仿形车刀、端面车刀、内圆车刀、车槽刀、切断刀和螺纹车刀等,见表 2-8。

表 2-7　数控车床机夹可转位车刀特点

要　求	特　　点	目　　的
精度高	采用 M 级或更高精度等级的刀片； 多采用精密级的刀杆； 用带微调装置的刀杆在机外预调好	保证刀片重复定位精度，方便坐标设定，保证刀尖位置精度
可靠性高	采用断屑可靠性高的断屑槽型或有断屑台和断屑器的车刀； 采用结构可靠的车刀，采用复合式夹紧结构和夹紧可靠的其他结构	断屑稳定，不能有紊乱和带状切屑；适应刀架快速移动和换位以及整个自动切削过程中夹紧不得有松动的要求
换刀迅速	采用车削工具系统； 采用快换小刀夹	迅速更换不同形式的切削部件，完成多种切削加工，提高生产效率
刀片材料	刀片较多采用涂层刀片	满足生产节拍要求，提高加工效率
刀杆截形	刀杆较多采用正方形刀杆，但因刀架系统结构差异大，有的需采用专用刀杆	刀杆与刀架系统匹配

表 2-8　机夹可转位车刀的种类

类　型	主　偏　角	适 用 机 床
外圆车刀	90°、50°、60°、75°、45°	普通车床和数控车床
仿形车刀	93°、107.5°	仿形车床和数控车床
端面车刀	90°、45°、75°	普通车床和数控车床
内圆车刀	45°、60°、75°、90°、91°、93°、95°、107.5°	普通车床和数控车床
切断刀		普通车床和数控车床
螺纹车刀		普通车床和数控车床
车槽刀		普通车床和数控车床

2）机夹可转位车刀的结构形式

（1）杠杆式　其结构如图 2-20 所示，由杠杆、螺钉、刀垫、销、刀片所组成。这种方式依靠螺钉旋紧压靠杠杆，由杠杆的力压紧刀片达到夹固的目的。它适合各种正、负前角的刀片的夹紧，有效的前角范围为 −6°～+18°；切屑可无阻碍地流过，切削热不影响螺孔和杠杆；两面槽壁给刀片有力的支撑，并确保转位精度。

（2）楔块式　其结构如图 2-21 所示，由紧定螺钉、刀垫、销、楔块、刀片所组成。这种方式依靠销与楔块的挤压力将刀片紧固。其特点适合各种负前角刀片的夹紧，有效前角的变化范围为 −6°～+18°，两面无槽壁，便于仿形切削或倒转操作时留有间隙。

（3）楔块夹紧式　其结构如图 2-22 所示，由紧定螺钉、刀垫、销、压紧楔块、刀片所组成。这种方式依靠销与楔块的压下力将刀片夹紧。其特点同楔块式，但切屑流畅不如楔块式。

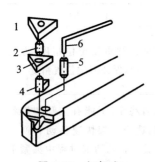

图 2-20 杠杆式
1—刀片;2—销;3—刀垫;
4—杠杆;5—螺钉;6—扳手

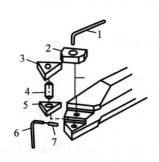

图 2-21 楔块式
1、6—扳手;2—楔块;3—刀片;
4—销;5—刀垫;7—螺钉

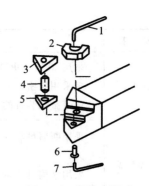

图 2-22 楔块夹紧式
1、7—扳手;2—压紧楔块;3—刀片;
4—销;5—刀垫;6—螺钉

3) 机夹可转位刀片的选择

根据被加工零件的材料、表面粗糙度要求和加工余量等来选择刀片的类型。这里主要介绍车削加工中刀片的选择方法,其他切削加工的刀片也可参考。

(1) 刀片选择应考虑的因素。

选择刀片或刀具应考虑的因素是多方面的。随着机床种类、型号的不同,生产经验和习惯的不同以及其他各种因素的不同而得到的效果是不相同的,归纳起来应考虑的要素有以下几点。

① 被加工工件材料的类别,如有色金属(铜、铝、钛及其合金)、钢铁(碳钢、低合金钢、工具钢、不锈钢、耐热钢等)、复合材料、塑料类等。

② 被加工工件材料性能的状况,包括硬度、韧度、组织状态(铸、锻、轧、粉末冶金)等。

③ 切削工艺的类别,分车、钻、铣、镗,粗加工、精加工、超精加工,内孔、外圆,切削流动状态,刀具变位时间间隔等。

④ 被加工工件的几何形状(影响到连续切削或间断切削、刀具的切入或退出角度)、零件精度(尺寸公差、形位公差、表面粗糙度)和加工余量等因素。

⑤ 要求刀片(刀具)能承受的切削用量(背吃刀量、进给量、切削速度)。

⑥ 生产现场的条件(操作间断时间、振动、电力波动或突然中断)。

⑦ 被加工工件的生产批量。

(2) 刀片的选择。

① 刀片材料选择 车刀刀片的材料主要有高速钢、硬质合金、涂层硬质合金、陶瓷、立方氮化硼和金刚石。其中应用最多的是硬质合金和涂层硬质合金刀片。选择刀片材料,主要依据被加工工件的材料、被加工表面的精度要求、切削载荷的大小以及切削过程中有无冲击和振动等。

② 刀片尺寸选择 刀片尺寸的大小取决于必要的有效切削刃长度 L,有效切削刃长度与背吃刀量 a_p 和主偏角 κ_r 有关,如图 2-23 所示。使用时可查阅有关刀具手册选取。

③ 刀片形状选择 刀片形状主要依据被加工工件的表面形状、切削方法、刀具寿命和刀片的转位次数等因素来选择。通常的刀尖角度与加工性能的关系,如图 2-24 所示。图 2-25 所示为被加工表面及适用的刀片形状。具体使用时可查阅有关刀具手册选取。

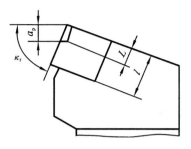

图 2-23 有效切削刃长度与背吃刀量 a_p 和
主偏角 κ_r 的关系

切削刃强度增强，振动增加
通用性增强，所需功率减小

图 2-24 刀尖角度与加工性能的关系

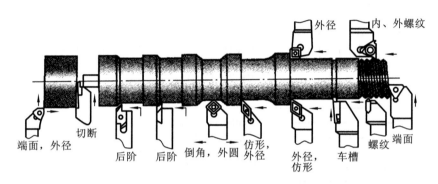

图 2-25 被加工表面及适用的刀片形状

④ 刀片的刀尖半径选择 刀尖圆角半径的大小直接影响刀尖的强度及被加工零件的表面粗糙度。刀尖圆角半径大，表面粗糙度值大，则所需切削力大且刀具易产生振动，切削性能差，但刀刃强度增加，刀具前后刀面的磨损则减少。通常在切深较小的精加工、细长轴加工及机床刚度较差情况下，选用刀尖圆角半径小些；而在需要刀刃强度高、工件直径大的粗加工中，选用刀尖圆角半径大些。国家标准 GB/T 2077—1987 规定刀尖圆角半径的尺寸系列为 0.2 mm、0.4 mm、0.8 mm、1.2 mm、1.6 mm、2.0 mm、2.4 mm、3.2 mm。图 2-26(a)、(b)分别表示刀尖圆角半径与表面粗糙度、刀具寿命关系。刀尖圆角半径一般适宜选取为进给量的 2～3 倍。

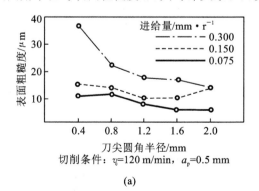

切削条件：v_c=120 m/min，a_p=0.5 mm

(a)

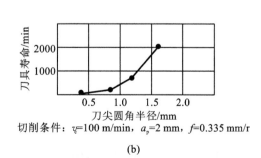

切削条件：v_c=100 m/min，a_p=2 mm，f=0.335 mm/r

(b)

图 2-26 刀尖圆角半径与表面粗糙度、刀具寿命的关系

【任务实施】

刀片型号 TNUM160308R-A4 的含义为：

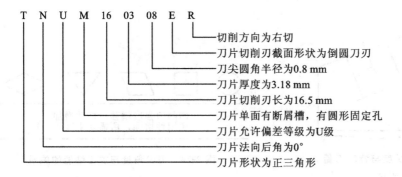

车刀型号 PTGNR2020-16Q 的含义为：

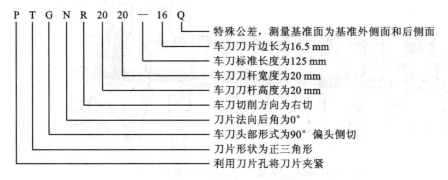

选择可转位刀片时应考虑的因素请参考教材内容，答案略。

【思考与实训】

1. 数控车削刀具有哪些常见类型？

2. 机夹可转位车刀的组成一般有哪些？它的种类有哪些？其特点是什么？

3. 机夹可转位刀具的刀片结构形式有哪些？

4. 去数控刀具库观察机夹可转位车刀的刀片型号，思考每个字符的含义。

任务三 数控铣削刀具的选用

【任务引入】

请正确指明图 2-27(a)、(b)、(c)所示刀具的类型及用途，并说明面铣刀和立铣刀是如何选择的。

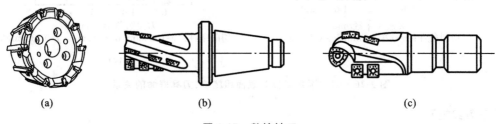

图 2-27 数控铣刀

【相关知识准备】

1. 数控铣削刀具

1）数控铣削刀具的基本要求

（1）铣刀刚度要好。

一是为提高生产效率而采用大切削用量的需要,二是为适应数控铣床加工过程中难以调整切削用量的特点。例如,当工件各处的加工余量相差悬殊时,通用铣床遇到这种情况很容易采取分层铣削方法加以解决,而数控铣削就必须按程序规定的走刀路线前进,遇到余量大时无法像通用铣床那样"随机应变",除非在编程时能够预先考虑到,否则铣刀必须返回原点,用改变切削面高度或加大刀具半径补偿值的方法从头开始加工,多走几刀。但这样势必造成余量少的地方经常走空刀,降低了生产效率,如刀具刚度较好就不必这么办。再者,在通用铣床上加工时,若遇到刚度较差的刀具,也比较容易从振动、手感等方面及时发现并及时调整切削用量加以弥补,而数控铣削时则较难办到。在数控铣削中,因铣刀刚度较差而断刀并造成工件损伤的事例是常有的,所以解决数控铣刀的刚度问题是至关重要的。

（2）铣刀的耐用度要高。

尤其是当一把铣刀加工的内容很多时,如刀具不耐用而磨损较快,就会影响工件的表面质量与加工精度,而且会增加换刀引起的调刀与对刀次数,也会使工作表面留下因对刀误差而形成的接刀台阶,降低了工件的表面质量。

除上述两点之外,铣刀切削刃的几何角度参数的选择及排屑性能等也非常重要,切屑黏刀形成积屑瘤在数控铣削中是十分忌讳的。总之,根据被加工工件材料的热处理状态、切削性能及加工余量,选择刚度好、耐用度高的铣刀,是充分发挥数控铣床的生产效率和获得满意的加工质量的前提。

2）数控铣削刀具的种类

铣刀种类很多,下面介绍在数控机床上常用的几种铣刀。

（1）（端）面铣刀。

面铣刀的圆周表面和端面上都有切削刃,端部切削刃为副切削刃。由于面铣刀的直径一般较大,为$\phi450\sim\phi500$,故常制成套式镶齿结构,即将刀齿和刀体分开,刀齿为高速钢或硬质合金,刀体采用 40Cr 制作,可长期使用。高速钢面铣刀按国家标准规定,直径为 $80\sim250$ mm,螺旋角 $\beta=100$,刀齿数 $Z=10\sim26$。

硬质合金面铣刀与高速钢铣刀相比,铣削速度较高,加工效率高,加工表面质量也较好,并可加工带有硬皮和淬硬层的工件,故得到广泛应用。硬质合金面铣刀按刀片和刀齿的安装方式不同,可分为整体焊接式、机夹焊接式和可转位式三种(见图 2-28)。由于可转位式铣刀在提高产品质量、加工效率、降低成本、操作使用方便等方面都具有明显的优越性,目前已得到广泛应用。

面铣刀主要以端齿为主来加工各种平面,但是主偏角为 90°的面铣刀还能同时加工出与平面垂直的直角面,但这个面的高度受到刀片长度的限制。

面铣刀齿数对铣削生产效率和加工质量有直接影响,齿数越多,同时工作齿数也多,生产效率高,铣削过程平稳,加工质量好。可转位面铣刀的齿数根据直径不同可分为粗齿、细齿、密齿三种,可转位面铣刀直径与齿数的关系见表 2-9。粗齿铣刀主要用于粗加工,细齿铣刀主要

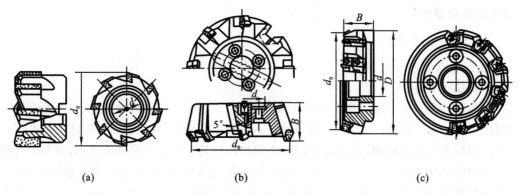

图 2-28　硬质合金面铣刀

（a）整体焊接式；（b）机夹焊接式；（c）可转位式

用于平稳条件下的铣削加工,密齿铣刀的每齿进给量较小,主要用于薄壁铸铁加工。

表 2-9　可转位面铣刀直径与齿数的关系

直径/mm 齿数/个	50	63	98	100	125	160	200	250	315	400	500
粗齿			4		6	8	10	12	16	20	26
细齿				6	8	10	12	16	20	26	34
密齿					12	24	32	40	52	52	64

（2）立铣刀。

立铣刀是数控铣床上用得最多的一种刀具,主要有高速钢立铣刀和硬质合金立铣刀两种类型,其结构如图 2-29 所示。立铣刀的圆柱表面和端面上都有切削刃,它们可同时进行切削,也可单独进行切削,主要用于加工凸轮、台阶面、凹槽和箱口面。

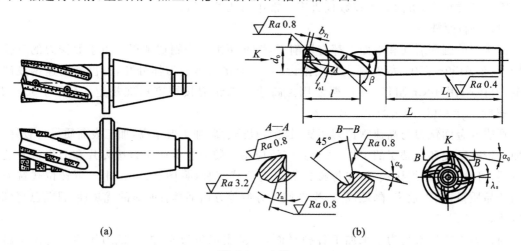

图 2-29　立铣刀

（a）硬质合金立铣刀；（b）高速钢立铣刀

立铣刀圆柱表面的切削刃为主切削刃,端面上的切削刃为副切削刃。主切削刃一般为螺旋齿,这样可以增加切削平稳性,提高加工精度。由于普通立铣刀端面中心处无切削刃,所以立铣刀不能作大切深的轴向进给,端面刃主要用来加工与侧面相垂直的底平面。

为了能加工较深的沟槽,并保证有足够的备磨量,立铣刀的轴向长度一般较长。为了改善切屑卷曲情况,增大容屑空间,防止切屑堵塞,立铣刀刀齿数比较少,容屑槽圆弧半径则较大。

一般粗齿立铣刀齿数 $Z=3\sim4$,细齿立铣刀齿数 $Z=5\sim8$,套式结构 $Z=10\sim20$。容屑槽圆角半径 $r=2\sim5$ mm。

直径较小的立铣刀,一般制成带柄形式。$\phi2\sim\phi71$ 的立铣刀制成直柄;$\phi6\sim\phi63$ 的立铣刀制成莫氏锥柄;$\phi25\sim\phi80$ 的立铣刀做成锥度为 7:24 的锥柄,且锥柄顶端有螺孔用来拉紧刀具。但是由于数控机床要求铣刀能快速自动装卸,故立铣刀柄部形式也有很大不同,一般是由专业厂家按照一定的规范设计制造成统一形式、统一尺寸的刀柄。$\phi40\sim\phi160$ 的立铣刀可做成套式结构。

(3)模具铣刀。

模具铣刀由立铣刀发展而成,可分为圆锥形立铣刀、圆柱形球头立铣刀和圆锥形球头立铣刀三种,其柄部为直柄、削平型直柄和莫氏锥柄。它的结构特点是球头或端面上布满了切削刃,圆周刃与球头刃圆弧连接,可以作径向和轴向进给。铣刀工作部分用高速钢或硬质合金制造。图 2-30 所示为高速钢制造的模具铣刀,图 2-31 所示为用硬质合金制造的模具铣刀。

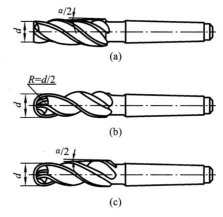

图 2-30　高速钢模具铣刀
(a)圆锥形立铣刀;(b)圆柱形球头立铣刀;
(c)圆锥形球头立铣刀

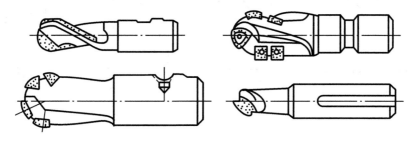

图 2-31　硬质合金模具铣刀

小规格的硬质合金模具铣刀多制成整体结构,$\phi16$ 以上直径的制成焊接结构或机夹可转位刀片结构。

(4)键槽铣刀。

键槽铣刀有两个刀齿,圆柱面和端面都有切削刃,端面刃延至中心,可以短距离轴向进给,既像立铣刀,又类似钻头,如图 2-32 所示。加工时先轴向进给达到槽深,然后沿键槽方向铣出键槽全长。

按标准规定,直柄键槽铣刀直径为 $2\sim22$ mm,锥柄键槽铣刀直径为 $14\sim50$ mm。键槽铣刀直径的偏差有 e8 和 d8 两种。

(5)鼓形铣刀。

图 2-33 所示是一种典型的鼓形铣刀,它的切削刃分布在半径为 R 的圆弧面上,端面无切削刃。加工时控制刀具上下位置,相应改变刀刃的切削部位,可以在工件上切出从负到正的不

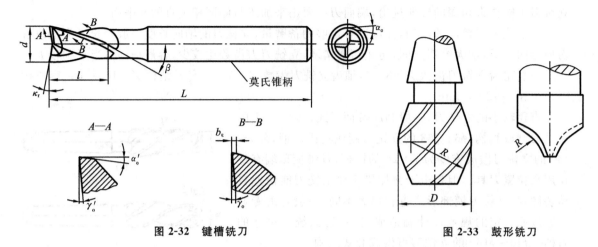

图 2-32　键槽铣刀　　　　　　　　　图 2-33　鼓形铣刀

同斜角。R 越小,鼓形铣刀所能加工的斜角范围越广,但所获得的表面质量也越差。这种刀具的缺点是刃磨困难,切削条件差,而且不适于加工有底的轮廓表面。

（6）成形铣刀。

图 2-34 所示是常见的几种成形铣刀,一般都是为特定的工件结构或加工内容专门设计制造的,如角度面、凹槽、特形孔或特形台等。

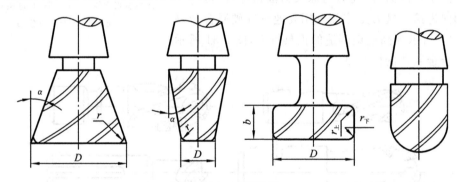

图 2-34　成形铣刀

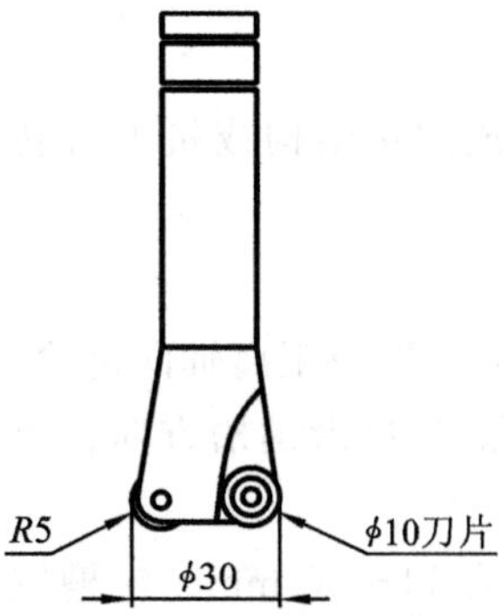

除了上述几种典型的铣刀类型外,数控铣刀的结构还在不断发展和更新中,例如图 2-35 所示铣刀(俗称牛鼻铣刀)的刚度、刀具耐用度和切削性能都较好。数控铣床也可使用各种通用铣刀,但因不少数控铣床的主轴内有特殊的拉刀位置,或因主轴内锥孔有别,使用通用铣刀时必须配制过渡套和拉钉。

2. 数控铣刀的选择

数控铣刀的选择主要是铣刀结构类型的选择和铣刀参数的确定。

1）铣刀类型的选择

铣刀类型应与工件表面形状与尺寸相适应,加工较大的平面应选择面铣刀;加工凹槽、较小的台阶面及平面轮廓应选择立铣刀;加工空间曲面、模具型腔或凸模成形表面等多选择模具铣刀;加工封闭的键槽选择键槽铣刀;加工变斜角零件的变斜角面应

R5　ϕ30　ϕ10刀片

图 2-35　牛鼻铣刀

选择鼓形铣刀;加工各种直的或圆弧形的凹槽、斜角面、特殊孔等应选择成形铣刀。

2)铣刀参数的选择。

数控铣床上使用最多的是可转位面铣刀和立铣刀,因此,这里重点介绍面铣刀和立铣刀参数的选择。

(1)面铣刀主要参数的选择

标准可转位面铣刀直径(mm)系列为16、20、25、32、40、50、63、80、100、125、160、200、250、315、400、500、630。铣刀的直径应根据铣削宽度、深度来选择,一般铣削深度越深、宽度越大,铣刀直径也应越大。精铣时,铣刀直径要大些,尽量包容工件整个加工面宽度,以提高加工精度和生产效率,并减小相邻两次进给之间的接刀痕。铣刀齿数及齿的大小应根据工件材料和加工要求选择,一般铣削塑性材料或粗加工时,选用粗齿铣刀;铣削脆性材料或半精加工、精加工时,选用中、细齿铣刀。

① 前角的选择。

面铣刀几何角度的标注如图 2-36 所示。前角的选择原则与车刀基本相同,只是由于铣削时有冲击,故前角一般比车刀略小,尤其是硬质合金面铣刀,前角一般减小得更多些。铣削强度和硬度都高的材料时可选用负前角。前角主要根据工件材料和刀具材料来选择,其具体数值可参考表 2-10。

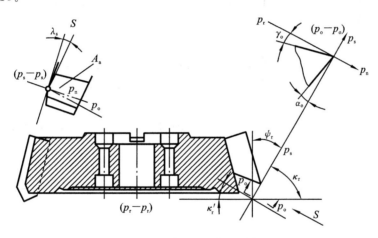

图 2-36　面铣刀几何角度的标注

表 2-10　面铣刀前角选择参考表

工件材料 刀具材料	钢	铸铁	黄铜、青铜	铝合金
高速钢	$10°\sim20°$	$5°\sim15°$	$10°$	$25°\sim30°$
硬质合金	$-15°\sim15°$	$-5°\sim5°$	$4°\sim6°$	$15°$

铣刀的磨损主要发生在后刀面上,因此适当加大后角,可减少铣刀磨损。常取 $\alpha=5°\sim12°$,工件材料较软时取大值,工件材料硬时取小值,粗齿铣刀取小值,细齿铣刀取大值。铣削时冲击力大,为了保护刀尖,硬质合金面铣刀的刃倾角常取 $\lambda_s=-5°\sim-15°$,只有在铣削低强度材料时,取 $\lambda_s=5°$。

铣刀的角度有前角、后角、主偏角、副偏角、刃倾角等。为满足不同的加工需要,有多种角度组合形式。各种角度中最主要的是主偏角和前角(制造厂的产品样本中对刀具的主偏角和前角一般都有明确说明)。

② 主偏角 κ_r 的选择。

主偏角为切削刃与切削平面的夹角,如图 2-36 所示。铣刀的主偏角有 90°、88°、75°、70°、60°、45°等几种。

主偏角对径向切削力和切削深度影响很大。径向切削力的大小直接影响切削效率和刀具的抗振性能。铣刀的主偏角越小,其径向切削力越小,抗振性也越好,但切削深度也随之减小。

90°主偏角在铣削带凸肩的平面时选用,一般不用于单纯的平面加工。该类刀具通用性好(既可加工台阶面,又可加工平面),在小批量加工中选用。由于该类刀具的径向切削力等于切削力,进给抗力大,易振动,因而要求机床具有较大功率和足够的刚度。在加工带凸肩的平面时,也可选用 88°主偏角的铣刀,较之 90°主偏角铣刀,其切削性能有一定改善。

60°~75°主偏角铣刀适用于平面铣削的粗加工。由于径向切削力明显减小(特别是 60°时),其抗振性有较大改善,切削平稳,在平面加工中应优先选用。75°主偏角铣刀为通用型刀具,适用范围较广;60°主偏角铣刀主要用于镗铣床、加工中心上的粗铣和半精铣加工。

45°主偏角,此类铣刀的径向切削力大幅度减小,约等于轴向切削力,切削载荷分布在较长的切削刃上,具有很好的抗振性,适用于镗铣床主轴悬伸较长的加工场合。用该类刀具加工平面时,刀片破损率低,耐用度高;在加工铸铁件时,工件边缘不易产生崩刃。

(2)立铣刀主要参数的选择。

立铣刀主切削刃的前角在法剖面内测量,后角在端剖面内测量,前、后角的标注如图 2-29 (b)所示。前、后角都为正值,分别根据工件材料和铣刀直径选取,其具体数值可分别参考表 2-11 和表 2-12。

为了使端面切削刃有足够的强度,在端面切削刃前刀面上一般磨有棱边,其宽度为 0.4~1.2 mm,切削刃前角为 60°。

<table>
<tr><td colspan="3">表 2-11 立铣刀前角</td></tr>
<tr><td colspan="2">工件材料</td><td>前角</td></tr>
<tr><td rowspan="3">钢</td><td>$R_m<0.589$ GPa</td><td>20°</td></tr>
<tr><td>$R_m<0.589\sim0.981$ GPa</td><td>15°</td></tr>
<tr><td>$R_m<0.981$ GPa</td><td>10°</td></tr>
<tr><td rowspan="2">铸铁</td><td>硬度≤150 HBS</td><td>15°</td></tr>
<tr><td>硬度>150 HBS</td><td>10°</td></tr>
</table>

<table>
<tr><td colspan="2">表 2-12 立铣刀后角</td></tr>
<tr><td>铣刀直径 d_0/mm</td><td>后角</td></tr>
<tr><td>≤10</td><td>25°</td></tr>
<tr><td>10~20</td><td>20°</td></tr>
<tr><td>>20</td><td>16°</td></tr>
</table>

3)铣刀直径的选择

铣刀直径的选用视产品及生产批量的不同差异较大,刀具直径的选用主要取决于设备的规格和工件的加工尺寸。

选择平面铣刀直径时主要需考虑刀具所需功率应在机床功率范围之内,也可将机床主轴直径作为选取的依据。平面铣刀直径可按 $D=1.5d$(d 为主轴直径)选取。在批量生产时,也可按工件切削宽度的 1.6 倍选择刀具直径。

立铣刀直径的选择主要应考虑工件加工尺寸的要求,并保证刀具所需功率在机床额定功率范围以内。如小直径立铣刀,则应主要考虑机床的最高转数能否达到刀具的最低切削速度(60 m/min)。

立铣刀的有关尺寸参数如图 2-37 所示,推荐按下述经验数据选取。

① 刀具半径 R 应小于内轮廓面的最小曲率半径 R_{min},一般取 $R=(0.8\sim0.9)R_{min}$。

② 零件的加工高度 $H\leqslant(1/4\sim1/6)R$,以保证刀具有足够的刚度。

③ 对不通孔(深槽),选取 $Z=H+(5\sim10)$ mm(Z 为刀具切削部分长度,H 为零件高度)。

④ 加工外轮廓及通槽时,选取 $Z=H+r+(5\sim10)$ mm(r 为端刃圆角半径)。

⑤ 加工肋板时,刀具直径为 $D=(5\sim10)b$(b 为肋板的厚度)。

⑥ 粗加工内轮廓面时,立铣刀最大直径 D_{max} 可按下式计算(见图 2-38):

$$D_{max} = \frac{2(\delta\sin\varphi/2 - \delta_1)}{1 - \sin\varphi/2} + D$$

式中　D——轮廓的最小凹圆角半径;

　　　δ——圆角邻边夹角等分线上的精加工余量;

　　　δ_1——精加工余量;

　　　φ——圆角两邻边的最小夹角。

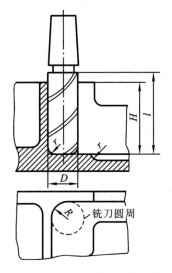

图 2-37　立铣刀的尺寸参数

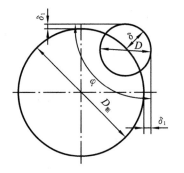

图 2-38　立铣刀的尺寸选择

4) 铣刀最大背吃刀量的选择

不同系列的可转位面铣刀有不同的最大背吃刀量。最大背吃刀量越大的刀具所用刀片的尺寸越大,价格也越高,因此从节约费用、降低成本的角度考虑,选择刀具时一般应按加工的最大余量和刀具的最大背吃刀量选择合适的规格。当然,还需要考虑机床的额定功率和刚度应能满足刀具使用最大背吃刀量时的需要。

5) 刀片硬质合金牌号的选择

合理选择刀片硬质合金牌号的主要依据是被加工材料的性能和硬质合金的性能。一般选用铣刀时,可按刀具制造厂提供加工的材料及加工条件来配备相应牌号的硬质合金刀片。

由于各厂生产的同类用途硬质合金的成分及性能各不相同,硬质合金牌号的表示方法也不同,为方便用户,国际标准化组织规定,切削加工用硬质合金按其排屑类型和被加工材料分为三大类：P类、M类和K类。根据被加工材料及适用的加工条件，每大类中又分为若干组，用两位阿拉伯数字表示，每类中数字越大，其耐磨性越低、韧性越高。

上述三类硬质合金切削用量的选择原则见表2-13：

表 2-13　P、M、K 类硬质合金切削用量的选择原则

	P01	P05	P10	P15	P20	P25	P30	P40	P50
	M10	M20	M30	M40					
	K01	K10	K20	K30	K40				
进给量			→						
背吃刀量			→						

各厂生产的硬质合金虽然有各自编制的牌号，但都有对应国际标准的分类号，选用十分方便。

【任务实施】

如图 2-27 所示，图（a）为面铣刀，图（b）为立铣刀，图（c）为模具铣刀。

面铣刀的用途是主要用于面积较大的平面铣削和较平坦的立体轮廓的多坐标加工。

立铣刀主要用于加工凸轮、台阶面、凹槽和箱口面等平面类零件。

模具铣刀主要用于加工空间曲面、模具型腔、凸模成型表面等零件。

如何选择面铣刀和立铣刀请参照教材内容，具体答案略。

【思考与实训】

1. 数控铣刀的基本要求有哪些？
2. 简答数控铣刀的种类有哪些？它们的用途是什么？
3. 观察面铣刀和立铣刀，思考如何选择。

任务四　加工中心刀具的选用

【任务引入】

请正确指明图 2-39 所示加工中心刀具的各部分名称，并说明加工中心常有的刀具的类型有哪些？我国使用的数控刀具系统有哪几类？每类的特点是什么？

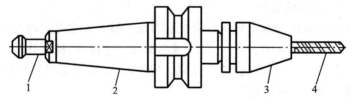

图 2-39　加工中心刀具

【相关知识准备】

为满足生产效率和加工需求，加工中心的主轴转速较普通机床的主轴转速高 2～5 倍，某些特殊用途的加工中心其主轴转速每分钟高达数万转，因此数控加工中心刀具的强度、刚度与

耐用度至关重要。在选择刀具材料时,一般应尽可能选用硬质合金或超硬刀具材料。目前,涂层刀具广泛应用于加工中心,陶瓷刀具、立方氮化硼和金刚石刀具也开始在加工中心上使用。正确选择刀具是决定零件加工质量的重要因素,加工中心更强调选用高效高速刀具,以充分发挥机床高效率的性能,降低加工成本,提高加工质量。

1. 加工中心常用刀具

由于数控加工中心能完成的加工方法较多,所以其刀具种类也很多。其中各种铣刀在前面已讲述,这里只介绍孔加工刀具。对于加工中心刀具的要求应注意以下几个方面:采用尽可能短的结构长度,或尽可能短的夹持部分,来提高刀具刚度,因为在加工中心上加工时无辅助装置支承刀具,刀具本身应具有较高的刚度;同一把刀多次装入主轴锥孔时,刀刃位置应保持不变;刀刃相对于主轴的一个固定点的轴向和径向位置应能准确调整,即刀具必须能够以快速简单的方法准确地预调到一个固定的几何尺寸。

(1)钻孔刀具。

钻孔刀具类型较多,主要有普通麻花钻、可转位浅孔钻及扁钻、深孔钻等。加工中心上的钻孔刀具主要是麻花钻。按刀具材料不同,麻花钻分为高速钢钻头和硬质合金钻头两种。按柄部分类有直柄(圆柱柄)和莫氏锥柄两种。直柄一般用于 $\phi 0.1 \sim \phi 20$ mm 的小直径钻头;锥柄一般用于 $\phi 8 \sim \phi 80$ mm 的大直径钻头;中等尺寸麻花钻的柄部,两种形式均有采用。硬质合金麻花钻有整体式、镶片式和无横刃式三种,直径较大时还可采用机夹可转位式结构。按长度分类有基本型和加长型。为了提高钻头刚度,应尽量使用较短的钻头,但麻花钻的工作部分应大于孔深,以便排屑和输送切削液。

麻花钻的组成如图 2-40 所示,主要由工作部分和柄部组成。工作部分包括切削部分和导向部分,切削部分担负主要的切削工作,导向部分起导向、修光、排屑和输送切削液的作用,也是钻头重磨的储备部分。

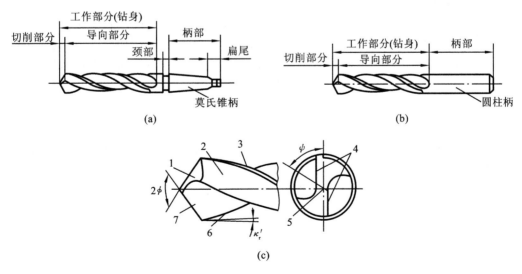

图 2-40　麻花钻的组成

1—主后面;2—刃背;3—副后面(刃带);4—主切削刃;5—横刃;6—副切削刃;7—前面(螺旋槽)

(a)莫氏锥柄麻花钻结构;(b)圆柱柄麻花钻结构;(c)麻花钻刀刃图

在加工中心上钻孔无钻模进行定位和导向，考虑钻头刚度的影响，一般钻孔深度应小于孔径的 5 倍左右。为保证孔的位置精度，除提高钻头切削刃的精度外，在钻孔前最好先用中心钻钻一中心孔，或用刚度较好的短钻头进行划窝加工。划窝一般采用 $\phi 8 \sim \phi 15$ 的钻头（见图 2-41），以解决在铸、锻件毛坯表面钻孔引正问题。

钻削直径为 $20 \sim 60$ mm、孔的长径比小于 3 mm 的中等浅孔时，可选用图 2-42 所示的可转位浅孔钻，其结构是在带排屑槽及内冷却通道钻头的头部装有一组刀片（多为凸多边形、菱形或四边形），多采用深孔刀片，通过刀片中心孔压紧刀片。靠近钻心的刀片用韧度较好的材料，靠近钻头外径的刀片选用较为耐磨的材料。这种钻头具有切削效率高、加工质量好的特点，最适用于箱体零件的钻孔加工。为了提高刀具的使用寿命，可以在刀片上涂镀碳化钛涂层。使用这种钻头钻箱体孔，比普通麻花钻提高效率 $4 \sim 6$ 倍。

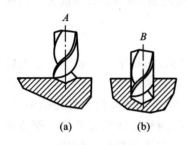

图 2-41　划窝和钻孔加工
(a)划窝；(b)钻孔

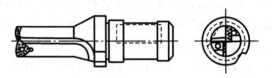

图 2-42　可转位浅孔钻

对长径比大于 5 而小于 100 的深孔，因其加工中散热差，排屑困难，钻杆刚度差，易使刀具损坏和引起孔的轴线偏斜，影响加工精度和生产效率，故应选用深孔刀具加工。常用深孔钻有多刃内排屑深孔钻（喷吸钻，加工大直径深孔）和单刃外排屑深孔钻（加工小直径深孔）。

（2）扩孔刀具。

加工中心上扩孔大多采用扩孔钻，也采用立铣刀或镗刀扩孔。扩孔钻可用来扩大孔径，提高孔的加工精度，也可以用于孔的终加工或铰孔、磨孔预加工。扩孔钻形状与麻花钻相似，但齿数较多，一般有 $3 \sim 4$ 条主切削刃，通常无横刃。其按切削部分材料来分有高速钢和硬质合金两种。高速钢扩孔钻有整体直柄（用于加工较小的孔）、整体锥柄（用于加工中等直径的孔）和套式（用于加工直径较大的孔），如图 2-43 所示。

硬质合金扩孔钻也有直柄、锥柄和套式等形式。对于扩孔直径在 $20 \sim 60$ mm 之间的孔，常采用机夹可转位式，如图 2-44 所示。它的两个可转位刀片的外刃位于同一外圆直径上，并且可微量（± 0.1 mm）调整，以控制扩孔直径。

扩孔钻由于结构和加工上的特点，其加工质量及效率优于麻花钻。扩孔钻的加工余量小，主切削刃短，容屑槽浅，因而刀体的强度和刚度好。由于扩孔钻中心不切削，无麻花钻的横刃，加之刀齿多，所以导向性好，切削平稳，加工精度比钻孔高 $2 \sim 3$ 级，并且可部分修正钻孔的形位偏差。

（3）镗孔刀具。

镗孔是加工中心的常加工内容，它能精确地保证孔系的尺寸精度，并纠正上道工序的误差。加工中心用的镗刀，就其切削部分而言，与外圆车刀没有本质的区别，但在加工中心上进行镗孔通常是采用悬臂式加工，因此要求镗刀有足够的刚度和较好的精度。为适应不同的切

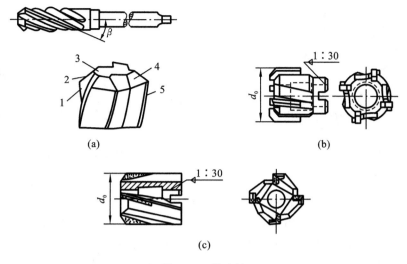

图 2-43 扩孔钻

(a) 锥柄式高速钢扩孔钻;(b) 套式高速钢扩孔钻;(c) 套式硬质合金扩孔钻

1—前面;2—主切削刃;3—钻芯;4—后面;5—刃带

削条件,镗刀有多种类型。按镗刀的切削刃数量可分为单刃镗刀、双刃镗刀和微调镗刀。

① 单刃镗刀 大多数单刃镗刀制成可调结构。图 2-45 所示分别为用于镗削通孔、阶梯孔和不通孔的单刃镗刀,螺钉 1 用于调整尺寸,螺钉 2 起锁紧作用。

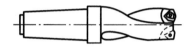

图 2-44 机夹可转位式扩孔钻

单刃镗刀刚度差,切削时易引起振动,所以镗刀的主偏角选得较大,以减小径向力。上述结构需通过调整镗刀来保证加工尺寸,麻烦,效率低,只用于小批量生产。但单刃镗刀结构简单,适应范围较广,粗、精加工都适用,因而应用广泛。

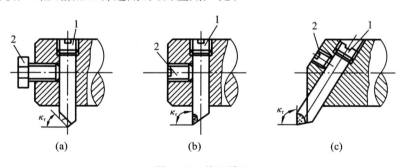

图 2-45 单刃镗刀

(a) 通孔镗刀;(b) 阶梯孔镗刀;(c) 不通孔镗刀

1,2—螺钉

② 双刃镗刀 简单的双刃镗刀就是镗刀的两端有一对对称的切削刃同时参与切削,其优点是可以消除径向力对镗杆的影响,对刀杆刚度要求低,不易振动,可以用较大的切削用量,所以切削效率高。图 2-46 所示为近年来广泛使用的双刃机夹镗刀,其刀片更换方便,不需重磨,易于调整,对称切削镗孔的精度较高。同时,与单刃镗刀相比,每转进给量可提高一倍左右,生产效率高。

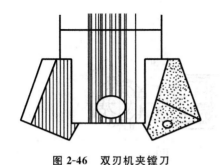

图 2-46 双刃机夹镗刀

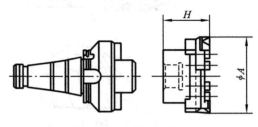

图 2-47 可调双刃镗刀

大直径的镗孔加工可选用图 2-47 所示的可调双刃镗刀,其可更换的镗刀头部可作大范围的调整,且调整方便,最大镗孔直径可达 1000 mm。

③ 微调镗刀 加工中心常用图 2-48 所示的精镗微调镗刀进行孔的精加工。这种镗刀的径向尺寸可以在一定范围内调整,其读数值可达 0.01 mm。调整尺寸时,先松开拉紧螺钉 6,然后转动带刻度盘的调整螺母 3,待刀头调至所需尺寸时再拧紧螺钉 6。此种镗刀的结构比较简单,精度较高,通用性强,刚度好。

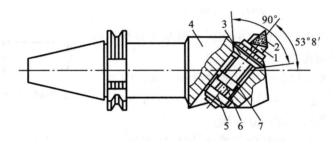

图 2-48 精镗微调镗刀

1—刀体;2—刀片;3—调整螺母;4—刀杆;5—螺母;6—拉紧螺钉;7—导向键

(4)铰孔刀具。

铰孔是用铰刀对已经粗加工的孔进行精加工,也可以用于磨孔或研孔前的预加工。铰孔只能提高孔的尺寸精度、形状精度和减小表面粗糙度值,而不能提高孔的位置精度,因此,对于精度要求高的孔,在铰削前应先进行减少和消除位置误差的预加工,才能保证铰孔质量。

在加工中心上铰孔时,多采用通用的标准铰刀。此外,还有机夹硬质合金刀片的单刃铰刀和浮动铰刀。通用标准铰刀有直柄、锥柄和套式三种,如图 2-49 所示。直柄铰刀直径为 6～20 mm,锥柄铰刀直径为 10～32 mm,小孔直柄铰刀直径为 1～6 mm,套式铰刀直径为 25～80 mm。铰刀工作部分包括切削部分与校准部分。切削部分为锥形,承担主要的切削工作。切削部分的主偏角为 5°～15°,前角一般为 0°,后角一般为 5°～8°。校准部分的作用是校正孔径、修光孔壁和导向。校准部分包括圆柱部分和倒锥部分。圆柱部分保证铰刀直径和便于测量,倒锥部分可减少铰刀与孔壁的摩擦和减少孔径扩大量。

铰刀齿数取决于孔径及加工精度。标准铰刀有 4～12 个齿。齿数过多,刀具的制造刃磨较困难。在刀具直径一定时,刀齿过多,刀齿的强度会降低,容屑空间小,容易造成切屑堵塞和划伤孔壁甚至崩刃;齿数过少,则铰削时的稳定性差,刀齿的切削负荷增大,且容易产生几何形状误差。

图 2-50 所示为加工中心用的专门设计的浮动铰刀。这种铰刀不仅能保证在换刀和进刀过程中刀具的稳定性,而且又能通过自由浮动而准确地定心,因此其加工精度稳定。

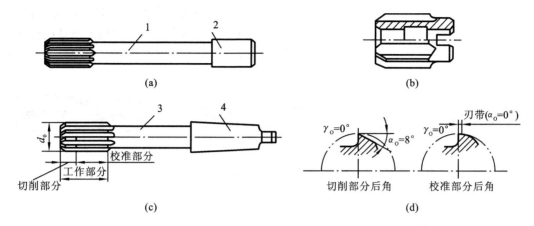

图 2-49　标准铰刀

（a）直柄铰刀；（b）套式铰刀；（c）锥柄铰刀；（d）铰刀切削刃角度

1,3—颈部；2—直柄；3—锥柄

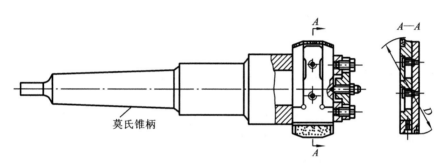

图 2-50　浮动铰刀

（5）丝锥。

丝锥是数控机床加工内螺纹的一种常用刀具，其基本结构是一个轴向开槽的外螺纹，如图 2-51 所示。螺纹部分可分为切削锥部分和校准部分。切削锥磨出锥角，以便逐渐切去全部余量；校准部分有完整齿型，起修光、校准和导向作用。柄部的方尾（尾部）通过夹头或标准锥柄与机床连接。

数控机床有时还使用一种叫成组丝锥的刀具，其工作部分相当于 2~3 把丝锥串联，依次分别承担着粗、精加工，适用于高强度、高硬度材料或大尺寸、高精度的螺纹加工。

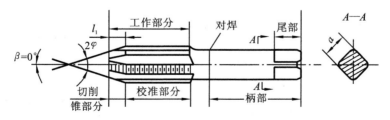

图 2-51　丝锥的结构

（6）孔加工复合刀具。

复合刀具也称组合刀具，它是由两把以上的同类型或不同类型的刀具组合在一个刀体上使用的一种刀具。它生产效率高，能保证各加工表面的相互位置精度，但复合刀具制造较复杂,成本较高。常用的复合刀具有同类工艺复合刀具和不同类工艺复合刀具。同类工艺复合刀具主要由不同加工尺寸的同类刀具串接在一起,每把刀分别完成不同的加工余量或精度,例如"铰→铰→铰"组合铰刀、"镗→镗→镗"组合镗刀等。不同类工艺复合刀具种类较多,应用也较为广泛。图 2-52 所示为三种常见的不同类工艺复合刀具。

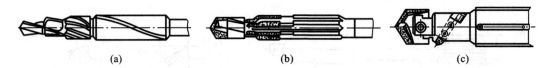

(a)   (b)   (c)

图 2-52 复合刀具

(a) 钻→扩→铰;(b) 钻→铰→铰;(c) 钻→镗

2. 加工中心刀具系统

加工中心和数控铣床上使用的刀具由刀具和刀柄两部分组成。刀具包括铣刀、钻头、扩孔钻、镗刀、铰刀和丝锥等。刀柄是机床主轴与刀具之间的连接工具,应满足机床主轴的自动松开和夹紧定位,准确安装各种切削刀具,适应机械手的夹持和搬运、储存和识别刀库中各种刀具的要求。

1) 刀柄的结构

刀柄的结构现已系列化、标准化,其标准有很多种,见表 2-14。加工中心和数控铣床上一般采用 7∶24 圆锥刀柄(JT 或 ST),并采用相应形式的拉钉拉紧。这类刀柄不能自锁,换刀比较方便,与直柄相比具有较高的定心精度与刚度。我国规定的刀柄结构(GB/T 10944—2006)与国际标准 IS07388/1 和 IS07388/2 规定的结构几乎一致,如图 2-53 所示。相应的拉钉结构(GB/T 10945—2006)有 A 型和 B 型两种。A 型拉钉用于不带钢球的拉紧装置,其结构如图 2-54 所示。B 型拉钉用于带钢球的拉紧装置,其结构如图 2-55 所示。

表 2-14 工具柄部形式及代号

代号	工具柄部形式
JT	自动换刀用 7∶24 圆锥工具柄　　　GB/T 10944—2006
BT	自动换刀用 7∶24 圆锥 BT 型工具柄　　　JIS B6339
ST	手动换刀用 7∶24 圆锥工具柄　　　GB/T 3837—2001
MT	带扁尾莫氏圆锥工具柄　　　GB/T 1443—1996
MW	带扁尾莫氏圆锥工具柄　　　GB/T 1443—1996
ZB	直柄工具柄　　　GB/T 6131—2006

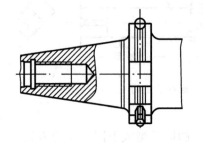

图 2-53 标准 7∶24 圆锥刀柄结构

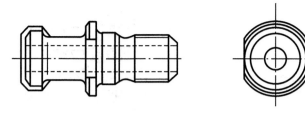

图 2-54 A 型拉钉结构

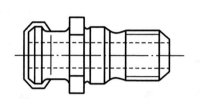

图 2-55 B 型拉钉结构

2）数控工具系统及其选用

由于加工中心和数控铣床要适应多种形式零件不同部位的加工,故刀具装夹部分的结构、形式、尺寸也是多种多样的。把通用性较强的几种装夹工具（例如装夹铣刀、镗刀、铰刀、钻头和丝锥等）系列化、标准化就发展成为不同结构的镗铣类工具系统。数控工具系统一般分为整体式结构和模块式结构两大类。

（1）整体式工具系统。

整体式工具系统把工具柄部和装夹刀具的工作部分做成一体。不同品种和规格的工作部分都必须带有与机床主轴相连接的柄部。其优点是结构简单,使用方便、可靠,更换迅速等。其缺点是所用的刀柄规格品种和数量较多。图 2-56 所示为 TSG 工具系统图,表 2-15 所示为 TSG 工具系统代号的含义。

表 2-15　TSG 工具系统代号的含义

代号	代号的含义	代号	代号的含义	代号	代号的含义
J	装接长刀杆用锥柄	KJ	用于装扩刀、铰刀	TF	浮动镗刀
Q	弹簧夹头	BS	倍速夹头	TK	可调镗刀头
KH	7：24 锥柄快换夹头	H	倒锪端面刀	X	用于装铣削刀具
Z（J）	用于装钻夹头（莫氏锥度注 J）	T	镗孔刀具	xs	装三面刃铣刀
MW	装无扁尾莫氏锥柄刀具	TZ	直角镗刀	XM	装面铣刀
M	装有扁尾莫氏锥柄刀具	TQW	倾斜型微调镗刀	XDZ	装直角端铣刀
G	攻螺纹夹头	TQC	倾斜型粗镗刀	XD	装端铣刀
C	切内槽刀具	TZC	直角型粗镗刀		

注：用数字表示工具的规格,其含义随工具不同而异。对于有些工具该数字为轮廓尺寸（D—L）；对另一些工具该数字表示应用范围；还有表示其他参数值的,如锥度号等。

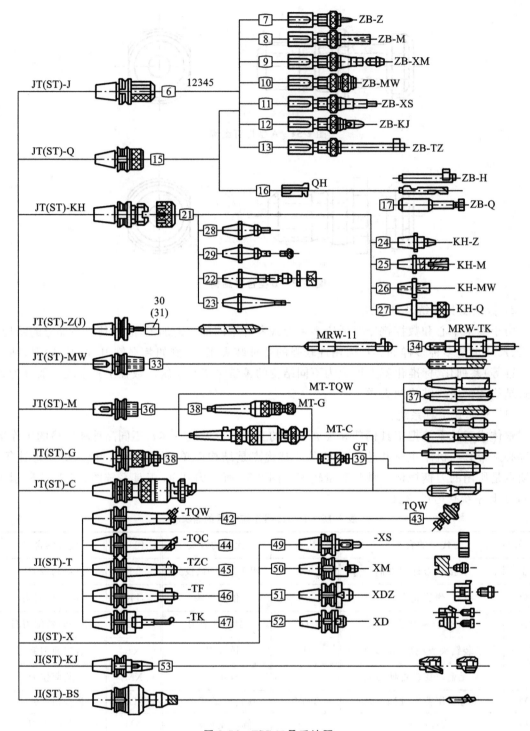

图 2-56　TSG 工具系统图

（2）模块式工具系统。

把工具的柄部和工作部分分开,制成系统化的主柄模块、中间模块和工作模块,每类模块中又分为若干小类和规格,然后用不同规格的中间模块,组装成不同用途、不同规格的模块式工具系统。这样既方便了制造，也方便了使用和保管，大大减少了用户的工具储备，对拥有加工中心较多的企业有很好的实用价值，如图 2-57 所示。目前，模块式工具系统已成为数控加工刀具发展的方向。图 2-58 所示为 TMG 工具系统的示意图。

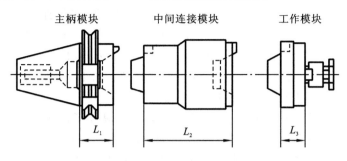

图 2-57　模块式工具系统的组成

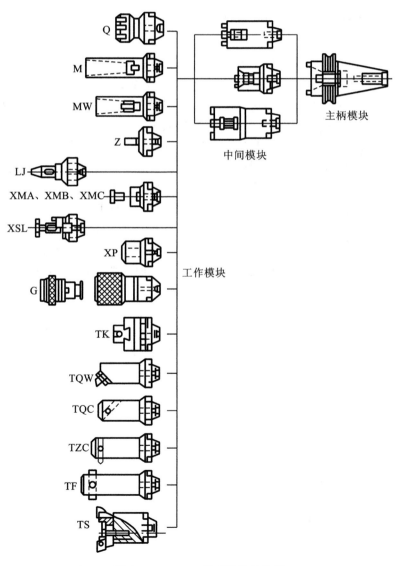

图 2-58　TMG 工具系统的示意图

（3）数控刀具刀柄的选用。

刀柄结构形式的选择需要考虑多种因素。对一些长期反复使用、不需要拼装的简单刀柄，如加工零件外轮廓时用的面铣刀刀柄、弹簧夹头刀柄及钻夹头刀柄等，以配备整体式刀柄为宜。这样，工具刚度好，成本低。当加工孔径、孔深经常变化的多品种、小批量零件时，以选用模块式工具为宜，这样可以取代大量整体式镗刀柄。当采用的加工中心较多时，应选用模块式工具，因为各台机床所用的中间模块（接杆）和工作模块（装刀模块）都可以通用，能大大减少设备投资，提高工具利用率，同时也利于工具的管理与维护。加工一些产量较大（年产几千件或上万件）且反复生产的典型工件时，应尽可能考虑选用复合刀具。在加工中心上采用复合刀具加工，可把多道工序变成一道工序，由一把刀具完成，大大减少了机加工时间。

在 TSG 工具系统中有相当部分产品是不带刀具的，这些刀柄相当于过渡的连接杆，必须再配置相应的刀具（如立铣刀、钻头、镗刀头和丝锥等）和附件（如钻夹头、弹簧卡头和丝锥夹头等）。

刀柄数量应根据加工零件的规格、数量、复杂程度以及机床的负荷等配置，一般是所需刀柄的 2～3 倍。

刀柄的柄部应与机床相配。加工中心的主轴孔多为不自锁的 7：24 锥度。在选择刀柄时，要求工具的柄部应与机床主轴孔的规格（40 号、45 号还是 50 号）相一致；工具柄部抓拿部位要能适应机械手的形态位置要求；拉钉的形状、尺寸要与机床主轴的拉紧机构相匹配。

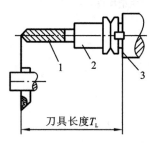

图 2-59　加工中心刀具长度
1—刀具；2—刀柄；3—主轴端面

（4）刀具尺寸的确定。

刀具尺寸包括直径尺寸和长度尺寸。孔加工刀具的直径尺寸根据被加工孔直径确定，特别是定尺寸刀具（如钻头、铰刀）的直径完全取决于被加工孔直径。面加工用铣刀直径在前面的章节中已确定，这里不再赘述。

在加工中心上，刀具长度一般是指主轴端面至刀尖的距离，包括刀柄和刃具两部分，如图 2-59 所示。刀具长度的确定原则是：在满足各个部位加工要求的前提下，尽量减小刀具长度，以提高工艺系统刚度。

制订工艺和编程时，一般不必准确确定刀具长度，只需初步估算出刀具长度范围，以方便刀具准备工作。刀具长度范围可根据工件尺寸、工件在机床工作台上的装夹位置以及机床主轴端面距工作台的台面或中心的最大、最小距离等确定。在卧式加工中心上，针对工件在工作台上的装夹位置不同，刀具长度范围有如下两种估算方法。

① 加工部位位于卧式加工中心工作台中一心和机床主轴之间（见图 2-60（a））时，刀具最小长度为

$$T_L = A - B - N + L + Z_0 + T_t \tag{2-2}$$

式中　A——主轴端面至工作台中心线最大距离，mm；

B——主轴在 Z 向的最大行程，mm；

N——加工表面距工作台中心距离，mm；

L——工件的加工深度尺寸，mm；

T_t——钻头尖端锥度部分长度，一般 $T_t = 0.3d$（d 为钻头直径），mm；

Z_0——刀具切出工件长度单位为 mm，已加工表面取 2～5 mm，毛坯表面取 5～8 mm。

刀具的长度范围为

$$T_L > A - B - N + L + Z_0 + T_t \tag{2-3}$$

$$T_L < A - N \tag{2-4}$$

② 加工部位位于卧式加工中心工作台中心和机床主轴两者之外(见图2-60(b))时,刀具最小长度为

$$T_L = A - B + N + L + Z_0 + T_t \tag{2-5}$$

刀具长度范围为

$$T_L > A - B + N + L + Z_0 + T_t \tag{2-6}$$

$$T_L < A + N \tag{2-7}$$

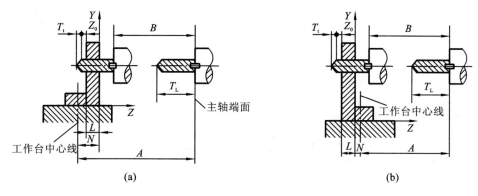

图 2-60　加工中心刀具长度的确定

(a) 估算方法 1；(b) 估算方法 2

满足式(2-3)和式(2-6)可避免机床负 Z 向超程,满足式(2-4)和式(2-7)可避免机床正 Z 向超程。

在确定刀具长度时,还应考虑工件上其他凸出部分及夹具、螺钉对刀具运动轨迹的干涉。主轴端面至工作台中心的最大、最小距离由机床样本提供。

3. 刀库及自动换刀

加工中心的刀库形式很多,结构各异,常见的为日内瓦式刀库(俗称斗笠式刀库),如图2-61所示,和链式刀库,如图2-62所示。

1) 日内瓦式刀库

日内瓦式刀库结构简单、紧凑、应用较多,但其换刀时间较链式刀库长。它存放刀具数量一般不超过 32 把。一般的日内瓦式刀库换刀过程是:

(1) 主轴头回到换刀点,如图2-63(a)所示。

(2) 刀库水平移动到换刀点,此时主轴头上的刀柄及刀具被放回到刀库的对应位置,如图2-63(b)所示。

(3) 主轴头升高(或刀库下降),刀柄及刀具留在刀库中,如图2-63(c)所示。

(4) 刀库回转,下一把刀柄及刀具对准主轴头的位置,如图2-63(d)所示。

(5) 主轴头下降(或刀库上升),刀柄及刀具被主轴抓取,如图2-63(e)所示。

(6) 刀库水平移动离开换刀点,换刀动作完成,如图2-63(f)所示。

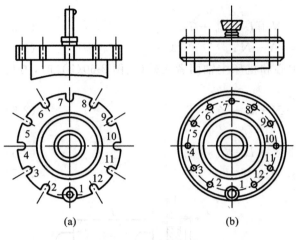

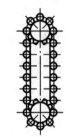

图 2-61　日内瓦刀库

（a）径向取刀形式；（b）轴向取刀形式

图 2-62　链式刀库

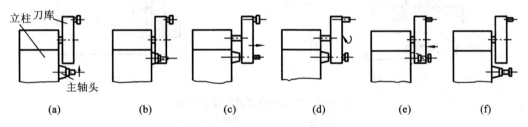

图 2-63　日内瓦式刀库换刀过程示意图

（a）主轴头到换刀点；（b）刀库移到换刀点；（c）主轴头升高；

（d）刀库回转；（e）主轴头下降；（f）刀库离开换刀点

2）链式刀库

链式刀库换刀可靠、效率高，刀库容量大，但结构较复杂。一般的链式刀库采用的是机械手换刀，其换刀过程是：

（1）主轴头回到换刀点，如图 2-64（a）所示。

（2）机械手抓取刀库中的刀柄及刀具和主轴头上的刀柄及刀具，如图 2-64（b）所示。

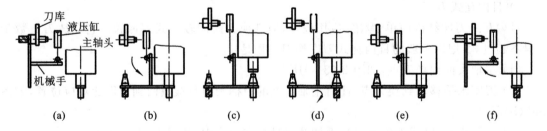

图 2-64　机械手换刀过程示意图

（a）主轴头到换刀点；（b）机械手抓取刀具；（c）刀具对准刀库；

（d）刀具对准主轴头；（e）刀具放入主轴头；（f）刀具放入刀库，机械手回位

（3）从主轴头上取下的刀柄及刀具对准刀库中的放置位置，如图 2-64（c）所示。

（4）使从刀库中抓取的刀柄及刀具对准主轴头，如图 2-64（d）所示。

（5）将从刀库中的抓取的刀柄及刀具放入主轴头，如图 2-64(e)所示。

（6）将从主轴头上取下的刀柄及刀具放入刀库中的相应位置，机械手回位，换刀动作完成，如图 2-64(f)所示。

【任务实施】

图 2-39 所示加工中心刀具 1 为拉钉，2 为锥柄，3 为夹头，4 为刀具。常见的拉钉有标准 A 型和标准 B 型。

加工中心上常用的刀柄一般采用 7∶24 圆锥刀柄，这类刀柄不能自锁，换刀比较方便，与直柄相比具有较高的定心精度与刚度。在选择刀柄时，要求刀具的柄部应与机床主轴孔的规格（40 号、45 号还是 50 号）相一致，刀具柄部抓拿部位要能适应机械手的形态位置要求，拉钉的形状、尺寸要与机床主轴的拉紧机构相匹配。

加工中心常有的刀具有铣刀、麻花钻、扩孔钻、镗刀、铰刀、丝锥等。我国采用整体式和模块式两类刀具系统。整体式刀具系统是把刀具柄部和装夹刀具的工作部分做成一体。不同品种和规格的工作部分都必须带有与机床主轴相连接的柄部。其优点是结构简单，使用方便、可靠，更换迅速等。缺点是所用的刀柄规格品种和数量较多。模块式刀具系统是把刀具的柄部和工作部分分开，制成系统化的主柄模块、中间模块和工作模块，每类模块中又分为若干小类和规格，然后用不同规格的中间模块，组装成不同用途、不同规格的模块式刀具。这样既方便了制造，也方便了使用和保管，大大减少了用户的刀具储备，对拥有加工中心较多的企业有很好的实用价值。

【思考与实训】

1. 加工中心常用的刀具有哪些？简述各种刀具的类型有哪些？

2. 加工中心刀具刀柄的结构有哪些？其柄部代号含义是什么？

3. 数控刀具系统有哪几类？它们的特点是什么？

4. 去加工中心观察刀库及换刀过程，思考加工中心刀具尺寸如何确定。

项目三　典型零件在数控机床上的装夹

【学习目标】

1. 熟悉数控车床、数控铣床、加工中心的分类，掌握各种机床的主要加工对象，能够合理选择加工内容；

2. 熟悉常用的定位方式，掌握工件六点定位原理及其应用，能够正确选择典型零件的定位方式和定位元件；

3. 熟悉夹紧装置的组成和基本要求，掌握典型夹紧机构的类型及其应用，能够正确选择典型零件加工所用的夹紧机构。

【知识要点】

数控车床、数控铣床、加工中心的分类，其加工对象及相应的加工内容；工件的定位原理、定位方式及定位元件的选择和使用；工件夹紧机构的原理及应用；基准的分类及选择原则。

【实训项目】

1. 根据零件图要求，合理确定工件的设计基准、定位基准和工序基准；

2. 正确识别数控车床、数控铣床和加工中心常用的夹具类型，并能正确选用夹具。

3. 轴类零件、盘类零件在数控机床上的装夹；

4. 加工中心常用的夹具及工件的装夹。

任务一　对数控机床及其加工对象的认识

【任务引入】

请正确指明图 3-1 所示机床的名称及其所加工的内容。

(a)　　　　　　　　　(b)　　　　　　　　　(c)

图 3-1　数控机床

【相关知识准备】

1. 数控车床

1) 数控车床的分类

(1) 按主轴的配置形式分。

① 卧式数控车床 卧式数控车床的主轴轴线处于水平位置。卧式数控车床又可分为数控水平导轨卧式车床(如图 3-2 所示)和数控倾斜导轨卧式车床。倾斜导轨结构可以使数控车床具有更大的刚度,并易于排除切屑。

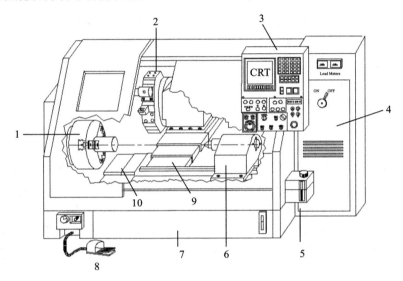

图 3-2 数控车床

1—主轴、卡盘、工件;2—刀架、刀具;3—CNC;4—电控柜;5—导轨润滑油杯;
6—尾座;7—冷却液池;8—脚踏卡盘开关;9—X 向导轨;10—Z 向导轨

② 立式数控车床 立式数控车床的主轴轴线垂直于水平面。主要用于加工径向尺寸大、轴向尺寸相对较小的大型复杂零件,其工件与刀具的相对运动方向如图 3-3 所示。

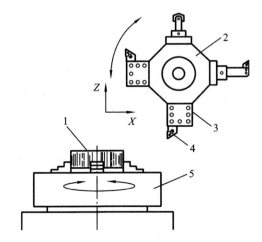

图 3-3 立式数控车床工件与刀具的相对运动方向

1—工件;2—刀塔;3—刀座;4—车刀;5—卡盘

（2）按数控系统控制的轴数分。

① 两轴控制的数控车床　机床上只有一个回转刀架，可实现两轴联动。

② 四轴控制的数控车床　机床上有两个回转刀架，可实现四轴联动。

③ 多轴控制的数控车床　机床上除了控制 X、Z 两个坐标外，还可控制其他坐标轴实现多轴控制，如具有 C 轴控制功能。车削加工中心或柔性制造单元都具有多轴控制功能。

（3）按数控系统的功能分。

① 经济型数控车床　一般采用步进电动机驱动开环伺服系统，具有 CRT 显示、程序存储、程序编辑等功能，加工精度较低，功能较简单。

② 全功能型数控车床　较高档次的数控车床，具有刀尖圆角半径自动补偿功能、恒线速、倒角、固定循环、螺纹切削、图形显示、用户宏程序等功能。加工能力强，适于加工精度高、形状复杂、循环周期长、品种多变的单件或中小批量零件的加工。

③ 精密型数控车床　采用闭环控制，不但具有全功能型数控车床的全部功能，而且机械系统的动态响应较快。适于精密和超精密加工。

2）数控车床的组成与布局

（1）数控车床的组成。

数控车床由床身、主轴箱、刀架、进给传动系统、液压和冷却润滑系统等部分组成。在数控车床上由于实现了计算机数字控制，伺服电动机驱动刀架作连续纵向和横向进给运动，所以数控车床的进给系统与普通车床的进给系统在结构上存在着本质的差别。普通车床主轴的运动经过交换齿轮架、进给箱、溜板箱传到刀架，实现纵向和横向进给运动；而数控车床是采用伺服电动机经滚珠丝杠，传到滑板和刀架，实现纵向和横向进给运动。可见数控车床进给传动系统的结构大为简化。

（2）数控车床刀架和导轨的布局形式相对于普通机床发生了根本的变化。另外，数控车床上一般都装有封闭的防护装置，有些还安装了自动排屑装置。

① 床身和导轨的布局　数控车床床身导轨与水平面的相对位置如图 3-4 所示，它有 5 种布局形式。一般来说，中、小型的数控车床采用斜床身和平床身斜滑板的居多，只有大型数控车床或小型精密数控车床才采用平床身，而立床身采用较少。

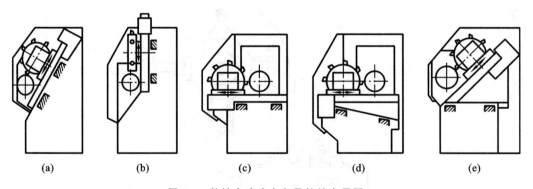

(a)　　　　　(b)　　　　　(c)　　　　　(d)　　　　　(e)

图 3-4　数控车床床身和导轨的布局图

（a）斜床身；（b）立床身；（c）平床身；（d）平床身斜滑板；（e）斜床身平滑板

② 刀架的布局　刀架作为数控车床的重要部件之一，它对机床整体布局及工作性能影响很大。按换刀方式的不同，数控车床的刀架主要有回转刀架和排式刀架。回转刀架是数控车

床最常用的一种典型刀架系统。回转刀架在机床上的布局有两种形式:一种是适用于加工轴类和盘类零件的回转刀架,其回转轴与主轴垂直;一种是适用于加工盘类零件的回转刀架,其回转轴与主轴平行,如图 3-5 所示。排式刀架一般用于小型数控车床,以加工棒料或盘类零件为主。其刀具的典型布置形式如图 3-6 所示。

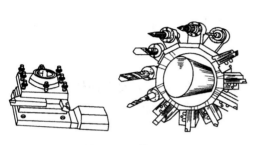

图 3-5 回转刀架

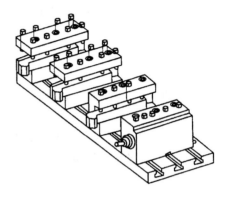

图 3-6 排式刀架

3)数控车削的加工对象

数控车削同常规加工相比,具有下面特点:

(1)轮廓形状特别复杂的回转体零件加工。

车床数控装置都具有直线和圆弧插补功能,还有部分车床数控装置有其他曲线的插补功能。

图 3-7 所示为壳体零件封闭内腔的成形面,"口小肚大",在普通车床上是较难加工的,而在数控车床上则很容易加工出来。

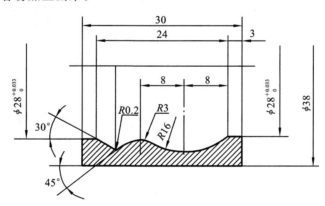

图 3-7 壳体零件封闭内腔的成形面

(2)高精度零件的加工。

零件的精度要求主要指尺寸、形状、位置和表面精度要求,其中表面精度主要指表面粗糙度。高精度零件一般指:尺寸精度高(达 0.001 mm 或更小)的零件,圆柱度要求高的圆柱体零件,素线直线度、圆度和倾斜度均要求高的圆锥体零件,线轮廓度要求高的零件(其轮廓形状精度可超过用数控线切割加工的样板精度)等。

(3)特殊的螺旋零件。

这些螺旋零件是指特大螺距(或导程)、变(增/减)螺距、等螺距、变螺距或圆柱与圆锥螺旋面之间作平滑过渡的螺旋零件,以及高精度的模数螺旋零件(如圆柱、圆弧蜗杆)和端面(盘形)螺旋零件等。

(4) 淬硬工件的加工。

在大型模具加工中,有不少尺寸大而形状复杂的零件。这些零件热处理后的变形量较大,磨削加工有困难,而在数控车床上可以用陶瓷车刀对淬硬后的零件进行车削加工,以车代磨,提高加工效率。

(5) 高效率加工。

为了进一步提高车削加工效率,通过增加车床的控制坐标轴,就能在一台数控车床上同时加工出两个多工序的相同或不同的零件。

4) 数控车削加工的主要内容

主要用于轴类或盘类零件的内、外圆柱面,任意角度的内、外圆锥面,复杂回转内、外曲面和圆柱、圆锥螺纹等的切削加工,并能进行车槽、钻孔、扩孔、铰孔及镗孔等切削加工,如图 3-8所示。

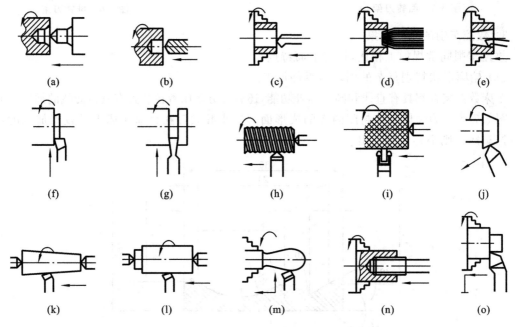

图 3-8 数控车削加工的基本内容

(a) 钻中心孔;(b) 钻孔;(c) 车内孔;(d) 铰孔;(e) 车内锥孔;(f) 车端面;(g) 切断;(h) 车外螺纹;
(i) 滚花;(j) 车短外圆锥;(k) 车长外圆锥;(l) 车外圆;(m) 车成形面;(n) 攻螺纹;(o) 车台阶

2. 数控铣削机床

1) 数控铣床的分类

数控铣床的种类很多,常用的分类方法有如下几种。

(1) 按主轴的布置形式分类。

① 立式数控铣床 立式数控铣床的主轴轴线垂直于水平面,如图 3-9 所示,它是铣床中数量最多的一种,应用范围也最广。立式数控铣床中又以三轴联动的数控铣床居多,其各坐标轴的控制方式有以下几种。

工作台纵向、横向及上下移动，主轴不动。这种数控铣床与普通立式升降台铣床相似，一般小型立式数控铣床采用这种方式。

工作台纵向、横向移动，主轴上下移动。这种方式一般用在中型立式数控铣床中。

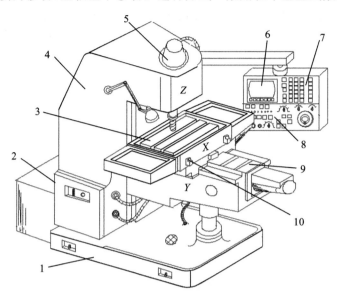

图 3-9 立式数控铣床

1—底座；2—强电柜；3—纵向工作台；4—床身立柱；5—Z轴伺服电机；
6—显示器；7—MDI键盘；8—操作面板；9—横向溜板；10—行程开关

② 卧式数控铣床　卧式数控铣床的主轴轴线平行于水平面，如图 3-10 所示。为了扩大其功能和加工范围，通常采用增加数控转盘或万能数控转盘来实现四轴或五轴加工。一次装夹后可完成除安装面以外的其余四个面的各种工序加工。尤其是万能数控转盘可以把工件上各种不同角度的加工面摆成水平面来加工，可以省去许多专用夹具或专用角度成形铣刀。

③ 立卧两用数控铣床　如图 3-11 所示，也称万能式数控铣床，主轴可以旋转 90°或工作台带着工件旋转 90°，一次装夹后可以完成对工件五个表面的加工，即除了工件与转盘贴面的

图 3-10 卧式数控铣床

图 3-11 立卧两用数控铣床

定位面外,其他表面都可以在一次安装中进行加工。其使用范围更广、功能更全,选择加工对象的范围更大,给用户带来了很多方便。特别是当生产批量小、品种较多,又需要立、卧两种方式加工时,用户只需要一台这样的机床就行了。

④ 龙门式数控铣床　对于大型的数控铣床,一般采用对称的双立柱结构,保证机床的整体刚度和强度,即数控龙门铣床。它有工作台移动和龙门架移动两种形式,如图 3-12 所示。龙门式数控铣床适合于加工飞机整体结构件、大型箱体零件和大型模具等。

图 3-12　龙门式数控铣床

(2) 按数控系统控制的坐标轴数量分类。

① 两轴半坐标联动数控铣床　数控机床只能进行 X、Y、Z 三个坐标轴中的任意两个坐标轴联动加工。

② 三轴联动数控铣床　数控机床能进行 X、Y、Z 三个坐标轴联动加工。

③ 四轴联动数控铣床　数控机床能进行 X、Y、Z 三个坐标轴和绕其中一个轴作数控摆角联动加工。

④ 五轴联动数控铣床　数控机床能进行 X、Y、Z 三个坐标轴和绕其中两个轴作数控摆角联动加工。

(3) 按数控系统的功能分类。

① 经济型数控铣床　经济型数控铣床一般是在普通立式铣床或卧式铣床的基础上改造而来的,采用经济型数控系统,成本低,机床功能较少,主轴转速和进给速度不高,主要用于精度要求不高的简单平面或曲面零件加工。

② 全功能数控铣床　全功能数控铣床一般采用半闭环或闭环控制,控制系统功能较强,数控系统功能丰富,一般可实现四轴及以上的联动,加工适应性强,应用最为广泛。

③ 高速铣削数控铣床　一般把主轴转速在 $8000\sim40000$ r/min 的数控铣床称为高速铣削数控铣床,其进给速度可达 $10\sim30$ m/min。这种数控铣床采用全新的机床结构和功能强大的数控系统,并配以加工性能优越的刀具系统,可对大面积的曲面进行高效率、高质量的加工。高速铣削是数控加工的一个发展方向,目前,其技术正日趋成熟,并逐渐得到广泛应用,但机床价格昂贵,使用成本较高。

2) 数控铣削的加工对象

数控铣床的加工内容与加工中心的加工内容有许多相似之处,都可以对工件进行铣削、钻削、扩削、铰削、锪削、镗削以及攻螺纹等加工,但从实际应用效果看,数控铣床更多地用于复杂曲面的加工,而加工中心更多地用于有多道工序内容的零件加工。适合数控铣床加工的零件主要有以下几种。

（1）平面曲线轮廓类零件。

平面曲线轮廓类零件是指有内、外复杂曲线轮廓的零件，特别是由数学表达式等给出其轮廓为非圆曲线或列表曲线的零件。平面曲线轮廓零件的加工面平行或垂直于水平面，或加工面与水平面的夹角为一定值，各个加工面是平面，或可以展开为平面，如图 3-13 所示。

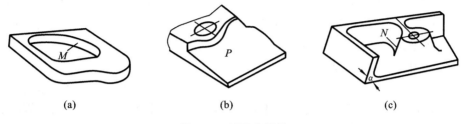

图 3-13 平面类零件

(a) 带平面轮廓的平面零件；(b) 带斜平面的平面零件；(c) 带正圆台和斜肋的平面零件

平面类零件是数控铣削加工中最简单的一类零件，一般只需用三坐标数控铣床的两轴联动（或两轴半联动）就可以把它们加工出来。

（2）曲面类（立体类）零件。

曲面类零件一般指具有三维空间曲面的零件，曲面通常由数学模型设计出来，因此往往要借助于计算机来编程，其加工面不能展开为平面。加工时，铣刀与加工面始终为点接触，一般用球头铣刀采用两轴半或三轴联动的三坐标数控铣床加工。当曲面较复杂、通道较狭窄、会伤及相邻表面并且需要刀具摆动时，要采用四坐标或五坐标数控铣床加工，如模具类零件、叶片类零件、螺旋桨类零件等。

（3）变斜角类零件。

加工面与水平面的夹角呈连续变化的零件称为变斜角类零件。这类零件的特点是加工面不能展开为平面，但在加工中，铣刀圆周与加工面接触的瞬间为一条直线。图 3-14 所示是飞机上的一种变斜角梁橡条，该零件第 2 肋至第 5 肋的斜角从 3°10′ 均匀变化至 2°32′，从第 5 肋至第 9 肋再均匀变化至 1°20′，从第 9 肋至第 12 肋又均匀变化至 0°。变斜角类零件一般采用四轴或五轴联动的数控铣床加工，也可以在三轴数控铣床上通过两轴联动用鼓形铣刀分层近似加工，但精度稍差。

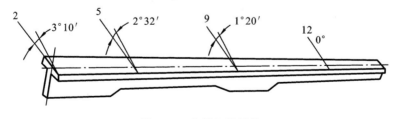

图 3-14 变斜角类零件

（4）其他在普通铣床上难加工的零件。

① 形状复杂，尺寸多，划线与检测均较困难，且在普通铣床上加工又难以观察和控制的零件。

② 高精度零件。尺寸精度、形位精度和表面粗糙度等要求较高的零件。如发动机缸体上

的多组尺寸精度要求高,且有较高相对尺寸、位置要求的孔或型面。

③ 一致性要求好的零件。在批量生产中,由于数控铣床本身的定位精度和重复定位精度都较高,能够避免在普通铣床加工中因人为因素而造成的多种误差。故数控铣床容易保证成批零件的一致性,使其加工精度得到提高,质量更加稳定。同时,因数控铣床加工的自动化程度高,还可大大减轻操作者的体力劳动强度,显著提高其生产效率。

虽然数控铣床加工范围广泛,但是因受数控铣床自身特点的制约,某些零件仍不适合在数控铣床上加工。如简单的粗加工面,加工余量不太充分或很不均匀的毛坯零件,以及生产批量特别大,而精度要求又不高的零件等。

3) 数控铣削加工的主要内容

数控铣削是一种应用非常广泛的数控切削加工方法,除平面轮廓和立体轮廓的零件外,凸轮、模具、叶片和螺旋桨等都可采用数控铣削加工,也可进行钻孔、扩孔、铰孔、攻螺纹、镗孔等加工。其铣削加工的基本内容如图 3-15 所示。

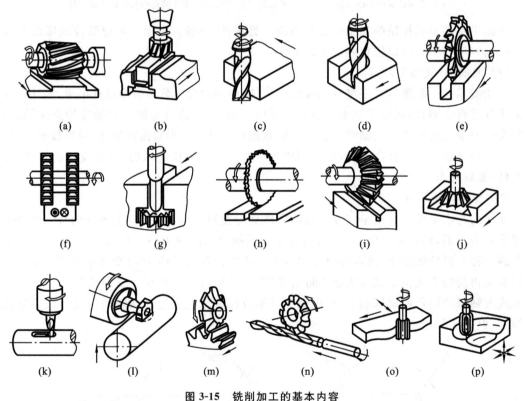

图 3-15 铣削加工的基本内容

(a)、(b)、(c) 铣平面;(d)、(e) 铣沟槽;(f) 铣台阶;(g) 铣 T 形槽;(h) 切断;(i)、(j) 铣角度槽;(k) 铣平键槽;(l) 铣半圆键槽;(m) 铣齿形;(n) 铣螺旋槽;(o) 铣曲面;(p) 铣立体曲面

3. 加工中心

加工中心(machining center, MC)是指配备有刀库和自动换刀装置,在一次装夹下可实现多工序(甚至全部工序)加工的数控机床。目前主要有镗铣类加工中心和车削类加工中心两大类。通常所说的加工中心是指镗铣类加工中心。

1）加工中心的分类

（1）按加工中心的结构方式分类。

① 立式加工中心　立式加工中心指主轴轴线为垂直状态设置的加工中心，如图 3-16 所示。其结构形式多为固定立柱式，工作台为长方形，无分度回转功能，具有三个直线运动坐标，并可在工作台上安装一个水平轴的数控回转台用以加工螺旋线类零件。立式加工中心主要适合加工盘、套、板类零件。立式加工中心的结构简单、占地面积小、价格低廉、装夹方便、便于操作、易于观察加工情况、调试程序容易，故应用广泛。但是，受立柱高度及换刀装置的限制，不能加工太高的零件，在加工型腔或下凹的型面时，切屑不易排出，严重时会损坏刀具。

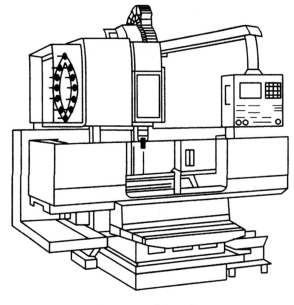

图 3-16　立式加工中心

② 卧式加工中心　卧式加工中心指主轴轴线为水平状态设置的加工中心，如图 3-17 所示。它的工作台大多为可分度的回转台或由伺服电动机控制的数控回转台，在零件的一次装夹中通过旋转工作台可实现除安装面和顶面以外的其余 4 个表面的加工。如果为数控回转工作台，还可参与机床各坐标轴的联动，实现螺旋线的加工。因此，它适用于加工内容较多、精度较高的箱体类零件及小型模具型腔类零件。

卧式加工中心有多种形式，如固定立柱式或固定工作台式。固定立柱式的卧式加工中心的立柱是固定不动的，主轴箱沿立柱作上下运动，而工作台可在水平面内作前后、左右两个方向的移动；固定工作台式的卧式加工中心，安装工件的工作台是固定不动的（不作直线运动），沿坐标轴三个方向的直线运动由主轴箱和立柱的移动来实现。与立式加工中心相比，卧式加工中心的结构复杂、占地面积大、重量大、刀库容量大、价格也较高。

③ 龙门式加工中心　龙门式加工中心如图 3-18 所示，其形状与龙门式数控铣床相似，主轴多为垂直设置，带有自动换刀装置，还带有可更换的主轴头附件，数控装置的软件功能也较齐全，能够一机多用。龙门式加工中心结构刚度好，容易实现热对称性设计，尤其适用于加工大型或形状复杂的零件，如航空航天工业及大型汽轮机上某些零件的加工。

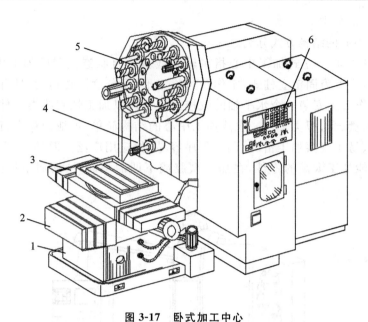

图 3-17 卧式加工中心

1—底座;2—Z 向进给;3—X 向进给;4—主轴;5—刀库;6—操作面板

图 3-18 龙门式加工中心

④ 万能加工中心 万能加工中心如图 3-19 所示。它具有立式和卧式加工中心的功能,工件在一次装夹后能完成除安装面外的其他侧面和顶面等五个面的加工,也称五面加工中心。常见的五面加工中心有两种形式,一种是主轴可以旋转 90°,既可以像立式加工中心那样工作,也可以像卧式加工中心那样工作;另一种是主轴不改变方向,而工作台可以带着工件旋转 90°,完成对工件五个表面的加工。

万能加工中心适用于复杂外形、复杂曲线的小型零件加工。例如,加工螺旋桨叶片及各种复杂模具。但是,由于五面加工中心存在着结构复杂、造价高、占地面积大等缺点,所以它的使用和生产远不如其他类型的加工中心。

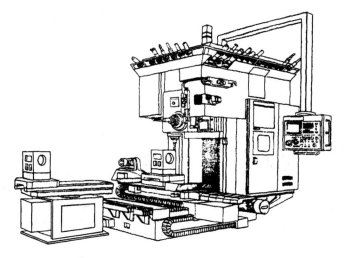

图 3-19 万能加工中心

（2）按换刀形式分类。

① 带刀库和机械手的加工中心 加工中心的换刀装置（automatic tool changer，ATC）由刀库和机械手组成，换刀机械手完成换刀工作。这是加工中心最普遍采用的形式。

② 无机械手的加工中心 这种加工中心的换刀是通过刀库和主轴箱的配合动作来完成的。一般是采用把刀库放在主轴可以运动到的位置，或整个刀库或某一刀位能移动到主轴箱可以达到的位置，刀库中刀具的存放位置方向与主轴装刀方向一致。换刀时，主轴运动到刀位上的换刀位置，由主轴直接取走或放回刀具。多用于采用 40 号以下刀柄的中小型加工中心。

③ 转塔刀库式加工中心 一般在小型立式加工中心上采用转塔刀库形式，主要以孔加工为主，如图 3-20 所示。

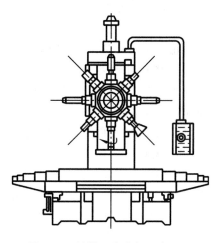

图 3-20 转塔刀库式加工中心

（3）按工作台数量和功能分类。

加工中心工作台数量和功能分类可分为单工作台加工中心、双工作台加工中心和多工作台加工中心。

2）加工中心的加工对象

针对加工中心的工艺特点，加工中心适于加工形状复杂、加工内容多、要求较高的零件，以及需用多种类型的普通机床和众多的工艺装备经多次装夹和调整才能完成加工的零件。主要的加工对象有下列几种：

（1）既有平面又有孔系的零件。

加工中心具有自动换刀装置，在一次安装中，可以完成零件上平面的铣削、孔系的钻削、镗削、铰削、铣削及攻螺纹等多工步加工。加工的部位可以在一个平面上，也可以在不同的平面上。例如万能加工中心一次安装可以完成除安装面以外的五个面的加工。因此，既有平面又有孔系的零件是加工中心的首选加工对象，这类零件常见的有箱体类零件和盘、套、板类零件。

① 箱体类零件 箱体类零件一般是指具有孔系和平面，内有一定型腔，在长、宽、高方向

有一定比例的零件。如汽车的发动机缸体、变速器箱体,机床的主轴箱,齿轮泵壳体等。图3-21所示为热电机车主轴箱体。

② 盘、套、板类零件　这类零件端面上有平面、曲面和孔系,也常分布一些径向孔,如图3-22所示的板类零件。加工部位集中在单一端面上的盘、套、板类零件,宜选择立式加工中心加工,加工部位不位于同一方向表面上的零件,宜选择卧式加工中心加工。

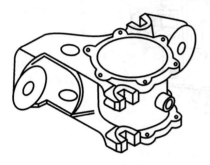

图 3-21　热电机车主轴箱体

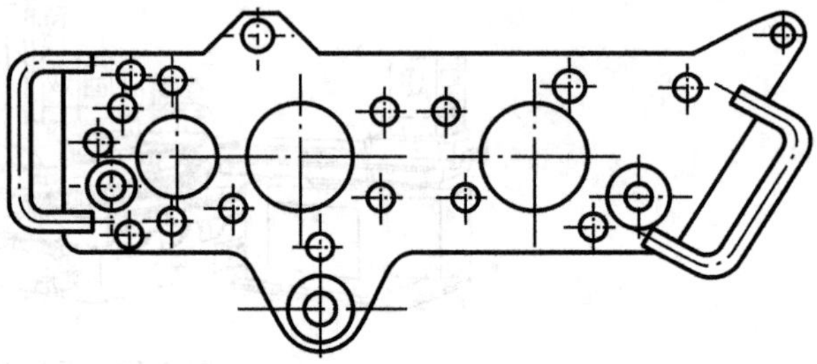

图 3-22　板类零件

（2）结构形状复杂、普通机床难以加工的零件。

主要表面由复杂曲线、曲面组成的零件在加工时,需要多坐标轴联动加工,这在普通机床上是难以甚至无法完成的,加工中心是加工这类零件最有效的设备。常见的典型零件有以下几类:

① 凸轮类　这类零件包括有各种曲线的盘形凸轮、圆柱凸轮、圆锥凸轮等,加工时,可根据凸轮表面的复杂程度,选用三轴、四轴或五轴联动的加工中心。

② 整体叶轮类　整体叶轮常见于航空发动机、空气压缩机、船舶水下推进器等,它除具有一般曲面加工的特点外,还存在许多特殊的加工难点,如通道狭窄导致刀具很容易与加工表面和邻近曲面产生干涉。图 3-23 所示是轴向压缩机涡轮,它的叶面是一个典型的三维空间曲面,加工这样的型面,可采用四轴以上联动的加工中心。

③ 模具类　常见的模具有锻压模具、铸造模具、注塑模具等。采用加工中心加工模具,由于工序高度集中,动模、静模等关键件基本上是在一次安装中完成全部精加工内容,所以尺寸累积误差及修配工作量小,同时加工的模具的可复制性强,互换性好。

（3）外形不规则的异形件。

异形件是指支架、基座、样板、靠模等外形不规则的零件。例如图 3-24 所示的异形支架,这类零件大多需要点、线、面多工位混合加工。由于外形不规则,普通机床上只能采取工序分散的原则加工,需多次装夹,周期较长。利用加工中心工序集中的特点,采用合理的工艺措施,

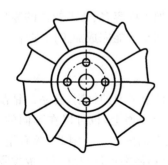

图 3-23　轴向压缩机涡轮

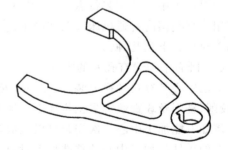

图 3-24　异形支架

一次或两次装夹,就可完成多道工序或全部的加工内容。

【任务实施】

任务实施如下。

（a）为数控车床。其主要用于轴类或盘类零件的内、外圆柱面,任意角度的内、外圆锥面,复杂回转内、外曲面和圆柱、圆锥螺纹等的切削加工,并能进行车槽、钻孔、扩孔、铰孔及镗孔等切削加工。

（b）为数控铣床。其主要用于用工平面轮廓和立体轮廓的零件,如凸轮、模具、叶片和螺旋桨等都可采用数控铣削加工,也可进行钻、扩、铰孔、攻螺纹和镗孔等加工。

（c）为加工中心。加工中心具有自动换刀装置,在一次安装中,可以完成零件上平面的铣削、孔系的钻削、镗削、铰削、铣削及攻螺纹等多工步加工。加工的部位可以在一个平面上,也可以在不同的平面上。因此加工中心主要用于箱体类、盘类、套类、板类、凸轮类、模具类和外形不规则的异形件加工。

【思考与实训】

1. 数控车床的是如何分类的。数控车床的主要加工对象和加工内容有哪些。

2. 数控铣床是如何分类的。数控铣床的主要加工对象和加工内容有哪些。

3. 加工中心是如何分类的。其主要加工对象和加工内容有哪些。

4. 去本校的实训车间统计机床种类,熟悉机床结构,作出实训报告。

任务二　工件在数控机床上的定位与夹紧

【任务引入】

图 3-25 所示法兰,材料为 HT200,欲在其上加工 $4 \times \phi 26$ H11 孔。根据工艺规程,本工序是最后一道机加工工序,采用钻模分两个工步加工,即先钻 $\phi 24$ 孔,后扩至 $\phi 26$ H11 孔。试选择定位方案和夹紧机构。

【相关知识准备】

1．工件的定位原理

1）六点定位原理

一个尚未定位的工件,其空间位置是不确定的,均有六个自由度,如图 3-26 所示,即沿空间坐标轴 X、Y、Z 三个方向的移动和绕这三个坐标轴的转动（分别以 $\vec{X}$、$\vec{Y}$、$\vec{Z}$ 和 $\hat{X}$、$\hat{Y}$、$\hat{Z}$ 表示）。

定位,就是限制自由度。图 3-27 所示的长方体工件,欲使其完全定位,可以设置六个固定点,工件的三个面分别与这些点保持接触,在其底面设置三个不共线的点 1、2、3（构成一个面）,限制工件的 $\vec{Z}$、$\hat{X}$、$\hat{Y}$ 三个自由度;侧面设置两个点 4、5（成一条线）,限制了 $\vec{Y}$、$\hat{Z}$ 两个自由度;端面设置一个点 6,限制 $\vec{X}$ 自由度。于是工件的六个自由度都被限制了。这些用来限制工件自由度的固定点,称为定位支承点,简称支承点。用合理分布的六个支承点限制工件六个自由度的法则,称为六点定位原理。

在应用六点定位原理分析工件的定位时,应注意以下几点:

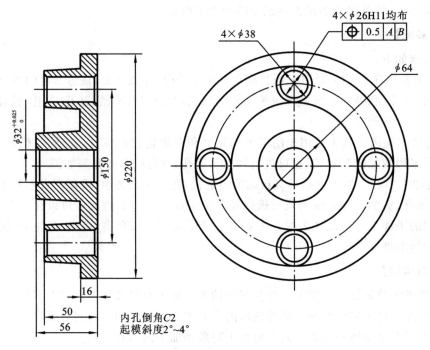

图 3-25 法兰零件图

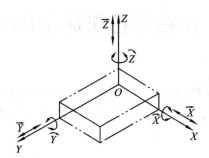

图 3-26 工件的六个自由度

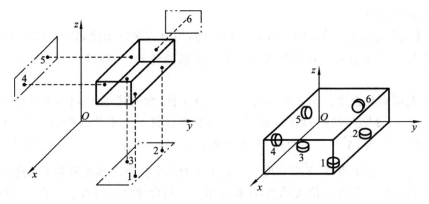

图 3-27 长方体形工件的定位

（1）定位支承点限制工件自由度的作用，应理解为定位支承点与工件定位基准面始终保持紧贴接触。若二者脱离，则意味着失去定位作用。

（2）一个定位支承点仅限制一个自由度，一个工件仅有六个自由度，所设置的定位支承点数目，原则上不应超过六个。

（3）分析定位支承点的定位作用时，不考虑力的影响。工件的某一自由度被限制，并非指工件在受到使其脱离定位支承点的外力时，不能运动。欲使其在外力作用下不能运动，是夹紧的任务；反之，工件在外力作用下不能运动，即被夹紧，也并非是说工件的所有自由度都被限制了。所以，定位和夹紧是两个概念，绝不能混淆。

2）工件定位中的几种情况

（1）完全定位。

工件的六个自由度全部被限制的定位，称为完全定位。当工件在 X、Y、Z 三个坐标方向上均有尺寸要求或位置精度要求时，一般采用这种定位方式。

图 3-28 所示的工件，要求铣削工件上表面和铣削槽宽为 40 mm 的槽。为了保证上表面与底面的平行度，必须限制 $\vec{Z}$、$\widehat{X}$、$\widehat{Y}$ 三个自由度；为了保证槽侧面相对前后对称面的对称度要求，必须限制 $\vec{Y}$、$\widehat{Z}$ 两个自由度；由于所铣的槽不是通槽，在 X 方向上，槽有位置要求，所以必须限制 $\vec{X}$ 移动的自由度。为此，应对工件采用完全定位的方式，可参考图 3-27 所示进行六点定位。

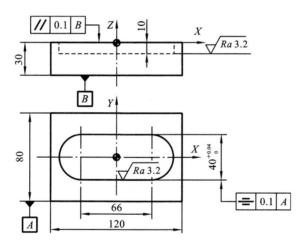

图 3-28　完全定位示例分析

（2）不完全定位。

根据工件的加工要求，并不需要限制工件的全部自由度，这样的定位，称为不完全定位。

如图 3-29 所示。图 3-29（a）为在车床上加工通孔，根据加工要求，不需要限制 $\vec{X}$ 和 $\widehat{X}$ 两个自由度，故用三爪卡盘夹持限制其余四个自由度，就能实现四点定位。图 3-29（b）为平板工件磨平面，工件只有厚度和平行度要求，故只需限制 $\vec{Z}$、$\widehat{X}$、$\widehat{Y}$ 三个自由度，在磨床上采用电磁工作台即可实现三点定位。

（3）欠定位。

根据工件的加工要求，应该限制的自由度没有完全被限制的定位，称为欠定位。欠定位无法保证加工要求，所以是绝不允许的。

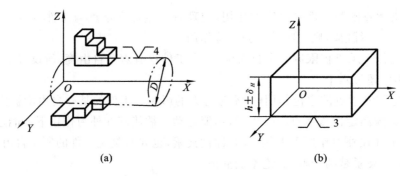

图 3-29 不完全定位示例

（a）在车床上加工通孔；（b）磨平面

如图 3-30 所示，工件在支承 1 和两个圆柱销 2 上定位，按此定位方式，$\vec{X}$ 自由度没被限制，属欠定位。工件在 X 方向上的位置不确定，如图中的双点画线位置和虚线位置，因此钻出孔的位置也不确定，无法保证尺寸 A 的精度。只有在 X 方向设置一个止推销后，工件在 X 方向才能取得确定的位置。

（4）过定位。

夹具上的两个或两个以上的定位元件，重复限制工件的同一个或几个自由度的现象，称为过定位。图 3-31 所示为两种过定位的例子。

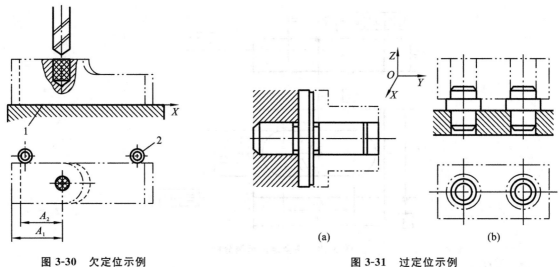

图 3-30 欠定位示例

1—支撑板；2—圆柱销

图 3-31 过定位示例

（a）长销和大端面定位；（b）平面和两短圆柱销定位

图 3-31（a）所示为孔与端面联合定位情况，由于大端面限制 $\vec{Y}$、$\hat{X}$、$\hat{Z}$ 三个自由度，长销限制 $\vec{X}$、$\vec{Z}$ 和 $\hat{X}$、$\hat{Z}$ 四个自由度，可见 $\hat{X}$、$\hat{Z}$ 被两个定位元件重复限制，出现过定位。图 3-31（b）所示为平面与两个短圆柱销联合定位情况，平面限制 $\vec{Z}$、$\hat{X}$、$\hat{Y}$ 三个自由度，两个短圆柱销分别限制 $\vec{X}$、$\vec{Y}$ 和 $\vec{Y}$、$\hat{Z}$ 共四个自由度，则 $\vec{Y}$ 自由度被重复限制，出现过定位。过定位可能导致工件无法安装或定位元件变形。

由于过定位往往会带来不良后果，一般确定定位方案时，应尽量避免。消除或减小过定位所引起的干涉，一般有如下两种方法。

① 改变定位元件的结构,使定位元件重复限制自由度的部分不起定位作用。例如将图3-31(b)所示右边的圆柱销改为削边销;对图3-31(a)类似零件的定位的改进措施见图3-32,其中图3-32(a)是在工件与大端面之间加球面垫圈,图3-32(b)将大端面改为小端面,从而避免过定位。

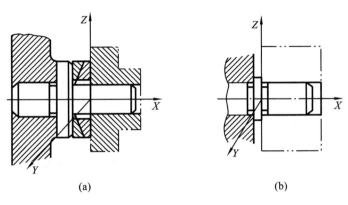

图 3-32　消除过定位的措施

(a) 大端面加球面垫圈;(b) 大端面改为小端面

② 合理应用过定位,提高工件定位基准之间以及定位元件的工作表面之间的位置精度。图3-33所示滚齿夹具,是可以使用过定位这种定位方式的典型实例,其前提是齿坯加工时工艺上已保证了作为定位基准用的内孔和端面具有很高的垂直度,而且夹具上的定位心轴和支承凸台之间也保证了很高的垂直度。此时,不必刻意消除被重复限制的 $\vec{X}$、$\vec{Y}$ 自由度,利用过定位装夹工件,还提高了齿坯在加工中的刚度和稳定性,有利于保证加工精度,反而可以获得良好的效果。

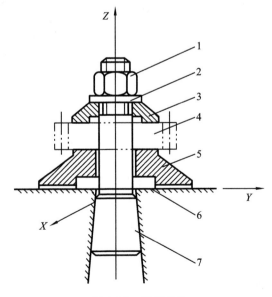

图 3-33　滚齿夹具

1—压紧螺母;2—垫圈;3—压板;4—工件;5—支承凸台;6—工作台;7—心轴

2. 常见定位方法及定位元件

工件上的定位基准面与相应的定位元件合称为定位副。定位副的选择及其制造精度直接影响工件的定位精度和夹具的工作效率等。下面按不同的定位基准面分别介绍其所用定位元件的结构形式。

1) 工件以平面定位

(1) 支承钉。

如图 3-34 所示。当工件以加工过的平面定位时,可采用平头支承钉(A 型)。当工件以粗糙不平的毛坯面定位时,采用球头支承钉(B 型),使其与毛坯良好接触。齿纹头支承钉(C 型)用在工件的侧面,能增大摩擦系数,防止工件滑动。

在支承钉的高度需要调整时,应采用可调支承。可调支承主要用于工件以粗基准面定位,或定位基面的形状复杂,以及各批毛坯的尺寸、形状变化较大时。图 3-35 所示是在规格化的销轴端部铣槽,用可调支承三轴向定位,达到了使用同一夹具加工不同尺寸的相似件的目的。

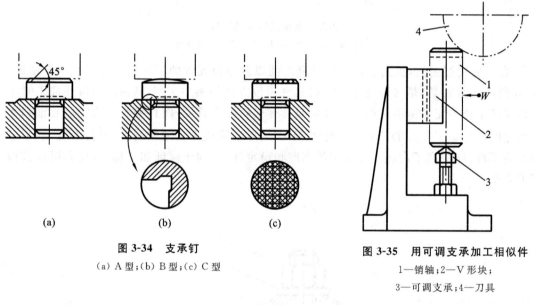

图 3-34　支承钉

(a) A 型;(b) B 型;(c) C 型

图 3-35　用可调支承加工相似件

1—销轴;2—V 形块;

3—可调支承;4—刀具

在工件定位过程中,能随着工件定位基准位置的变化而自动调节的支承,称为浮动支承。常用的浮动支承有三点式和二点式,如图 3-36 所示。浮动支承相当于一个固定支承,只限制一个自由度,主要目的是提高工件的刚度和稳定性。浮动支承用于毛坯面定位或刚度不足的场合。

工件因尺寸形状或局部刚度较差等原因,使其定位不稳或受力变形时,需增设辅助支承,用以承受工件重力、夹紧力或切削力。辅助支承的工作特点是:待工件定位夹紧后,再调整辅助支承,使其与工件的有关表面接触并锁紧。而且辅助支承是每安装一个工件就调整一次。但此支承不限制工件的自由度,也不允许破坏原有定位。

(2) 支承板。

工件以精基准面定位时,除采用上述平头支承钉外,还常用图 3-37 所示的支承板作定位元件。A 型支承板结构简单,便于制造,但不利于清除切屑,故适用于顶面和侧面定位;B 型支承板则易保证工作表面清洁,故适用于底面定位。

夹具装配时,为使几个支承钉或支承板严格共面,装配后,需将其工作表面一次磨平,从而

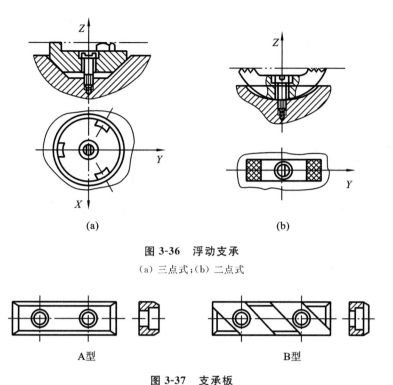

图 3-36 浮动支承

（a）三点式；（b）二点式

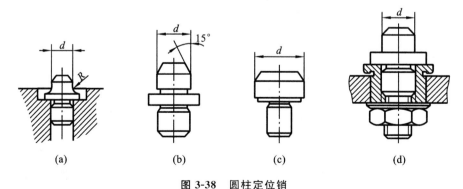

图 3-37 支承板

保证各定位表面的等高性。

2）工件以圆柱孔定位

各类套筒、盘类、杠杆和拨叉等零件，常以圆柱孔定位。所采用的定位元件有圆柱销和各种心轴。这种定位方式的基本特点是：定位孔与定位元件之间处于配合状态，并要求确保孔中心线与夹具规定的轴线相重合。孔定位还经常与平面定位联合使用。

（1）圆柱销。

图 3-38 所示为常用的标准化的圆柱定位销结构。图 3-38（a）、图 3-38（b）、图 3-38（c）所示是结构较简单的定位销，用于不经常需要更换的情况下。图 3-38（d）所示为带衬套可换式定位销。

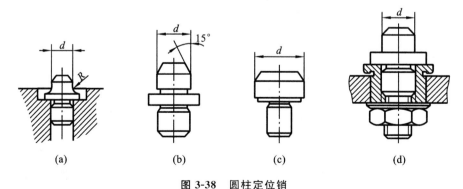

图 3-38 圆柱定位销

（a）$D>3\sim10$；（b）$D>10\sim18$；（c）$D>18$；（d）带衬套可换式定位销

（2）圆柱心轴。

① 间隙配合心轴 图 3-39（a）所示为圆柱心轴的间隙配合心轴结构，孔轴配合采用 H7/

g6,结构简单、装卸方便,但因有装卸间隙,定心精度低,只适用于同轴度要求不高的场合,一般采用孔与端面联合定位方式。

② 过盈配合心轴　如图 3-39(b)所示,采用 H7/r6 过盈配合。其有导向部分、定位部分、连接部分,适用于定心精度要求高的场合。

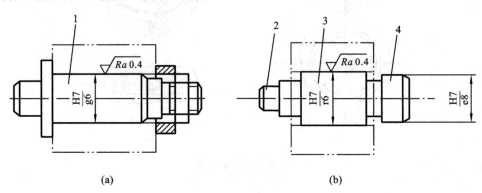

(a)　　　　　　　　　　　　　　(b)

图 3-39　圆柱心轴

（a）间隙配合心轴；(b) 过盈配合心轴

1,3—定位部分；2—连接部分；4—导向部分

（3）圆锥销。

如图 3-40 所示,工件以圆柱孔在圆锥销上定位。孔端与锥销接触,其交线是一个圆,相当于三个止推定位支承,限制了工件的三个自由度($\vec{X}$、$\vec{Y}$、$\vec{Z}$)。图 3-40(a)所示用于粗基准,图 3-40(b)所示用于精基准。

但是工件以单个圆锥销定位时易倾斜,故在定位时需成对使用,或与其他定位元件联合使用。图 3-41 所示为采用圆锥销组合定位,限制了工件的五个自由度。

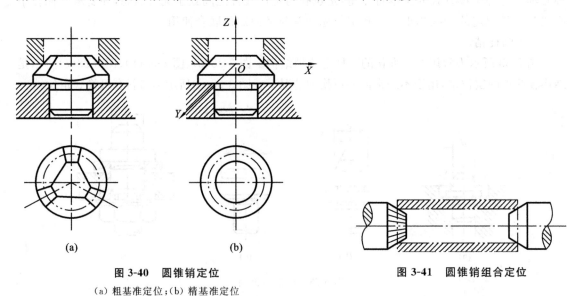

(a)　　　　　　　　(b)

图 3-40　圆锥销定位

（a）粗基准定位；(b) 精基准定位

图 3-41　圆锥销组合定位

（4）小锥度心轴。

图 3-42 所示为小锥度心轴结构。小锥度心轴的锥度很小,一般为 1：800～1：1000。定

位时,工件楔紧在心轴上,楔紧后工件孔有弹性变形。工件自动定心精度可达 0.005～0.01 mm。

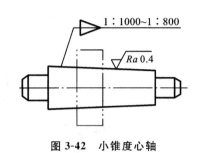

图 3-42　小锥度心轴

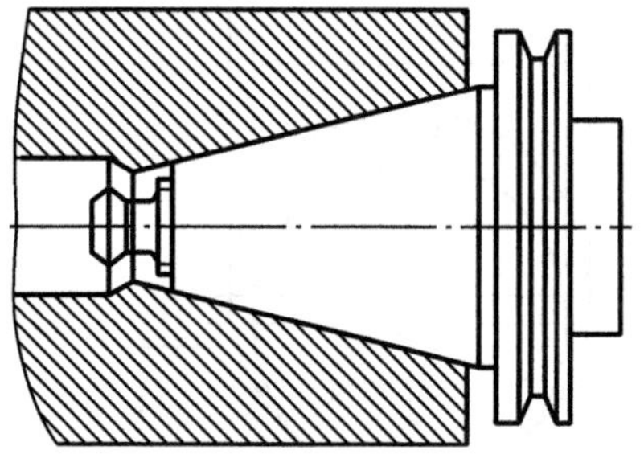

图 3-43　锥柄在主轴孔中的定位

3) 工件以圆锥孔定位

(1) 圆锥形心轴。

圆锥形心轴限制了工件除绕轴线转动自由度以外的其他五个自由度。图 3-43 所示为锥柄在主轴孔中的定位,限制了除绕轴旋转的其他五个自由度。

(2) 顶尖。

在加工轴类或某些要求准确定心的工件时,在工件上专为定位加工出工艺中心孔。中心孔与顶尖配合,即为锥孔与锥销配合。两个中心孔是定位基面,所体现的定位基准是由两个中心孔确定的中心线。如图 3-44 所示,左中心孔用轴向固定的前顶尖定位,限制了 $\vec{X}$、$\vec{Y}$、$\vec{Z}$ 三个自由度;右中心孔用活动后顶尖定位,与左中心孔一起联合限制了 $\vec{Y}$、$\vec{Z}$ 两个自由度。中心孔定位的优点是定心精度高,还可实现定位基准统一,并能加工出所有的外圆表面,是轴类零件加工普遍采用的定位方式。

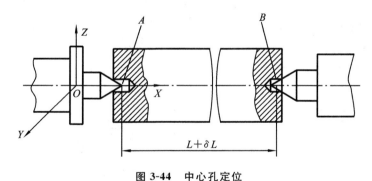

图 3-44　中心孔定位

A—固定顶尖;B—活动顶尖

4) 工件以外圆柱表面定位

(1) V 形架。

V 形架定位的最大优点是对中性好,即使作为定位基面的外圆直径存在误差,仍可保证一批工件的定位基准轴线始终处在 V 形架的对称面上,并且使安装方便,如图 3-45 所示。图 3-46 所示为常用 V 形架结构。图 3-46(a) 用于较短的精基准面的定位,图 3-46(b) 和图 3-46(c) 用于较长的或阶梯轴的圆柱面的定位,其中图 3-46(b) 用于粗基准面的定位,图 3-46(c) 用于精基准面的定位,图 3-46(d) 用于工件较长且定位基面直径较大的场合,V 形架做成在铸铁底座上镶装淬火钢垫板的结构。

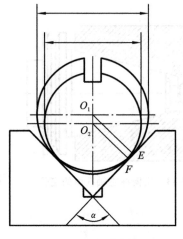

图 3-45 V 形架对中性分析

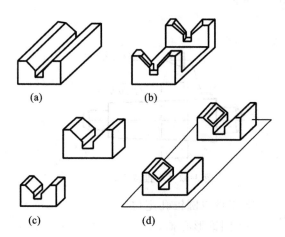

图 3-46 V 形架

（a）较短面定位；（b）,（c）较长面定位；
（d）较长面且定位基面直径较大的工件定位

V 形架可分为固定式和活动式。固定式 V 形架在夹具体上的装配，一般用螺钉和两个定位销连接。活动 V 形架除限制工件一个自由度外,还兼有夹紧作用,其应用如图 3-47 所示。

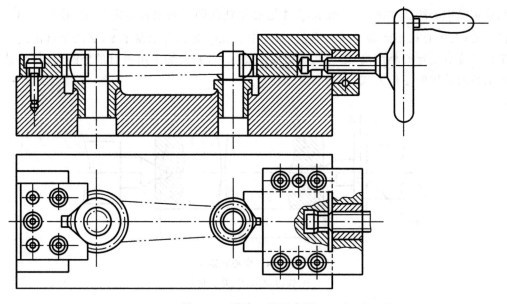

图 3-47 活动 V 形架应用

（2）定位套。

工件以外圆柱面在圆孔中定位,这种定位方法一般适用于精基准定位,常与端面联合定位。所用定位件结构简单,通常做成钢套装于夹具中,有时也可在夹具体上直接做出定位孔。工件以外圆柱面定位,有时也可用半圆套或锥套作定位元件。

常见定位元件及其组合所能限制的自由度见表 3-1。

表 3-1 常见定位元件能限制的工件自由度

工件定位基面	定位元件	定位简图	定位元件特点	限制的自由度
平面	支承钉		平面组合	$1、2、3—\vec{Z}、\hat{X}、\hat{Y}$ $4、5—\vec{X}、\hat{Z}$ $6—\vec{Y}$
	支承板		平面组合	$1、2—\vec{Z}、\hat{X}、\hat{Y}$ $3—\vec{X}、\hat{Z}$
圆孔	定位销（心轴）		短销（短心轴）	$\vec{X}、\vec{Y}$
			长销（长心轴）	$\vec{X}、\vec{Y}$ $\hat{X}、\hat{Y}$
	菱形销		短菱形销	$\vec{Y}$
			长菱形销	$\vec{Y}、\hat{X}$
	锥销		单锥销	$\vec{X}、\vec{Y}、\vec{Z}$
			1—固定锥销 2—活动锥销	$\vec{X}、\vec{Y}、\vec{Z}$ $\hat{X}、\hat{Y}$

工件定位基面	定位元件	定 位 简 图	定位元件特点	限制的自由度
外圆柱面 	支承板 或 支承钉		短支承板或支承钉	$\vec{Z}$
			长支承板或两个支承钉	$\vec{Z}$、$\vec{X}$
	V 形架		窄 V 形架	$\vec{X}$、$\vec{Z}$
			宽 V 形架	$\vec{X}$、$\vec{Z}$ $\hat{X}$、$\hat{Z}$
	定位套		短套	$\vec{X}$、$\vec{Z}$
			长套	$\vec{X}$、$\vec{Z}$ $\hat{X}$、$\hat{Z}$
	半圆套		短半圆套	$\vec{X}$、$\vec{Z}$
			长半圆套	$\vec{X}$、$\vec{Z}$ $\hat{X}$、$\hat{Z}$
	锥套		单锥套	$\vec{X}$、$\vec{Y}$、$\vec{Z}$
			1—固定锥套 2—活动锥套	$\vec{X}$、$\vec{Y}$、$\vec{Z}$ $\hat{X}$、$\hat{Z}$

5）工件以一面两孔定位

　　以上所述定位方法,多为以单一表面定位。实际上,工件往往是以两个或两个以上的表面同时定位的,即采取组合定位方式。组合定位的方式很多,生产中最常用的就是"一面两孔"定位。如加工箱体、杠杆、盖板等。这种定位方式简单、可靠、夹紧方便,易于做到工艺过程中的基准统一,保证工件的相互位置精度。

　　工件采用一面两孔定位时,定位平面一般是加工过的精基准面,两孔可以是工件结构上原有的,也可以是为定位需要专门设置的工艺孔。相应的定位元件是支承板和两定位销。图3-48所示为某箱体镗孔时以一面两孔定位的示意图。支承板限制工件 $\vec{Z}$、$\vec{X}$、$\vec{Y}$ 三个自由度,短圆柱销1限制工件的 $\vec{X}$、$\vec{Y}$ 两个自由度,短圆柱销2限制工件的 $\vec{X}$、$\vec{Z}$ 两个自由度。可见 $\vec{X}$ 被两个圆柱销重复限制,产生过定位现象,严重时将不能安装工件。

　　一批工件定位可能出现干涉的最坏情况为:孔心距最大,销心距最小,或者反之。为使工件在两种极端情况下都能装到定位销上,可把定位销2上与工件孔壁相碰的那部分削去,即做成削边销。图3-49所示为削边销的形成机理。

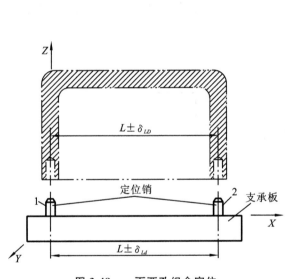

图3-48　一面两孔组合定位

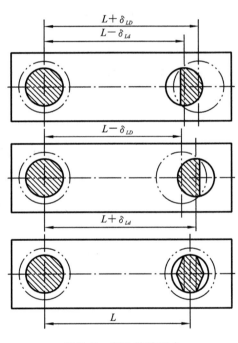

图3-49　削边销的形成

　　为保证削边销的强度,其一般多采用菱形结构,故又称为菱形销。图3-50所示为常用削边销结构。安装削边销时,削边方向应垂直于两销的连心线。

　　其他组合定位方式还有以一孔及其端面定位(齿轮加工中常用),有时还会采用 V 形导轨、燕尾导轨等的组合成形表面作为定位基面。

3. 工件的夹紧装置

　　机械加工过程中,工件会受到切削力、离心力、重力和惯性力等的作用,在这些外力作用下,为了使工件仍能在夹具中保持已由定位元件所确定的加工位置,而不致发生振动或位移,保证加工质量和生产安全,一般夹具结构中都必须设置夹紧装置。

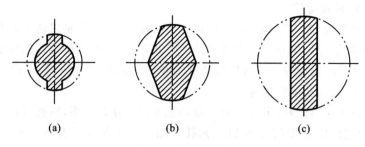

图 3-50　削边销结构

(a) $d<3$；(b) $d=3\sim50$；(c) $d>50$

1）夹紧装置组成和基本要求

（1）夹紧装置的组成。

图 3-51 所示为夹紧装置组成示意图，它主要由以下三部分组成：

① 力源装置　力源装置是产生夹紧作用力的装置。其所产生的力称为原始力，如气动、液动、电动等，图中的力源装置是气缸。对于手动夹紧来说，力源来自人力。

② 中间传力机构　中间传力机构是介于力源和夹紧元件之间传递力的机构，如图中的连杆。中间传力机构在传递力的过程中，它能够改变作用力的方向和大小，起增力作用。中间传力机构还能使夹紧实现自锁，保证力源提供的原始力消失后，仍能可靠地夹紧工件，这对手动夹紧尤为重要。

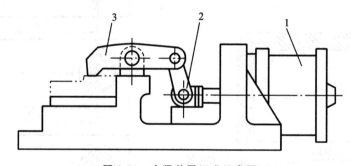

图 3-51　夹紧装置组成示意图

1—气缸；2—连杆；3—压板

③ 夹紧元件　夹紧元件是夹紧装置的最终执行件，与工件直接接触完成夹紧作用，如图中的压板。

（2）对夹具装置的要求。

必须指出，夹紧装置的具体组成并非一成不变，必须根据工件的加工要求、安装方法和生产规模等条件来确定。但无论其组成如何，都必须满足以下基本要求。

① 夹紧时应保持工件定位后所占据的正确位置。

② 夹紧力大小要适当。夹紧机构既要保证工件在加工过程中不产生松动或振动。同时，又不得产生过大的夹紧变形和表面损伤。

③ 夹紧机构的自动化程度和复杂程度应和工件的生产规模相适应，并有良好的结构工艺性。夹紧机构应尽可能采用标准化元件。

④ 夹紧动作要迅速、可靠，且操作要方便、省力、安全。

2）夹紧力方向和作用点的选择

设计夹紧机构，必须首先合理确定夹紧力的三要素：大小、方向和作用点。

（1）夹紧力方向的确定。

确定夹紧力作用方向时，应与工件定位基准的配置及所受外力的作用方向等结合起来考虑。其确定原则如下。

① 夹紧力的作用方向应垂直于主要定位基准面。

图 3-52 所示为直角支座以 A、B 面定位镗孔，要求保证孔中心线垂直于 A 面。为此应选择 A 面为主要定位基准，夹紧力 Q 的方向垂直于 A 面。这样，无论 A 面与 B 面有多大的垂直度误差，都能保证孔中心线与 A 面垂直。否则，图 3-52(b)所示夹紧力方向垂直于 B 面，则因 A、B 面间有垂直度误差（$\alpha > 90°$ 或 $\alpha < 90°$），使镗出的孔不垂直于 A 面而可能报废。

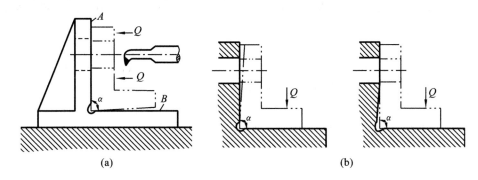

图 3-52 夹紧力方向对镗孔垂直度的影响

(a) 合理；(b) 不合理

② 夹紧力作用方向应使所需夹紧力最小。

为了使机构轻便、紧凑，工件变形小，手动夹紧时可减轻工人劳动强度，以及提高生产效率，应使夹紧力 Q 的方向最好与切削力 F、工件的重力 G 的方向重合，这时所需要的夹紧力为最小。图 3-53 所示为 F、G、Q 三力不同方向之间关系的几种情况。显然，图 3-53(a)最合理，图 3-53(f)情况为最差。

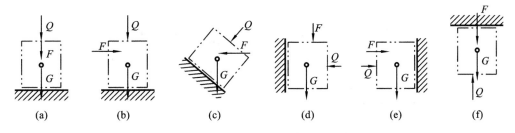

图 3-53 F、G、Q 三力不同方向之间关系

(a) 最合理；(b) 较合理；(c) 可行；(d) 不合理；(e) 不合理；(f) 最不合理

③ 夹紧力作用方向应使工件变形最小。

由于工件不同方向上的刚度是不一致的，不同的受力表面也因其接触面积不同而变形各异，尤其在夹紧薄壁工件时，更需注意。图 3-54 所示套筒，用三爪自定心卡盘夹紧外圆，显然要比用特制螺母从轴向夹紧工件的变形大得多。

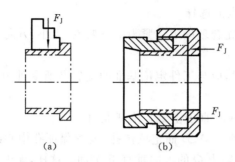

图 3-54　夹紧力方向与工件刚度关系

（2）夹紧力作用点的确定。

选择作用点的问题是指在夹紧方向已定的情况下,确定夹紧力作用点的位置和数目。应依据以下原则:

① 夹紧力作用点应落在支承元件上或几个支承元件所形成的支承面内。图 3-55(a)所示的夹紧力作用在支承面范围之外,会使工件倾斜或移动,而图 3-55(b)则是合理的。

② 夹紧力作用点应落在工件刚度好的部位上。

如图 3-56 所示,将作用在壳体中部的单点夹紧改成在工件外缘处的两点夹紧,工件的变形大为改善,且夹紧也更可靠。该原则对刚度差的工件尤其重要。

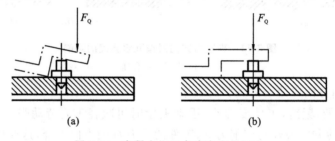

图 3-55　夹紧力作用点应在支承面内
(a) 不合理;(b) 合理

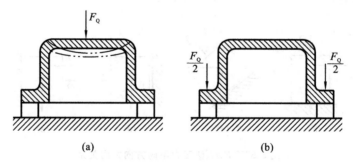

图 3-56　夹紧力作用点应在刚度较好部位
(a) 不合理;(b) 合理

③ 夹紧力的作用点靠近加工表面,可以减小切削力对夹紧点的力矩,防止或减小工件的加工振动或弯曲变形。如图 3-57 所示,增加辅助支承,同时给予夹紧力 F_2。这样翻转力矩小又增加了工件的刚度,既保证了定位夹紧的可靠性,又减小了振动和变形。

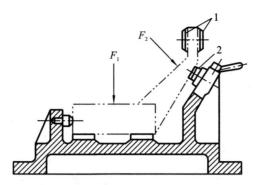

图 3-57　夹紧力作用点应靠近加工表面
1—加工表面;2—辅助支承

（3）夹紧力大小的确定。

夹紧力大小要适当,过大了会使工件变形,过小了则在加工时工件会松动,造成报废甚至发生事故。采用手动夹紧时,可凭人力来控制夹紧力的大小,一般不需要算出所需夹紧力的确切数值,只是必要时进行概略的估算。

当设计机动(如气动、液动、电动等)夹紧装置时,则需要计算夹紧力的大小。以便决定动力部件(如气缸、液压缸直径等)的尺寸。进行夹紧力计算时,通常将夹具和工件看作一刚性系统,以简化计算。根据工件在切削力、夹紧力(重型工件要考虑重力,高速时要考虑惯性力)作用下会处于静力平衡原理,列出静力平衡方程式,即可算出理论夹紧力,再乘以安全系数,作为所需的实际夹紧力。实际夹紧力一般比理论计算值大 2～3 倍。

夹紧力三要素的确定,是一个综合性问题。必须全面考虑工件的结构特点、工艺方法、定位元件的结构和布置等多种因素,才能最后确定并具体设计出较为理想的夹紧机构。

3）典型夹紧机构

（1）斜楔夹紧机构。

图 3-58 所示为用斜楔夹紧机构夹紧工件的实例。图 3-58(a)中,需要在工件上钻削互相垂直的 $\phi 8$ 与 $\phi 5$ 小孔,工件装入夹具后,用锤击楔块大头,则楔块对工件产生夹紧力,对夹具体产生正压力,从而把工件楔紧。图 3-58(b)是将斜楔与滑柱合成一种夹紧机构,一般用气压或液压驱动。图 3-58(c)是由端面斜楔与压板组合而成的夹紧机构。

选用斜楔夹紧机构时,应根据需要确定斜角 α。凡有自锁要求的楔块夹紧,其斜角 α 必须小于 2φ(φ 为摩擦角),为可靠起见,通常取 $\alpha = 6°\sim 8°$。在现代夹具中,斜楔夹紧机构常与气压、液压传动装置联合使用,由于气压和液压可保持一定压力,楔块斜角 α 不受此限,可取更大些,一般在 $15°\sim 30°$ 内选择。斜楔夹紧机构结构简单,操作方便,但传力系数小,夹紧行程短,自锁能力差。

（2）螺旋夹紧机构。

螺旋夹紧机构由螺杆、螺母、垫圈、压板等元件组成,采用螺旋直接夹紧或与其他元件组合实现夹紧工件的机构,统称为螺旋夹紧机构。螺旋夹紧机构不仅结构简单、容易制造,而且自锁性能好、夹紧可靠,夹紧力和夹紧行程都较大,是夹具中用得最多的一种夹紧机构。

① 简单螺旋夹紧机构。

图 3-59(a)所示的机构中,螺杆直接与工件接触,容易使工件受损害或移动,一般只用于毛坯和粗加工零件的夹紧。图 3-59(b)所示的是常用的螺旋夹紧机构,其螺杆头部常装有摆动

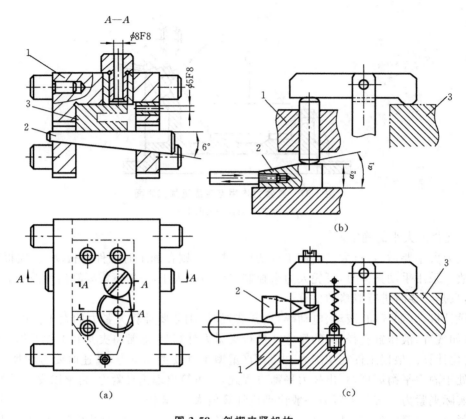

图 3-58　斜楔夹紧机构

（a）基本斜楔夹紧机构；（b）斜楔-滑柱组合夹紧机构；（c）端面斜楔-压板组合夹紧机构

1,4,10—斜楔；2,8,12—工件；3,6,9—夹具体；5—滑柱；7,11—杠杆

压块,可防止螺杆夹紧时带动工件转动和损伤工件表面。螺杆上部装有手柄,夹紧时不需要扳手,操作方便、迅速。

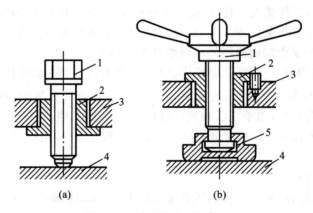

图 3-59　简单螺旋夹紧机构

（a）螺杆与工件直接接触；（b）螺杆不与工件直接接触

1—螺杆；2—螺母套；3—夹具体；4—工件；5—摆动压块

②　螺旋压板夹紧机构。

在夹紧机构中,结构形式变化最多的是螺旋压板机构,常用的螺旋压板夹紧机构如图3-60

所示。选用时，可根据夹紧力大小的要求、工作高度尺寸的变化范围、夹具上夹紧机构允许占有的部位和面积进行选择。例如，当夹具中只允许夹紧机构占很小面积，而夹紧力又要求不很大时，可选用图 3-60(a)所示的移动压板式夹紧机构；又如工件夹紧位置高度变化较大的小批或单件生产，可选用图 3-60(e)、图 3-60(f)所示的通用压板夹紧机构。

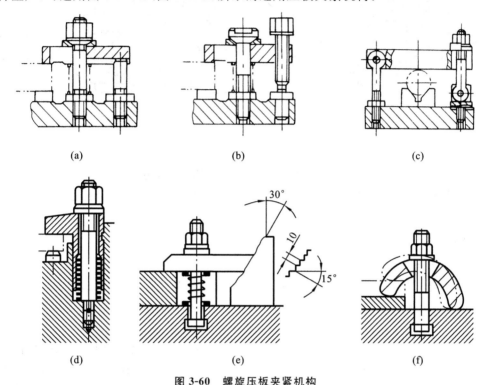

图 3-60　螺旋压板夹紧机构
(a)、(b) 移动压板式；(c) 铰链压板式；(d) 固定压板式；(e)、(f) 通用压板式

③ 偏心夹紧机构。

图 3-61 所示为常见的偏心夹紧机构，其中图 3-61(a)、图 3-61(b)所示是偏心轮和螺栓压板的组合夹紧机构，图 3-61(c)所示是利用偏心轴夹紧工件的，图 3-61(d)所示是利用偏心叉将铰链压板锁紧在夹具体上后通过摆动压块将工件夹紧。

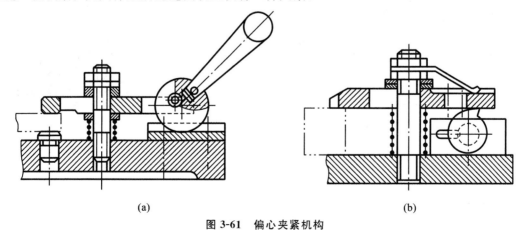

图 3-61　偏心夹紧机构
(a)、(b) 偏心轮压板组合夹紧机构；(c) 偏心轴夹紧机构；(d) 偏心叉夹紧机构

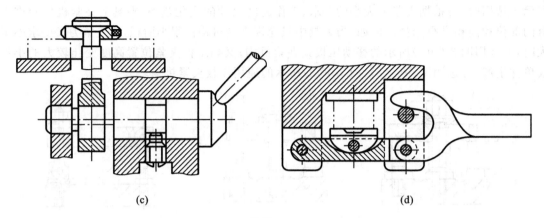

(c)　　　　　　　　　　　　　(d)

续图 3-61

偏心夹紧机构结构简单、制造方便,与螺旋夹紧机构相比,还具有夹紧迅速、操作方便等优点。其缺点是夹紧力和夹紧行程均不大,自锁能力差,结构不抗振,故一般适用于夹紧行程及切削负荷较小且平稳的场合。

【任务实施】

任务实施方案如下。

(1) 确定定位方案。为保证加工要求,工件以 A 面作为主要定位基准,用支承板限制三个自由度,以短销与 $\phi 32^{+0.025}_{0}$ 孔配合限制两个自由度,工件绕短销的自由度可以不限制,如图 3-62(a)所示。

(2) 选择夹紧机构。根据夹紧力方向和作用点的选择原则,拟定的夹紧方案如图 3-62(a)所示。考虑到法兰零件生产类型为中批生产,夹具的夹紧机构不宜复杂,又因钻削扭矩也较大,为保证夹紧可靠安全,拟采用螺旋压板夹紧机构。参考类似的夹具资料,针对工件夹压部位的结构,为便于装卸工件,选用两个移动压板置于工件两侧,如图 3-62(b)所示,能否满足要求,则需验算夹紧力。为防止工件转动,可按夹具设计手册进行夹具夹紧机构摩擦力矩验算。

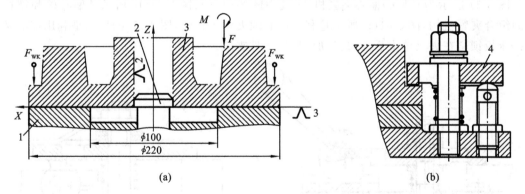

(a)　　　　　　　　　　　　　(b)

图 3-62　法兰定位与夹紧方案

1—支撑板;2—短销;3—工件;4—移动压板

【思考与实训】

1. 什么是定位?什么是夹紧?为什么夹紧不等于定位?

2. 六点定位原理是什么? 根据六点定位原理分析,一根轴的两端分别用两个顶尖架支承固定,这根轴被限制了哪几个自由度?

3. 工件以内孔定位和以外表面定位,采用的定位元件有什么不同?

4. 夹紧装置由哪几部分组成? 各起什么作用?

5. 到实训车间操作夹紧装置,思考确定夹紧力的方向和作用点的准则。

6. 根据六点定位原理,试分析图 3-63 所示各定位元件所消除的自由度。

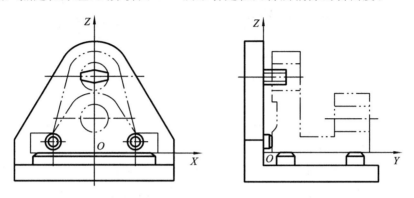

图 3-63　题 6 图

7. 图 3-64 所示零件,欲在铣床加工 C、D 面,其余各表面均加工完毕,加工尺寸符合图样规定的精度要求,请确定如何选择定位方案。

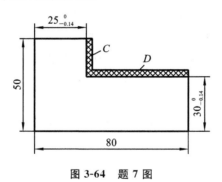

图 3-64　题 7 图

任务三　典型零件在数控机床上的装夹

【任务引入】

如图 3-65 所示,该零件壁厚是 3 mm,属于薄壁零件,材料为锡青铜,材质较软。毛坯选用壁厚为 4 mm,本工序主要加工 ϕ42H8 的内孔,试确定装夹方法和选择夹具。

【相关知识准备】

1. 定位基准的选择

1) 基准及其分类

基准是零件上用来确定其他点、线、面位置所依据的那些点、线、面。按其功用不同,基准可分为设计基准和工艺基准两大类。

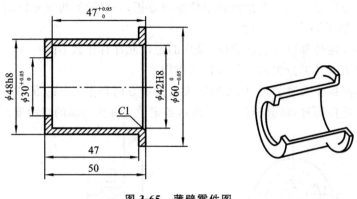

图 3-65　薄壁零件图

（1）设计基准。

设计基准是在零件图上所采用的基准。它是标注设计尺寸的起点。图 3-66（a）所示的零件，平面 2、3 的设计基准是平面 1，平面 5、6 的设计基准是平面 4，孔 7 的设计基准是平面 1 和平面 4，而孔 8 的设计基准是孔 7 的中心和平面 4。在零件图上不仅标注的尺寸有设计基准，而且标注的位置精度同样具有设计基准，图 3-66（b）所示的钻套零件，轴心线是各外圆和内孔的设计基准，也是两项跳动误差的设计基准，端面 A 是端面 B、C 的设计基准。

（2）工艺基准。

工艺基准是在工艺过程中所使用的基准。工艺过程是一个复杂的过程，按用途不同工艺基准又可分为定位基准、工序基准、测量基准和装配基准。

工艺基准是在加工、测量和装配时所使用的，必须是实在的，然而作为基准的点、线、面有时并不一定具体存在（如孔和外圆的中心线，两平面的对称中心面等），往往通过具体的表面来体现，用以体现基准的表面称为基面。例如图 3-66（b）所示钻套的中心线是通过内孔表面来体现的，内孔表面就是基面。

① 定位基准　在加工中用作定位的基准，称为定位基准。它是工件上与夹具定位元件直

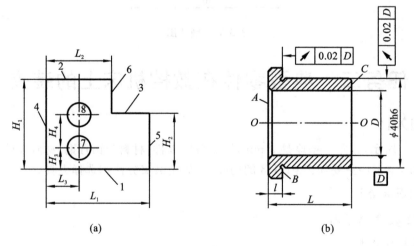

(a)　　　　　　　　　　　　　　　(b)

图 3-66　基准分析

（a）支承块；（b）钻套

接接触的点、线或面。图 3-66(a)所示零件，加工平面 3 和 6 时是通过把平面 1 和 4 放在夹具上定位的，所以，平面 1 和 4 是加工平面 3 和 6 的定位基准；图 3-66(b)所示的钻套，用内孔装在心轴上磨削 ϕ40h6 外圆表面时，内孔表面是定位基面，孔的中心线就是定位基准。

② 工序基准　在工序图上，用来标定本工序被加工面尺寸和位置所采用的基准，称为工序基准。它是某一工序所要达到加工尺寸(工序尺寸)的起点。图 3-66(a)所示零件，加工平面 3 时按尺寸 H_2 进行加工，则平面 1 即为工序基准，加工尺寸 H_2 称为工序尺寸。

工序基准应当尽量与设计基准相重合，当考虑定位或试切测量方便时也可以与定位基准或测量基准相重合。

③ 测量基准　零件测量时所采用的基准，称为测量基准。如图 3-66(b)所示，钻套以内孔套在心轴上测量外圆的径向圆跳动，则内孔表面是测量基面，孔的中心线就是外圆的测量基准；用卡尺测量尺寸 l 和 L，表面 A 是表面 B、C 的测量基准。

④ 装配基准　装配时用以确定零件在机器中位置的基准，称为装配基准。图 3-66(b)所示的钻套、ϕ40h6 外圆及端面 B 即为装配基准。

2) 定位基准的类型

(1) 粗基准和精基准　未经加工的表面作为定位基准，称为粗基准。利用工件上已加工过的表面作为定位基准面，称为精基准。

(2) 辅助基准　零件设计图中不要求加工的表面，有时为了工件装夹的需要，而专门将其加工；或者为了定位需要，加工时有意提高了零件设计精度的表面，这种只是由于工艺需要而加工的基准，称为辅助基准或工艺基准。图 3-67 所示为车床小刀架的形状及加工底面时采用辅助基准定位的情况。加工底面时用上表面定位，但上表面太小，工件成悬臂状态，受力后会

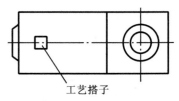

图 3-67　辅助基准典型实例

有一定的变形，为此，在毛坯上专门铸出了工艺搭子(工艺凸台)，和原来的基准齐平。工艺凸台上用作定位的表面即是辅助基准面，加工完毕后应将其从零件上切除。

3) 定位基准的选择

(1) 粗基准选择原则。

粗基准的选择要保证用粗基准定位所加工出的精基准具有较高的精度，使后续各加工表面通过基准定位具有较均匀的加工余量，并与非加工表面保持应有的相对位置精度。粗基准的选择原则如下。

① 相互位置要求原则　若工件必须首先保证加工表面与不加工表面之间的位置要求，则应选不加工表面为粗基准，以达到壁厚均匀、外形对称等要求。若有好几个不加工表面，则粗基准应选取位置精度要求较高者。例如，图 3-68 所示的套筒毛坯，在毛坯铸造时内孔 2 和外圆 1 之间有偏心。以不加工的外圆 1 作为粗基准，不仅可以保证内孔 2 加工后壁厚均匀，而且还可以在一次安装中加工出大部分要加工表面。又如，图 3-69 所示的拨杆零件，为保证 ϕ20H8 内孔与 ϕ40 外圆的同轴度要求，在钻 ϕ20H8 内孔时，应选择 ϕ40 外圆为粗基准。

② 加工余量合理分配原则　若工件上每个表面都要加工，则应以加工余量最小的表面作为粗基准，以保证各加工表面有足够的加工余量。图 3-70 所示的阶梯轴毛坯大小端外圆有 3 mm 的偏心，应以余量较小的 ϕ55 外圆表面作为粗基准。如果选 ϕ108 外圆作为粗基准加工 ϕ55 外圆，则无法加工 ϕ55 外圆。

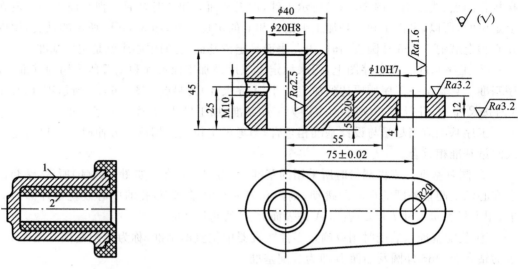

图 3-68 套筒加工粗基准的选择　　　　图 3-69 拨杆加工粗基准的选择

③ 重要表面原则　为保证重要表面的加工余量均匀,应选择重要加工面为粗基准。图 3-71所示的床身导轨面的加工,铸造导轨毛坯时,应将导轨面向下放置,使其表面组织细致均匀,没有气孔、夹砂等缺陷。因此希望在加工时只切去一层薄而均匀的余量,保留组织细密耐磨的表层,且达到较高的加工精度,故而应先选择导轨面为粗基准加工床身底平面,然后再以床身底平面为精基准加工导轨面。

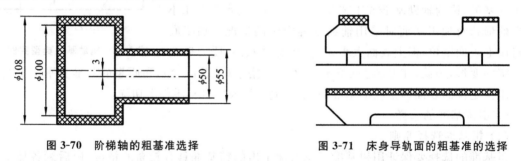

图 3-70 阶梯轴的粗基准选择　　　　图 3-71 床身导轨面的粗基准的选择

④ 不重复使用原则　应避免重复使用粗基准,在同一尺寸方向上粗基准只准使用一次。因为粗基准是毛坯表面,定位误差大,两次以同一粗基准装夹下加工出的各表面之间会有较大的位置误差。图 3-72 所示的零件的加工中,如第一次用不加工表面 $\phi 30$ 定位,分别车削 $\phi 18H7$ 和端面;第二次仍用不加工表面 $\phi 30$ 定位,钻 $4 \times \phi 8$ 孔。由于两次定位的基准位置误差大,则会使 $\phi 18H7$ 孔的轴线与 $4 \times \phi 8$ 孔位置($\phi 46$ 中心线)之间产生较大的同轴度误差,有时可达 $2 \sim 3$ mm。因此,这样的定位方案是错误的。正确的定位方法应以精基准 $\phi 18H7$ 孔和端面定位,钻 $4 \times \phi 8$ 孔。

⑤ 便于工件装夹原则　作为粗基准的表面应尽量平整光滑,没有飞边、冒口、浇口或其他缺陷,以便使工件定位准确,夹紧可靠。

（2）精基准选择原则。

选择精基准主要应从保证工件的位置精度和装夹方便这两方面来考虑。精基准的选择原则如下。

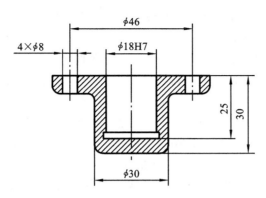

图 3-72 粗基准的不重复使用实例

① 基准重合原则　应尽可能选择零件设计基准为定位基准,以避免产生基准不重合误差。图 3-73(a)所示零件,A 面、B 面均已加工完毕,钻孔时若选择 B 平面作为精基准,则定位基准与设计基准重合,尺寸(30±0.15) mm 可直接保证,加工误差易于控制,加工效果如图 3-73(b)所示;若选 A 面作为精基准,则尺寸(30±0.15) mm 是间接保证的,会产生基准不重合误差,如图 3-73(c)所示。

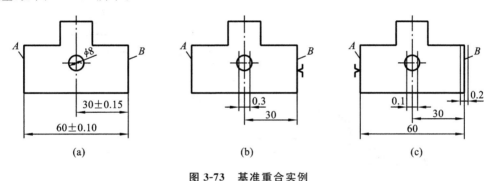

图 3-73 基准重合实例

(a) 零件图;(b) 以 B 面为基准;(c) 以 A 面为基准

② 基准统一原则　应采用同一组基准定位加工零件上尽可能多的表面,这就是基准统一原则。采用基准统一原则,可以简化工艺规程的制订,减少夹具数量,节约了夹具设计和制造费用;同时由于减少了基准的转换,更有利于保证各表面间的相互位置精度。例如,利用两中心孔加工轴类零件的各外圆表面、箱体零件采用一面两孔定位、齿轮的齿坯和齿形加工多采用齿轮的内孔及一端面为定位基准,均属于基准统一原则。

③ 自为基准原则　即某些加工表面加工余量小而均匀时,可选择加工表面本身作为定位基准。如图 3-74 所示,在磨床上磨削导轨面时,就是以导轨面本身为基准,用百分表来找正定位的。

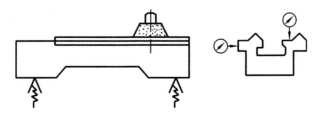

图 3-74 自为基准实例

④ 互为基准原则　对工件上两个相互位置精度要求比较高的表面进行加工时，可以用两个表面互相作为基准，反复进行加工，以保证位置精度要求。例如车床主轴的前锥孔与主轴支承轴颈间有严格的同轴度要求，加工时就是先以轴颈外圆为定位基准加工锥孔，再以锥孔为定位基准加工外圆，如此反复多次，最终达到加工要求。这都是互为基准的典型实例。

⑤ 便于装夹原则　所选精基准应保证工件安装可靠，夹具设计简单、操作方便。

在实际生产中，精基准的选择要完全符合上述原则有时很难做到。例如，统一的定位基准与设计基准不重合时，就不可能同时遵循基准重合原则和基准统一原则。此时要统筹兼顾，若采用统一定位基准能够保证加工表面的尺寸精度，则应遵循基准统一原则；若不能保证加工表面的尺寸精度，则可在粗加工和半精加工时遵循基准统一原则，在精加工时遵循基准重合原则，以免使工序尺寸的实际公差值减小、增加加工难度。所以，必须根据具体的加工对象和加工条件，从保证主要技术要求出发，灵活选用有利的精基准，达到定位精度高，夹紧可靠，夹具结构简单，操作方便的要求。

【例 3-1】　图 3-75 所示为车床进刀轴架零件，若已知其工艺过程为：(1)划线；(2)粗、精刨底面和凸台；(3)粗、精镗 ϕ32H7 孔；(4)钻、扩、铰 ϕ16H9 孔。试选择各工序的定位基准并确定各限制几个自由度。

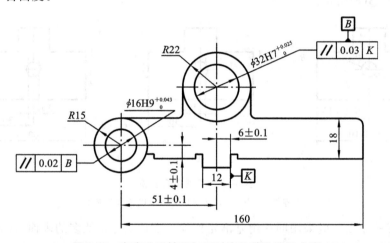

图 3-75　车床进刀轴架加工时定位基准选择方案

解　第 1 道工序划线。当毛坯误差较大时，采用划线的方法能同时兼顾到几个不加工面对加工面的位置要求。选择不加工面 R22 外圆和 R15 外圆为粗基准，同时兼顾不加工的上平面与底面距离 18 mm 的要求，划出底面和凸台的加工线。

第 2 道工序按划线找正，刨底面和凸台。

第 3 道工序粗、精镗 ϕ32H7 孔。加工要求为尺寸(32±0.1) mm、(6±0.1) mm 及凸台侧面 K 的平行度 0.03 mm。根据基准重合原则，选择底面和凸台为定位基准，底面限制三个自由度，凸台限制两个自由度，无基准不重合误差。

第 4 道工序钻、扩、铰 ϕ16H9 孔。除孔本身的精度要求外，本工序应保证的位置要求为尺寸(4±0.1) mm、(51±0.1) mm 及两孔的平行度要求 0.02 mm。根据精基准选择原则，可以有三种不同的方案。

(1)底面限制三个自由度，K 面限制两个自由度。此方案加工两孔采用了基准统一原则。

夹具比较简单。尺寸(4 ± 0.1) mm 的设计基准与定位基准重合;尺寸(51 ± 0.1) mm 的工序基准是孔 ϕ32H7 的中心线,而定位基准是 K 面,定位尺寸为(6 ± 0.1) mm,存在基准不重合误差,其大小等于 0.2 mm;两孔平行度 0.02 mm 也有基准不重合误差,其大小等于 0.03 mm。可见,此方案基准不重合误差已经超过了允许的范围,不可行。

(2) ϕ32H7 孔限制四个自由度,底面限制一个自由度。此方案对尺寸(4 ± 0.1) mm 有基准不重合误差,且定位销细长,刚度较差,所以也不好。

(3) 底面限制三个自由度,ϕ32H7 孔限制两个自由度。此方案可将工件套在一个长的菱形销上来实现,对于三个设计要求均为基准重合,只有 ϕ32H7 孔对于底面的平行度误差将会影响两孔在垂直平面内的平行度,应在镗 ϕ32H7 孔时加以限制。

综上所述,第(3)方案基准基本上重合,夹具结构也不太复杂,装夹方便,故应采用。

2. 典型零件在数控机床上的装夹

1) 工件的安装

(1) 工件安装的内容。工件安装的内容包括工件的定位和夹紧。

定位使同一工序中的一批工件都能准确地安放在机床的合适位置上。使工件相对于刀具及机床占有正确的加工位置。

工件定位后,还需对工件压紧夹牢。使其在加工过程中不发生位置变化。

(2) 工件的安装方法　当零件较复杂、加工面较多时,需要经过多道工序的加工,其位置精度取决于工件的安装方式和安装精度。工件常用的安装方法如下。

① 直接找正安装法　用划针、百分表等工具直接找正工件位置并加以夹紧的方法称为直接找正安装法。此法生产效率低,安装精度取决于工人的技术水平和测量工具的精度,一般只用于单件小批生产。如图 3-76 所示,用四爪单动卡盘安装工件,要保证本工序加工后的 B 面与已加工过的 A 面的同轴度要求,宜先用百分表按外圆 A 进行找正夹紧后再车削外圆 B。

② 划线找正安装法　先用划针画出要加工表面的位置,再按划线用划针找正工件在机床上的位置并加以夹紧的方法称为划线找正安装法。由于划线既费时,又需要技术高的划线工,所以一般用于批量不大、形状复杂而笨重的工件或低精度毛坯的加工。图 3-77 所示的划线找正法是用划针根据毛坯或半成品上所划的线为基准找正它在机床上的正确位置的一种装夹方法。

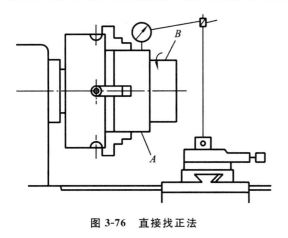

图 3-76　直接找正法

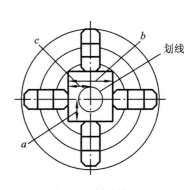

图 3-77　划线找正法

③ 夹具安装法　将工件直接安装在夹具的定位元件上的方法称为用夹具安装法。这种

方法安装迅速方便,定位精度较高而且稳定,生产效率较高,广泛用于中批生产以上的生产类型。图 3-78 所示为铣轴端槽用夹具。本工序要求保证槽宽、槽深和槽两侧面对轴心线的对称度。工件分别以外圆和一端面在 V 形块 1 和定位套 2 上定位,转动手柄 3,偏心轮推动 V 形块夹紧工件。夹具通过夹具体 5 的底面及安装在夹具体上的两个定向键 4 与铣床工作台面、T 形槽配合,并固定于机床工作台上,这样夹具相对于机床占有确定的位置。通过对刀块 6 及塞尺调整刀具位置,使其对于夹具占有确定的位置。

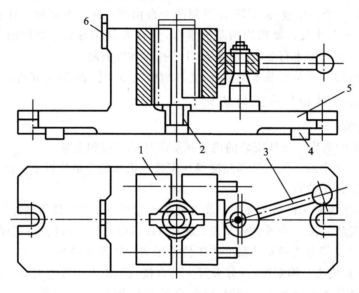

图 3-78　铣轴端槽用夹具

1—V 形块;2—定位套;3—手柄;4—定向键;5—夹具体;6—对刀块

用夹具安装工件的方法有以下几个特点。

① 工件在夹具中的正确定位是通过工件上的定位基准面与夹具上的定位元件相接触而实现的。因此,不再需要找正便可将工件夹紧。

② 由于夹具预先在机床上已调整好位置,因此,工件通过夹具相对于机床也就占有了正确的位置。

③ 通过夹具上的对刀装置,保证了工件加工表面相对于刀具的正确位置。

由此可见,在使用夹具的情况下,机床、夹具、刀具和工件所构成的工艺系统,环环相扣,相互之间保持正确的加工位置,从而保证工序的加工精度。显然,工件的定位是其中极为重要的一个环节。

2) 机床夹具的组成和作用

在机械加工过程中,为了保证加工精度,固定工件并使之占有确定位置以接受加工或检测的工艺装备统称为机床夹具,简称夹具。例如车床上使用的三爪自定心卡盘、铣床上使用的平口虎钳等都是机床夹具。

(1) 夹具的组成。

机床夹具的种类和结构虽然繁多,但它们的组成均可概括为以下几个部分,这些组成部分既相互独立又相互联系。

① 定位元件　定位元件保证工件在夹具中处于正确的位置。图 3-79 所示为钻后盖上的

$\phi10$ 孔,其钻夹具如图 3-80 所示。夹具上的圆柱销 5、菱形销 9 和支承板 4 都是定位元件,通过它们使工件在夹具中占据正确的位置。

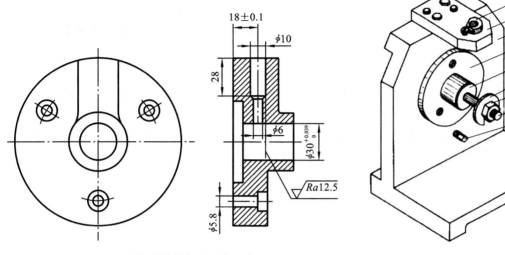

图 3-79　后盖零件钻径向孔的工序图

图 3-80　后盖钻夹具

1—钻套;2—钻模板;3—夹具体;

4—支承板;5—圆柱销;6—开口垫圈;

7—螺母;8—螺杆;9—菱形销

② 夹紧装置　夹紧装置的作用是将工件压紧夹牢,保证工件在加工过程中受到外力(切削力等)作用时不离开已经占据的正确位置。图 3-80 中的螺杆 8(与圆柱销合成一个零件)、螺母 7 和开口垫圈 6 就起到了上述作用。

③ 对刀或导向装置　对刀或导向装置用于确定刀具相对于定位元件的正确位置。如图 3-80 中钻套 1 和钻模板 2 组成导向装置,确定了钻头轴线相对定位元件的正确位置。铣床夹具上的对刀块和塞尺为对刀装置。

④ 连接元件　连接元件是确定夹具在机床上正确位置的元件。图 3-80 中夹具体 3 的底面为安装基面,保证了钻套 1 的轴线垂直于钻床工作台以及圆柱销 5 的轴线平行于钻床工作台。因此,夹具体可兼作连接元件。车床夹具上的过渡盘、铣床夹具上的定位键都是连接元件。

⑤ 夹具体　夹具体是机床夹具的基础件,图 3-80 中通过夹具体 3 将夹具的所有元件连接成一个整体。

⑥ 其他装置或元件　它们是指夹具中因特殊需要而设置的装置或元件。若需加工按一定规律分布的多个表面时,常设置分度装置;为了能方便、准确地定位,常设置预定位装置;对于大型夹具,常设置吊装元件等。

(2) 机床夹具在机械加工中的作用。

① 保证加工精度　采用夹具安装,可以准确地确定工件与机床、刀具之间的相互位置。工件的位置精度由夹具保证,不受工人技术水平的影响,其加工精度高而且稳定。

② 提高生产效率、降低成本　用夹具装夹工件,无须找正便能使工件迅速地定位和夹紧,减少了辅助工时;用夹具装夹工件提高了工件的刚度,因此可加大切削用量;可以使用多件、多工位夹具装夹工件,并采用高效夹紧机构,这些因素均有利于提高生产效率。另外,采用夹具

后,产品质量稳定,废品率下降,可以安排技术等级较低的工人,明显地降低了生产成本。

③ 扩大机床的工艺范围 使用专用夹具可以改变原机床的用途和扩大机床的使用范围,实现一机多能。例如,在车床或摇臂钻床上安装镗模夹具后,就可以对箱体孔系进行镗削加工;通过专用夹具还可将车床改为拉床使用,以充分发挥通用机床的作用。

④ 减轻工人的劳动强度 用夹具装夹工件方便、快速,当采用气动、液动等夹紧装置时,可减轻工人的劳动强度。

3）数控车床常用夹具及工件的装夹

为了充分发挥数控机床的高速度、高精度、高效率等特点,在数控加工中,还应有与数控加工相适应的夹具进行配合,数控车床夹具除了通用的三爪自定心卡盘、四爪单动卡盘和在大批量生产中使用的液动、电动及气动夹具外,还有多种相应的实用夹具,主要分为如下三大类。

（1）轴类工件的夹具。

对于轴类零件,通常以零件自身的外圆柱面作为定位基准来定位。常用轴类工件的夹具如下。

① 三爪自定心卡盘。

三爪自定心卡盘是车床上最常用的自定心夹具,如图 3-81 所示。三爪自定心卡盘夹持工件时一般不需要找正,装夹速度较快,将其略加改进,还可以方便地装夹方料和其他形状的材料,如图 3-82 所示,同时还可以装夹小直径的圆棒料。

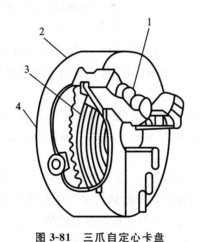

图 3-81　三爪自定心卡盘
1—卡爪；2—卡盘体；
3—锥齿端面螺纹圆盘；4—小锥齿轮

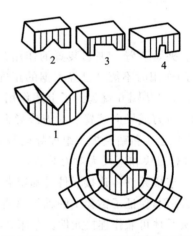

图 3-82　装夹方料和其他形状的材料
1—带 V 形槽的半圆件；2—带 V 形槽的矩形件；
3,4—带其他槽形的矩形件

② 四爪单动卡盘。

四爪单动卡盘是车床上常用的夹具,如图 3-83 所示,适用于装夹形状不规则或直径较大的工件。其夹紧力较大,装夹精度较高,不受卡爪磨损的影响。但四爪单动卡盘的四个卡爪是各自独立运动的,必须通过找正,使工件的旋转中心与车床主轴的旋转中心重合后,才能车削。四爪单动卡盘装夹不如三爪自定心卡盘方便;装夹圆棒料时,若在四爪单动卡盘内放上一块 V 形块,如图 3-84 所示,装夹就快捷多了。

③ 顶尖装夹。

对于较长的或必须经过多次装夹加工的轴类零件,或工序较多且车削后还要铣削和磨削

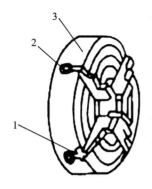

图 3-83　四爪单动卡盘

1—卡爪；2—螺杆；3—卡盘体

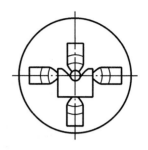

图 3-84　V 形块装夹圆棒料

的轴类零件，要采用两顶尖装夹，如图 3-85 所示。用两顶尖装夹轴类零件，必须先在零件端面钻中心孔，中心孔有 A 型（不带护锥）、B 型（带护锥）、C 型（带螺孔）和 R 型（弧形）4 种。

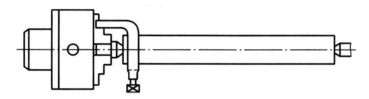

图 3-85　两顶尖装夹

④　一夹一顶装夹。

由于两顶尖装夹刚性较差，因此在车削一般轴类零件，尤其是较重的工件时，常采用一夹一顶装夹。为了防止工件的轴向位移，必须在卡盘内装一限位支承，或利用工件的台阶来限位。由于一夹一顶装夹工件的安装刚性好，轴向定位正确，且比较安全，能承受较大的轴向切削力，因此应用很广泛，如图 3-86 所示。

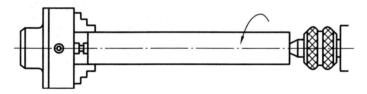

图 3-86　一夹一顶装夹

⑤　自动夹紧拨动卡盘。

自动夹紧拨动卡盘的结构如图 3-87 所示。坯件 1 安装在顶尖 2 和车床的尾座顶尖上。当旋转车床尾座螺杆向主轴方向顶紧坯件时，顶尖 2 也同时顶压起着自动复位作用的弹簧 6。顶尖在向左移动的同时，套筒 3（杠杆机构的支撑架）也将与顶尖同步移动。在套筒的槽中装有杠杆 4 和支撑销 5，当套筒随着顶尖运动时，杠杆的左端触头则沿锥环 7 的斜面绕着支撑销轴线作逆时针方向摆动，从而使杠杆右端的触头（图中示意为半球面）压紧坯件。在自动夹紧拨动卡盘中，其杠杆机构通常设计为 3～4 组，均布放置，并经调整后使用。

⑥　复合卡盘。

图 3-88 所示的复合卡盘，由传动装置驱动拉杆 8，驱动力经套 5、6 和楔块 4、杠杆 3 传给

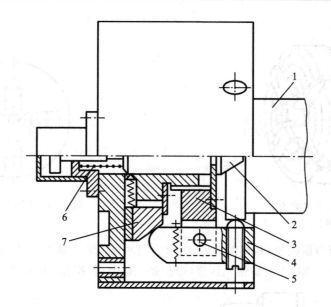

图 3-87　自动夹紧拨动卡盘

1—坯件；2—顶尖；3—套筒；4—杠杆；5—支撑销；6—弹簧；7—锥环

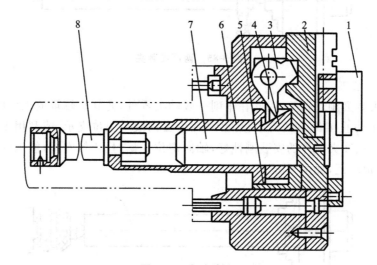

图 3-88　复合卡盘

1—自动调位卡爪；2—驱动块；3—杠杆；4—楔块；5,6—套；7—中心轴；8—拉杆

卡爪 1 而夹紧工件，中心轴 7 为多种插换调整件。若作为弹簧顶尖使用则将卡盘改为顶尖，转矩则由自动调位卡爪 1 传给驱动块 2。

⑦ 拨齿顶尖。

拨齿顶尖的结构如图 3-89 所示。壳体 1 可通过标准变径套或直接与车床主轴孔连接，壳体内装有用于坯件定心的顶尖 2，拨齿套 5 通过螺钉 4 与壳体连接，止退环 3 可防止螺钉的松动。在数控车床上使用这种夹具，通常可以加工直径为 $10\sim60$ mm 的轴类工件。

（2）盘类工件的夹具。

用于盘类工件的夹具主要有可调卡爪式卡盘和快速可调卡盘，其结构和工作方式如下。

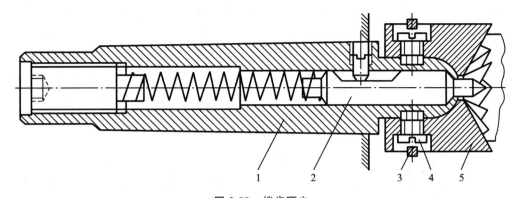

图 3-89 拨齿顶尖

1—壳体；2—顶尖；3—止退环；4—螺钉；5—拨齿套

① 可调卡爪式卡盘。

可调卡爪式卡盘的结构如图 3-90 所示。每个基体卡座上都对应配有不淬火的卡爪，其径向夹紧所需位置可以通过卡爪上的端齿和螺钉单独进行粗调整（错齿移动），或通过差动螺杆单独进行细调整。为了便于对较特殊的、批量大的盘类零件进行准确定位及装夹，还可按实际需要，用车刀将不淬火卡爪的夹持面车至所需的尺寸。

② 快速可调卡盘。

快速可调卡盘的结构如图 3-91 所示。使用该卡盘时，用专用扳手将螺杆 3 旋动 90°，即可

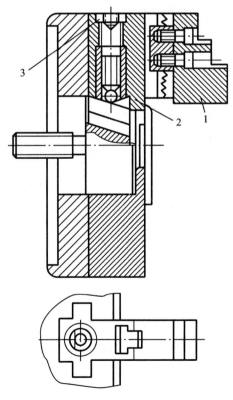

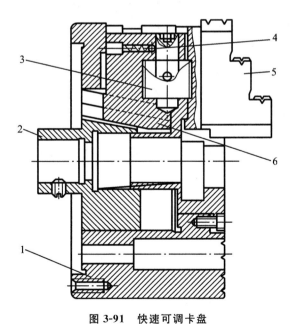

图 3-90 可调卡爪式卡盘

1—卡爪；2—基体卡座；3—差动螺杆

图 3-91 快速可调卡盘

1—壳体；2—基体；3—螺杆；4—钢球；5—卡爪；6—基体卡座

将单独调整或更换的卡爪 5 相对于基体卡座 6 快速移动至所需要的尺寸位置,而不需要对卡爪进行车削。为便于对卡爪进行定位,在卡盘壳体 1 上开有圆周槽,当卡爪调整到位后,旋动螺杆 3,使螺杆上的螺纹与卡爪上的螺纹啮合。同时,被弹簧压着的钢球 4 进入螺杆 3 的小槽中,并固定在需要的位置上。这样,可在约 2 min 的时间内,逐个将其卡爪迅速调整好。但这种卡盘的快速夹紧过程,需借助于安装在车床主轴尾部的拉杆等机械机构而实现。

快速可调卡盘的结构刚度好,工作可靠,因而广泛用于装夹法兰等盘类及杯形工件,也可用于装夹不太长的柱类工件。

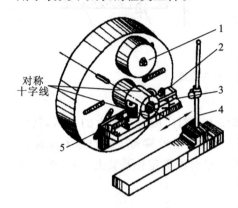

图 3-92 在角铁上装夹工件
1—平衡铁;2—轴承座;3—角铁;4—划线盘

【例 3-2】 在角铁上装夹工件示例

如图 3-92 所示,先用压板初步压紧工件,再用划线盘找正轴承座中心线。找正轴承座中心时,应该先根据划好的十字线找正轴承座的中心高。找正方法是先水平移动划线盘,调整划针高度,用划针在工件表面划经过工件水平中心线的一条水平线,然后把花盘旋转180°,再用划针轻划一水平线,如果两线不重合,可把划针调整到两条线中间,把工件水平线向划针高度调整,再重复以上方法直至找正水平中心线为止。找正垂直中心线的方法与找正轴承座的中心高类似。十字线调整好后,再用划针找正两侧母线,最后复查,紧固工件。装上平衡块,用手转动卡盘观察有没有地方碰撞。

4) 数控铣床常用夹具及工件的装夹

(1) 通用夹具及工件的装夹。

① 机床用平口虎钳。

机床用平口虎钳结构如图 3-93 所示。虎钳在机床上安装的过程为:先清除工作台面和虎钳底面的杂物及毛刺,将虎钳定位键对准工作台 T 形槽,找正虎钳方向,调整两钳口平行度,然后紧固虎钳。工件在机床用平口虎钳上装夹时应注意:装夹毛坯面或表面有硬皮时,钳口应加垫铜皮或铜钳口;选择高度适当、宽度稍小于工件的垫铁,使工件的余量层高出钳口;在粗铣和半精铣时,应使铣削力指向固定钳口,因为固定钳口比较牢固。当工件的定位面和夹持面为非平行平面或圆柱面时,可采用更换钳口的方式装夹工件。为保证机床用平口虎钳在工作台上的正确位置,必要时用百分表找正固定钳口面,使其与工作台运动方向平行或垂直。夹紧时,应使工件紧靠在平行垫铁上。工件高出钳口或伸出钳口两端距离不能太多,以防铣削时产生振动。

② 压板。

对中型、大型和形状比较复杂的零件,一般采用压板将工件紧固在数控铣床工作台台面上,如图 3-94 所示。压板装夹工件时所用工具比较简单,主要是压板、垫铁、T 形螺栓(或 T 形螺母和螺栓)及螺母。为满足不同形状零件的装夹需要,压板的形状种类也较多。另外,在搭装压板时应注意搭装稳定和夹紧力的大小。

③ 万能分度头。

万能分度头是数控铣床常用的通用夹具之一,如图 3-95 所示。通常将万能分度头作为机床附件,其主要作用是对工件进行圆周等分分度或不等分分度。许多机械零件(如花键等)在

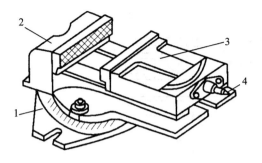

图 3-93 机床用平口虎钳

1—底座;2—固定钳口;3—活动钳口;4—螺杆

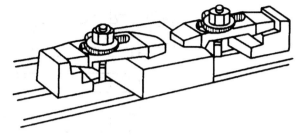

图 3-94 用压板装夹工件

铣削时,需要利用分度头进行圆周等分。万能分度头可把工件轴线装夹成水平、竖直或倾斜的位置,以便用两坐标联动机床加工斜面。

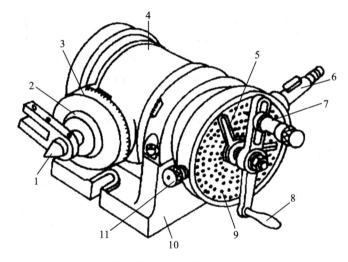

图 3-95 F125 万能分度头

1—顶尖;2—分度头主轴;3—刻度盘;4—壳体;5—分度叉;6—分度头外伸轴;

7—插销;8—分度手柄;9—分度盘;10—底座;11—锁紧螺钉

使用分度头的要求:在分度头上装夹工件时,应先销紧分度头主轴;调整好分度头主轴仰角后,应将基座上部的 4 个螺钉拧紧,以免零位移动;在分度头两顶尖间装夹工件时,硬使前后顶尖轴线同轴;在使用分度头时,分度手柄应朝一个方向转动,如果摇过正确的位置,需反摇多于超过的距离再摇回到正确的位置,以消除传动间隙。

④ 通用可调夹具。

在多品种、小批量生产中,由于每种产品的生产周期短,夹具更换比较频繁。为了减少夹具设计和制造的劳动量,缩短生产准备时间,要求一个夹具不仅只适用于一种工件,而且能适应结构形状相似的若干种类工件的加工,即对于不同尺寸或种类的工件,只需要调整或更换个别定位元件或夹紧元件即可使用。这种夹具称为通用可调夹具,它既具有通用夹具使用范围大的优点,又有专用夹具效率高的长处。图 3-96 所示为数控铣床上通用可调夹具系统。该系统由图示基础件和另外一套定位夹紧调整件组成。基础件 1 为平板外形,内部结构包含内装立式液压缸 2 和卧式液压缸 3,通过销 4、5 与机床工作台的一个孔及槽对定,夹紧元件则从上

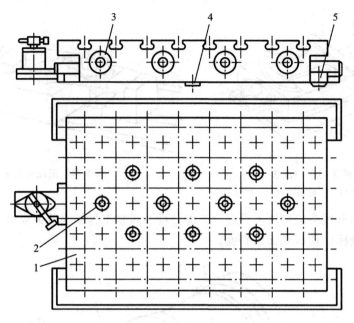

图 3-96　通用可调夹具系统

1—基础件；2—内装立式液压缸；3—卧式液压缸；4,5—销

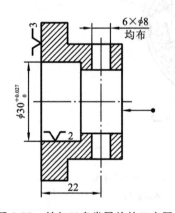

图 3-97　被加工盘类零件的工序图

或侧面把双头螺杆或螺栓旋入液压缸活塞杆。不用的对定孔，可用螺塞封住。

（2）组合夹具及工件的装夹。

组合夹具是一种标准化、系列化、通用化程度很高的工艺装备，我国目前已基本普及。组合夹具由一套预先制造好的部件组装而成。图 3-97 所示为被加工盘类零件的工序图，用来钻径向分度孔的组合夹具立体图及其分解图如图 3-98 所示。

组合夹具一般是为某一工件的某一工序而组装的专用夹具，也可以组装成通用可调夹具或成组夹具。组合夹具适用于各类机床，但钻模和车床夹具用得最多。

组合夹具把专用夹具的设计、制造、使用、报废的单向过程变为组装、拆散、清洗入库、再组装的循环过程，用几小时的组装周期代替几个月的设计制造周期，从而缩短了生产周期，节省了工时和材料，降低了生产成本，还可减小夹具库房面积，有利于管理。组合夹具的元件精度高、耐磨，并且实现了完全互换，元件精度一般为 IT6～IT7 级。组合夹具加工的工件，位置精度一般可达到 IT8～IT9 级，若精心调整，可以达到 IT7 级。

由于组合夹具有很多优点，又特别适合于新产品试制和多品种、小批量生产，所以近年来发展迅速，应用较广。组合夹具的主要缺点是体积较大，刚度较差，一次投资多，成本高，这使组合夹具的推广应用受到一定限制。

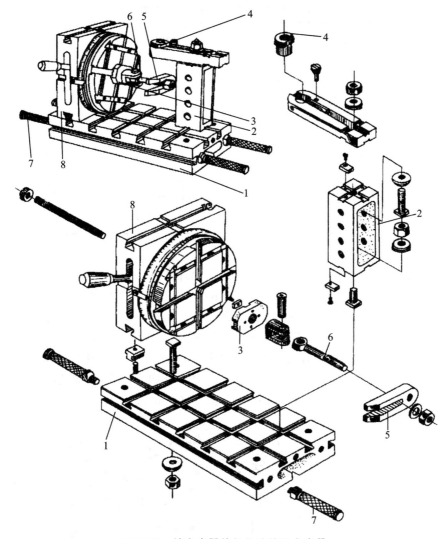

图 3-98 钻盘类零件径向孔的组合夹具

1—基础件；2—支承件；3—定位件；4—导向件；5—夹紧件；6—紧固件；7—其他件；8—合件

① 组合夹具的分类。

a. 槽系组合夹具。

槽系组合夹具就是指元件上制作有标准间距的相互平行及竖直的 T 形槽或键槽，通过键在槽中的定位，就能准确决定各元件在夹具中的准确位置，元件之间再通过螺栓连接和紧固。图 3-98 所示钻盘类零件径向孔的组合夹具由基础底板、支承件、钻模板和 V 形块等元件组成，元件间的相互位置都由可沿槽滑动的键在槽中的定位来决定，所以槽系组合夹具有很好的可调整性。

为了适应不同工厂、不同产品的需要，槽系组合夹具分大、中、小型 3 种规格，其主要参数见表 3-2。

表 3-2 槽系组合夹具的主要参数

规格	槽宽/mm	槽距/mm	连接螺栓/mm	键用螺钉/mm	支承件截面/mm²	最大载荷/N	工件最大尺寸/mm
大型	$16^{+0.08}_{0}$	75 ± 0.01	M16×1.5	M5	75×75 90×90	200 000	2 500×2 500 ×1 000
中型	$12^{+0.08}_{0}$	60 ± 0.01	M12×1.5	M5	60×60	100 000	1 500×1 000×500
小型	$8^{+0.015}_{0}$ $6^{+0.015}_{0}$	30 ± 0.01	M8、M6	M3 M3、M2.5	30×30 22.5×22.5	50 000	500×250×250

b. 孔系组合夹具。

孔系组合夹具的元件用一面两圆柱销定位,属允许使用的过定位。孔系组合夹具的定位精度高。与槽系组合夹具相比较,孔系组合夹具的优缺点是:元件刚度高,制造成本和材料成本低,组装时间短,定位可靠,装配灵活性差。在当今的制造业中,孔系和槽系组合夹具并存,但以孔系组合夹具更具有优势,已广泛用于数控铣床、立式和卧式加工中心,也用于 FMS。图 3-99 所示为德国 BIUCO 孔系组合夹具组装示意图。元件与元件间用两个销钉定位,用一个螺钉紧固。定位孔孔径有 10 mm、12 mm、16 mm、24 mm 四个规格;相应的孔距为 30 mm、40 mm、50 mm、80 mm;孔径公差为 H7,孔距公差为 ±0.01 mm。

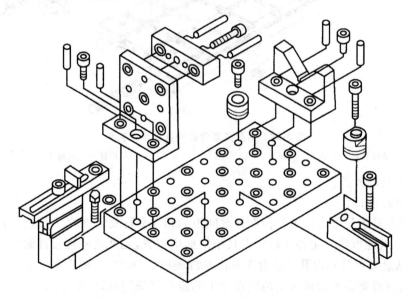

图 3-99 BIUCO 孔系组合夹具组装示意图

② 槽系组合夹紧与孔系组合夹具比较。

槽和孔系两种组合夹具的全面比较见表 3-3。

表 3-3 槽系和孔系组合夹具的比较

比 较 项 目	槽系组合夹具	孔系组合夹具
夹具刚度	低	高
组装方便和灵活性	好	较差
对工人装配技术要求	高	较低
夹具定位元件尺寸调整	方便,可作无级调节	不方便,只能作有级调节
夹具上是否具备数控机床需要的原点	需要专门制作元件	任何定位均可作为原点
制造成本	高	低
元件品种数量	多	较少
合件化程度	低	较高

③ 组合夹具的元件。

a. 基础件 如图 3-100 所示,基础件有长方形、圆形及基础角铁等,常作为组合夹具的夹具体。

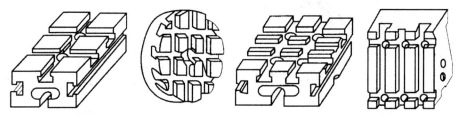

图 3-100 基础件

b. 支承件 如图 3-101 所示,支承件有 V 形支承、长方形支承、加肋角铁和角度支承等。支承件是组合夹具中的骨架元件,数量最多,应用最广。支承件可作为各元件间的连接件,又可作为大型工件的定位件。

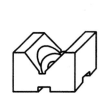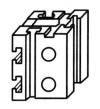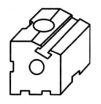

图 3-101 支承件

c. 定位件 如图 3-102 所示,定位件有平键、T 形键、圆形定位销、菱形定位销、圆形定位盘、定位接头、方形定位支承和六菱定位支承等。定位件主要用于工件的定位及元件之间的定位。

d. 导向件 如图 3-103 所示,导向件有固定钻套、快换钻套、钻模板(包括左、右偏心钻模板,立式钻模板)等。导向件主要用于确定刀具与夹具的相对位置,并起引导刀具的作用。

e. 夹紧件 如图 3-104 所示,夹紧件有弯压板、摇板、U 形压板和叉形压板等。夹紧件主要用于压紧工件,也可用作垫板和挡板。

f. 紧固件 如图 3-105 所示,紧固件有各种螺栓、螺钉、垫圈、螺母等。紧固件主要用于紧

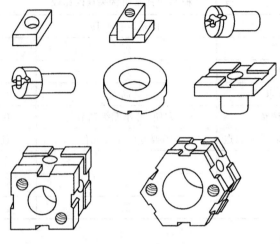

图 3-102　定位件

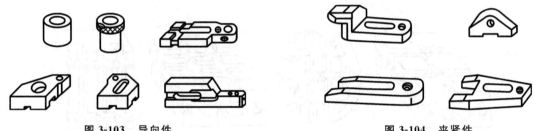

图 3-103　导向件　　　　　　　　　　　　　　图 3-104　夹紧件

固组合夹具中的各种元件及压紧被加工件。由于紧固件在一定程度上影响整个夹具的刚度，所以有螺纹的紧固件均采用细牙螺纹来增加各元件之间的连接强度。同时所选用的材料、制造精度及热处理等要求均高于一般标准紧固件。

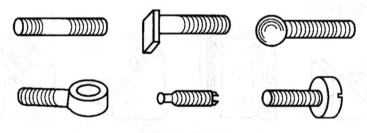

图 3-105　紧固件

g. 其他件　如图 3-106 所示，其他件是指以上 6 类元件之外的各种辅助元件。其他件有三爪支承、支承环、手柄、连接板和平衡块等。

h. 合件　如图 3-107 所示，合件有尾座、可调 V 形块、折合板和回转支架等。合件由若干零件组合而成，是在组装过程中不拆散使用的独立部件。使用合件可以扩大组合夹具的使用范围，加快组装速度，简化组合夹具的结构，减小夹具体积。

5) 加工中心装夹方案及常用夹具

(1) 加工中心装夹方案。

在零件的工艺分析中，已确定零件在加工中心上加工的部位和加工时用的定位基准，因

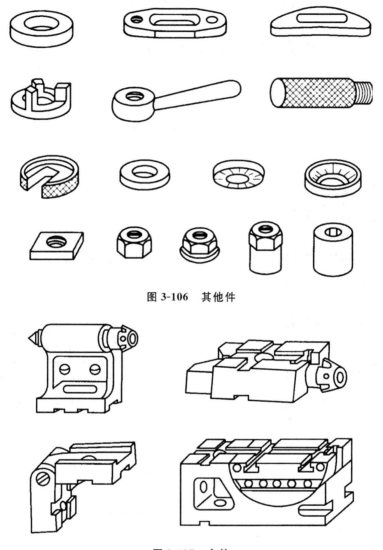

图 3-106　其他件

图 3-107　合件

此,在确定装夹方案时,只需根据已选定的加工表面和定位基准确定工件的定位夹紧方式,并
选择合适的夹具。确定装夹方案时主要考虑以下几点。

① 夹具结构要力求简单。由于在加工中心上加工零件大都采用工序集中原则,加工的部
位较多,批量较小,零件更换周期短,因此夹具的标准化、通用化和自动化对加工效率的提高及
加工费用的降低有很大作用。因此在选择夹具时要综合考虑各种因素,选择较经济、较合理的
夹具。一般夹具的选择原则是:在形状简单的单件生产中尽可能采用通用夹具,如三爪卡盘、
台钳等;在小批量生产时优先考虑组合夹具,其次考虑可调夹具、成组夹具,只有对批量较大且
周期性投产、加工精度要求较高的关键工序才设计专用夹具;当装夹精度要求很高时,可配置
工件统一基准定位装夹系统。

② 装卸方便,辅助时间短。为了适应加工中心的柔性,其夹具比普通机床夹具的结构要
更紧凑、简单,夹紧动作更迅速、准确,辅助时间短,操作更方便、省力、安全,而且要保证足够的

刚度,能灵活多变。因此加工中心常采用气动或液动夹紧装置。

③ 夹紧机构或其他元件不能影响进给,加工部位要敞开。要求夹持工件后夹具上一些组成件(如定位块、压块和螺栓等)不能与刀具运动轨迹发生干涉。如图 3-108 所示,用立铣刀铣削零件的六边形,若用压板机构压住工件的 A 面,则压板易与铣刀发生干涉,若夹压 B 面,就不影响刀具进给。对有些箱体零件可以利用其内部空间来安排夹紧机构,将其加工表面敞开,如图 3-109 所示。当在卧式加工中心上对工件的四周进行加工时,若很难安排夹具的定位和夹紧装置,则可以通过减少加工表面来留出定位夹紧元件的空间。

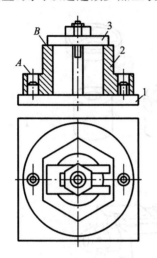

图 3-108　不影响进给的装夹示例

1—定位装置;2—工件;3—夹紧装置

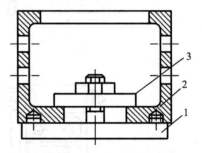

图 3-109　敞开表面的装夹示例

1—定位装置;2—工件;3—夹紧装置

④ 考虑机床主轴与工作台面之间的最小距离和刀具的装夹长度。夹具在机床工作台上的安装位置应确保在主轴的行程范围内并能使工件的加工内容全部完成。自动换刀和交换工作台时主轴不能与夹具或工件发生干涉。

⑤ 对小型零件或工序不长的零件,可以在工作台上同时装夹几件进行加工,以提高加工效率。例如,在加工中心工作台上安装一块与工作台大小相同的平板,如图 3-110(a)所示,该平板既可作为大工件的基础板,也可作为多个小工件的公共基础平板。又如,在卧式加工中心分度工作台上安装一块如图 3-110(b)所示的四周都可装夹多个工件的立方基础板,可依次加工装夹在各面上的工件。当一面在加工位置上进行加工的同时,另三面都可装卸工件,因此能减少换刀次数和停机时间。

⑥ 夹具应便于与机床工作台面及工件定位面定位连接。加工中心工作台一般都有基准 T 形槽,转台中心有定位孔,侧面有基准挡板等定位元件。工件的固定一般用 T 形槽螺钉或通过工作台面上的紧固螺孔用螺栓或压板压紧。夹具上的孔和槽的位置必须与工作台上的 T 形槽和孔的位置相对应。

(2)加工中心常用夹具。

数控加工中心的常用夹具,除虎钳、压板、组合夹具系统和万能分度头等普通机床夹具外,还有回转工作台和拼装夹具。

① 回转工作台。

回转工作台分为分度工作台和数控回转工作台(座),其作用是用于在加工中依次装夹工

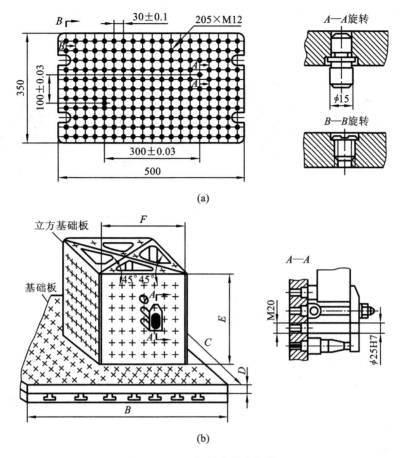

(a)

(b)

图 3-110 可调整夹具夹具体

(a) 平板基础板;(b) 立方基础板

件后顺序加工工件的多个表面,以完成多工位加工。

分度工作台。分度工作台只完成分度运动,即按照数控系统的指令,在需要分度时将工作台回转一定角度,以改变工件相对于主轴的位置。分度工作台按其定位不同分为鼠牙盘式和定位销式,其中鼠牙盘式分度工作台的分度角度较细,分度精度较高。图 3-111 所示为数控气动立卧鼠牙盘式分度工作台,鼠牙盘(端齿盘)为分度元件,靠气动转位分度,可完成 5°为基数的竖直(或水平)回转坐标的分度。

数控回转工作台(座)。数控回转工作台(座)与分度工作台十分相似,但其内部结构具有数控进给驱动机构的许多特点,能进行圆周进给,并使工作台进行分度。开环系统中的数控转台由传动系统、间隙消除装置和蜗轮夹紧装置等组成。图 3-112 所示为数控回转工作台(座),用于在加工中心上一次装夹工件后顺序加工工件的多个表面。图 3-112(a)所示工作台

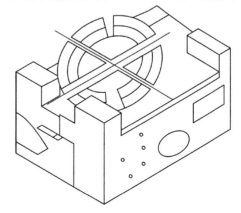

图 3-111 数控气动立卧鼠牙盘式分度工作台

可进行四面加工;图 3-112(b)、图 3-112(c)所示可进行圆柱凸轮的空间成形面和平面凸轮加工;图3-112(d)所示为双回转工作台,可用于加工在表面上呈不同角度分布的孔,可进行五个方向的加工。

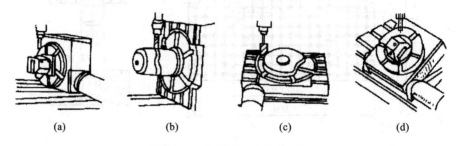

(a)	(b)	(c)	(d)

图 3-112　数控回转工作台(座)

(a) 可进行四面加工回转工作台;(b) 可进行圆柱凸轮的空间成形面加工回转工作台;
(c) 可进行平面凸轮加工回转工作台;(d) 双回转工作台

② 拼装夹具。

拼装夹具是在成组工艺基础上,用标准化、系列化的夹具零部件拼装而成的夹具。拼装夹具有组合夹具的优点,与组合夹具相比,有更好的精度和刚度、更小的体积和更高的效率,因而较适合柔性加工,常用作数控机床夹具。

拼装夹具与组合夹具之间有许多共同点,都具有正方形、长方形和圆形基础件,如图 3-113 所示。两种夹具的不同点是组合夹具的万能性好,标准化程度高,而拼装夹具则为非标准的,一般是为本企业产品的加工而设计的,产品品种不同或加工方式不同的企业,所使用的模块结构会有较大的差别。

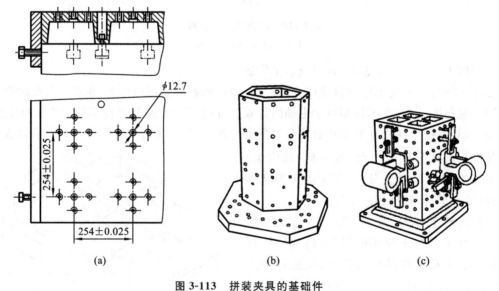

(a)	(b)	(c)

图 3-113　拼装夹具的基础件

(a) 板式;(b) 六面体形;(c) 正方形

拼装夹具适用于成批生产的企业。使用模块化夹具可大大减少专用夹具的数量,缩短生产周期,提高企业的经济效益。模块化夹具的设计依赖于对本企业产品结构和加工工艺的深入分析研究,如对产品加工工艺进行典型化分析等。在此基础上,合理确定模块的基本单元,以建立完整的模块功能系统。模块化元件应有较高的强度、刚度和耐磨性。

图 3-114 所示为镗箱体孔的数控机床拼装夹具,需在工件 6 上镗削 A、B、C 3 个加工孔。工件在液压基础平台及定位销上定位;通过液压基础平台内两个液压缸、活塞、拉杆和压板将工件夹紧;夹具通过安装在液压基础平台底部的两个连接孔中的定位键在机床 T 形槽中定位,并通过两个螺旋压板固定在机床工作台上。可选基础平台上的定位孔作为夹具的坐标原点,其与数控机床工作台上的定位孔的距离分别为 X_0、Y_0。3 个加工孔的坐标尺寸可用机床定位孔 1 作为零点进行计算编程,称为固定零点编程;也可选夹具上的某一定位孔作为零点进行计算编程,称为浮动零点编程。液压基础平台与普通基础平台相比增加了两个液压缸,用作夹紧机构的动力源,使拼装夹具具有高效能。

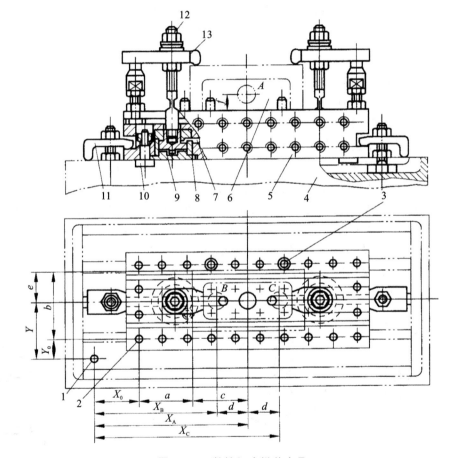

图 3-114　数控机床拼装夹具

1,2—定位孔;3—定位销;4—数控机床工作;5—液压基础平台;6—工件;

7—通油孔;8—液压缸;9—活塞;10—定位键;11,13—压板;12—拉杆

（3）数控加工系统中交换工件的装置简介。

为实现机械制造的自动化,可由两台或两台以上加工中心组成一个自动化加工系统,实现工件及夹具的自动输送和工作位置的交换。实现自动输送的主要装置有安放夹具的托板与支座、自动运输小车、各种工件料架及仓库。图 3-115 所示为工件及夹具装在托板上的示意图。工件的输送及其在机床上的夹紧都是通过托板来现的。

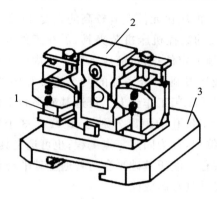

图 3-115 装在托板上的工件及夹具

1—夹具；2—工件；3—托板

【任务实施】

（1）薄壁工件加工分析。

① 图 3-65 所示壁薄工件，在夹紧力的作用下容易产生变形，从而影响工件的尺寸精度和形状精度。当采用如图 3-116(a)所示的方式夹紧工件加工内孔时，在夹紧力的作用下，会略微变成三边形，但车孔后得到的是一个圆柱孔。当松开卡爪，取下工件后，由于弹性恢复，外轮廓恢复成圆柱形，而内孔则变成图 3-116(b)所示的弧形三边形。若用内径千分尺测量，各个方向直径 D 相等，但已不是内圆柱面了，这种变形称为等直径变形。

② 因工件较薄，切削热会引起工件热变形，从而使工件尺寸难以控制。对于线膨胀系数较大的金属薄壁工件，如果在一次安装中连续完成半精车和精车，由切削热引起工件的热变形会对其尺寸精度产生很大影响，有时甚至会使工件卡死在夹具上。

③ 在切削力（特别是径向切削力）的作用下，容易产生振动和变形，影响工件的尺寸精度、形状和位置精度及表面粗糙度。

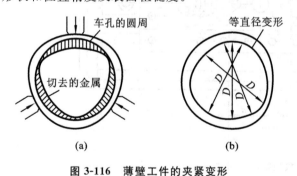

图 3-116 薄壁工件的夹紧变形

（a）夹紧加工时；（b）卡爪松开时

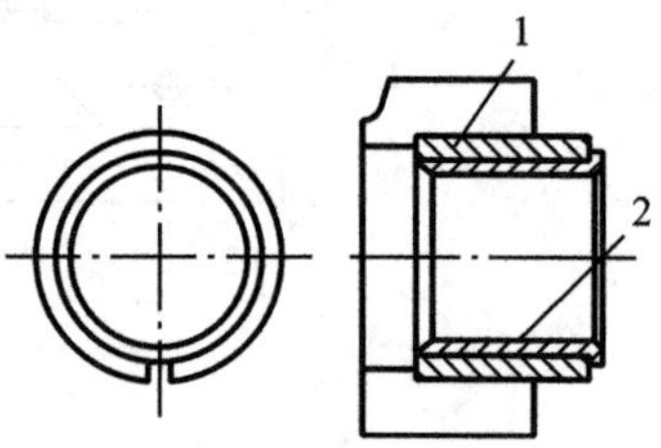

图 3-117 增加装夹接触面

1—夹套；2—工件

（2）装夹方法及其夹具选择。

为了防止和减少薄壁工件变形，采用以下装夹方法及夹具。

① 增加装夹接触面。

采用图 3-117 所示的开缝套筒或一些特制的软卡爪，使装夹接触面增大，让夹紧力均布在工件上，使工件夹紧时不易产生变形。

② 采用轴向夹紧夹具。

车薄壁工件时,尽量不使用图 3-118(a)所示的径向夹紧,而优先选用图 3-118(b)所示的轴向夹紧。图 3-118(b)中,工件靠轴向夹紧套(螺纹套)的端面实现轴向夹紧,由于夹紧力 F 沿工件轴向分布,而工件轴向刚度大,不易产生夹紧变形。

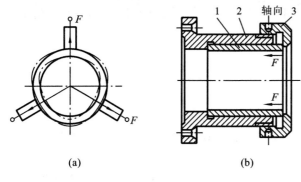

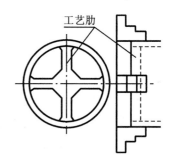

图 3-118　薄壁套的夹紧

1—工件;2—夹套;3—夹紧套

图 3-119　增加工艺肋

③ 增加工艺肋。

有些薄壁工件在其装夹部位特制几根工艺肋,如图 3-119 所示,以增强此处刚度,使夹紧力作用在工艺肋上,以减小工件的变形,加工完毕后,再去掉工艺肋。

【思考与实训】

1. 什么是设计基准、定位基准和工序基准? 举例说明。

2. 什么是工序、工步、工位和走刀? 划分它们的依据是什么?

3. 粗基准选择原则是什么? 举例说明。

4. 精基准选择原则是什么? 举例说明。

5. 机床夹具通常由哪些部分组成的? 各部分功能是什么?

6. 到实训车间操作数控机床夹具,思考不同夹具适用的场合。

项目四 典型零件数控车削加工工艺

【学习目标】

1. 熟知零件图的几何尺寸和精度要求,能够对零件图进行工艺分析。

2. 学会拟定轴类零件的数控车削加工路线,能够合理选择轴类零件的数控车削加工刀具、夹具,并能确定装夹方案。

3. 学会按照套类零件的数控车削加工工艺选择合适的切削用量与机床,能够拟定套类零件数控车削装夹方案。

4. 会按照轴类零件的数控车削加工工艺选择合适的切削用量与机床。

5. 能够编制轴类、套类零件的数控加工工艺文件。

【知识要点】

零件图的工艺分析,零件的加工精度,切削用量的选择,数控车削、铣削加工的加工顺序及进给路线,数控车削加工工艺文件的编制。

【实训项目】

1. 选择轴类零件的数控车削加工夹具,拟定装夹方案。

2. 编制轴类零件的数控车削加工工艺文件。

3. 对套类零件图进行数控车削加工工艺分析。

4. 编制套类零件的数控加工工艺文件。

任务一 轴类零件加工工艺文件的编制

【任务引入】

本任务完成图 4-1 所示典型轴类零件数控车削工艺分析,零件材料为 45 钢,毛坯选 $\phi60$ 棒料,无热处理和硬度要求。

【相关知识准备】

1. 零件图的工艺分析

在设计零件的加工工艺规程时,首先要对加工对象进行深入分析。数控车削加工时应考虑以下几方面。

1）构成零件轮廓的几何条件

在自动编程时,要对构成零件轮廓所有几何元素进行定义。因此在分析零件图时应注意:

(1) 零件图上是否尺寸不全,使其几何条件不充分,影响到零件轮廓的构成。

(2) 零件图上的图线位置是否模糊或尺寸标注不清,使编程无法下手。

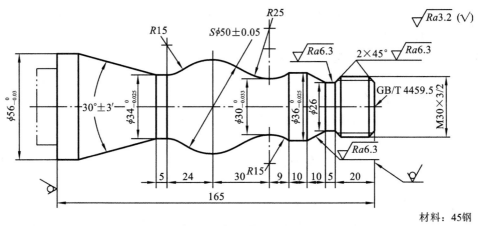

图 4-1 典型轴类零件图

材料：45钢

（3）零件图上给定的几何条件是否不合理，造成数学处理困难。

（4）零件图上尺寸标注方法应适应数控车床加工的特点，应以同一基准标注尺寸或直接给出坐标尺寸。

2）尺寸精度要求

分析零件图样尺寸精度的要求，以判断能否利用车削工艺达到，并确定控制尺寸精度的工艺方法。

在该项分析过程中，还可以同时进行一些尺寸的换算，如增量尺寸与绝对尺寸及尺寸链计算等。在利用数控车床车削零件时，常常对零件要求的尺寸取最大和最小极限尺寸的平均值作为编程的尺寸依据。

3）形状和位置精度要求

零件图样上给定的形状和位置公差是保证零件精度的重要依据。加工时，要按照其要求确定零件的定位基准和测量基准，还可以根据数控车床的特殊需要进行一些技术性处理，以便有效地控制零件的形状和位置精度。

4）表面粗糙度要求

表面粗糙度是保证零件表面微观精度的重要要求，也是合理选择数控车床、刀具及确定切削用量的依据。

5）材料与热处理要求

零件图上给定的材料与热处理要求，是选择刀具、数控车床型号和确定切削用量的依据。

2. 数控车削加工工艺路线的拟定

1）加工顺序的确定

在数控机床加工过程中，由于加工对象复杂多样，特别是轮廓曲线的形状及位置千变万化，加上材料不同、批量不同等多方面因素的影响，在对具体零件制定加工顺序时，应该进行具体分析和区别对待，灵活处理。只有这样，才能使所制定的加工顺序合理，从而达到质量优、效率高和成本低的目的。

数控车削的加工原则是：

（1）先粗后精。

为了提高生产效率并保证零件的精加工质量，在切削加工时，应先安排粗加工工序，在较短的时间内,将精加工前大量的加工余量(图 4-2 中的虚线内所示部分)去掉,同时尽量满足精加工的余量均匀性要求。

当粗加工工序安排完后,应接着安排换刀后进行的半精加工和精加工。其中,安排半精加工的目的是:当粗加工后所留余量的均匀性满足不了精加工要求时,则可安排半精加工作为过渡性工序,以便使精加工余量小而均匀。

在安排可以一刀或多刀进行的精加工工序时,其零件的最终轮廓应由最后一刀连续加工而成。这时,加工刀具的进退刀位置要考虑妥当,尽量不要在连续的轮廓中安排切入和切出或换刀及停顿,以免因切削力突然变化而造成弹性变形,致使光滑连续轮廓上产生表面划伤、形状突变或滞留刀痕等。

(2) 先近后远加工,减少空行程时间。

这里所说的远与近,是按加工部位相对于对刀点的距离大小而言的。在一般情况下,特别是在粗加工时,通常安排离对刀点近的部位先加工,离对刀点远的部位后加工,以便缩短刀具移动距离,减少空行程时间。对于车削加工,先近后远有利于保持毛坯件或半成品件的刚度,改善其切削条件。

例如,当加工图 4-3 所示零件时,如果按 $\phi38 \rightarrow \phi36 \rightarrow \phi34$ 的次序安排车削,不仅会增加刀具返回对刀点所需的空行程时间,而且还可能使台阶的外直角处产生毛刺(飞边)。对这类直径相差不大的台阶轴,当第一刀的切削深度(图中最大切削深度可为 3 mm 左右)未超限时,宜按 $\phi34 \rightarrow \phi36 \rightarrow \phi38$ 的次序先近后远地安排车削。

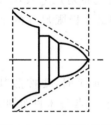

图 4-2　先粗后精示例

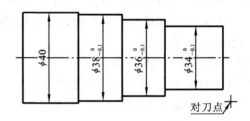

图 4-3　先近后远示例

(3) 内外交叉。

对既有内表面(内型腔)又有外表面需加工的零件进行安排加工顺序时,应先进行内外表面粗加工,后进行内外表面精加工。切不可将零件上一部分表面(外表面或内表面)加工完毕后,再加工其他表面(内表面或外表面)。

(4) 基面先行原则。

用作精基准的表面应先加工出来,因为定位基准的表面越精确,装夹误差就越小。例如轴类零件加工时,总是先加工中心孔,再以中心孔为精基准加工外圆表面和端面。

上述原则并不是一成不变的,对于某些特殊情况,则需要采取灵活可变的方案。如有的工件就必须先精加工后粗加工,才能保证其加工精度与质量。

2) 加工进给路线的拟定

进给路线是刀具在整个加工工序中相对于工件的运动轨迹,它不但包括了工步的内容,而且也反映出工步的顺序。进给路线也是编程的依据之一。

加工路线的确定首先必须保持被加工零件的尺寸精度和表面质量,其次考虑数值计算简单、走刀路线尽量短、效率较高等。因精加工的进给路线基本上都是沿其零件轮廓顺序进行

的,因此确定进给路线的工作重点是确定粗加工及空行程的进给路线。下面具体分析:

(1) 加工路线与加工余量的关系。

在数控车床还未达到普及使用的条件下,一般应把毛坯件上大的余量,特别是含有锻、铸硬皮层的余量安排在普通车床上加工。如必须用数控车床加工时,则要注意程序的灵活安排。安排一些子程序对余量过多的部位先作一定的切削加工。

① 对大余量毛坯进行阶梯切削时的加工路线。

图 4-4 所示为车削大余量工件的两种加工路线,图 4-4(a)所示是错误的阶梯切削路线,图 4-4(b)所示按 1 至 5 的顺序切削,每次切削所留余量相等,是正确的阶梯切削路线。因为在同样背吃刀量的条件下,按图 4-4(a)所示方式加工所剩的余量过多。

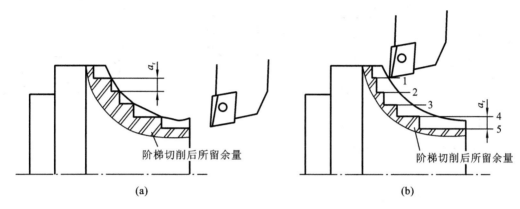

图 4-4 车削大余量毛坯的阶梯路线

(a) 错误的阶梯切削路线;(b) 正确的阶梯切削路线

根据数控加工的特点,还可以放弃常用的阶梯车削法,改用依次从轴向和径向进刀、顺工件毛坯轮廓走刀的路线,如图 4-5 所示。

② 分层切削时刀具的终止位置。

当某表面的较多部位的余量需分层多次走刀切削时,从第二刀开始就要防止走刀到终点时切削深度的猛增。如图 4-6 所示,假设用 90°主偏角刀分层车削外圆,合理的安排应是每一

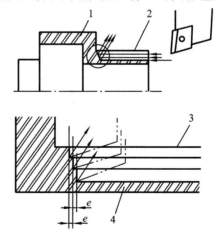

图 4-6 分层切削时刀具的终止位置

1,4—三刀以后所剩的余量;2,3—毛坯轮廓

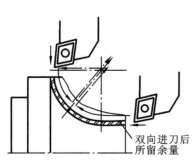

图 4-5 双向进刀走刀路线

刀的切削终点依次提前一小段距离 e（例如可取 $e=0.05$ mm）。如果 $e=0$，则每一刀都终止在同一轴向位置上，主切削刃就可能受到瞬时的重负荷冲击。当刀具的主偏角大于 90°，但仍然接近 90°时，也宜作出层层递退的安排，经验表明，这对延长粗加工刀具的寿命是有利的。

（2）刀具的切入、切出。

在数控机床上进行加工时，要安排好刀具的切入、切出路线，尽量使刀具沿轮廓的切线方向切入、切出。

尤其是车螺纹时，必须设置升速段 δ_1 和降速段 δ_2，如图 4-7 所示，这样可避免因车刀进给速度的升降而影响螺距的稳定。

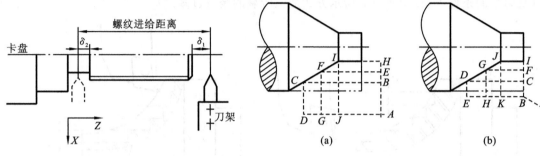

图 4-7　车螺纹时的引入距离和超越距离

图 4-8　巧用起刀点
(a) 走刀路线 1；(b) 走刀路线 2

（3）确定最短的空行程路线。

确定最短的走刀路线，除了依靠大量的实践经验外，还要善于分析，必要时辅以一些计算。现将实践中的部分设计方法或思路介绍如下：

① 巧用对刀点　图 4-8(a)所示为采用矩形循环方式进行粗车的一般情况示例。其起刀点 A 的设定是考虑到精车等加工过程中需方便地换刀，故设置在离坯料较远的位置处，同时将起刀点与其对刀点重合在一起，按三刀粗车的走刀路线安排如下：

第一刀走刀路线为 $A \rightarrow B \rightarrow C \rightarrow D \rightarrow A$

第二刀走刀路线为 $A \rightarrow E \rightarrow F \rightarrow G \rightarrow A$

第三刀走刀路线为 $A \rightarrow H \rightarrow I \rightarrow J \rightarrow A$

图 4-8(b)所示则是巧将起刀点与对刀点分离，并将对刀点设于图示 B 点位置，仍按相同的切削用量进行三刀粗车，其走刀路线安排如下：

第一刀走刀路线为 $B \rightarrow C \rightarrow D \rightarrow E \rightarrow B$

第二刀走刀路线为 $B \rightarrow F \rightarrow G \rightarrow H \rightarrow B$

第三刀走刀路线为 $B \rightarrow I \rightarrow J \rightarrow K \rightarrow B$。

起刀点与对刀点分离的空行程为 $A \rightarrow B$。显然，图 4-8(b)所示的走刀路线短。

② 巧设换刀点　为了考虑换（转）刀的方便和安全，有时将换（转）刀点也设置在离坯件较远的位置处（如图 4-8 中 A 点），那么，当换第二把刀后，进行精车时的空行程路线必然也较长；如果将第二把刀的换刀点也设置在图 4-8(b)中的 B 点位置上，则可缩短空行程距离。

③ 合理安排"回零"路线　在手工编制较复杂轮廓的加工程序时，为使其计算过程尽量简化，既不易出错，又便于校核，编程者（特别是初学者）有时每一刀加工完后，将刀具终点通过执行"回零"（返回对刀点）指令，全都返回到对刀点位置，然后再进行后续程序。这样会增加走刀

路线的距离,从而大大降低生产效率。因此,在合理安排"回零"路线时,应使其前一刀终点与后一刀起点间的距离尽量减短,或者为零,即可满足走刀路线为最短的要求。

(4) 确定最短的切削进给路线。

切削进给路线短,可有效地提高生产效率,降低刀具损耗等。在安排粗加工或半精加工的切削进给路线时,应同时兼顾到被加工零件的刚度及加工的工艺性等要求,不要顾此失彼。

图 4-9 所示为粗车工件时走刀路线示例。其中,图 4-9(a)所示为利用数控系统具有的封闭式复合循环功能而控制车刀沿着工件轮廓进行走刀的路线;图 4-9(b)所示为利用数控系统循环功能安排的三角形走刀路线;图 4-9(c)所示为利用数控系统循环功能而安排的矩形走刀路线。

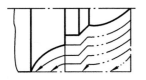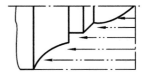

图 4-9　走刀路线示例

(a) 沿工件轮廓走刀;(b) 三角形走刀;(c) 矩形走刀

对以上三种切削进给路线,经分析和判断后可知矩形走刀路线的走刀长度总和为最短。因此,在同等条件下,其切削所需时间(不含空行程)为最短,刀具的损耗小。另外,矩形循环加工的程序段格式较简单,所以这种进给路线的安排,在制订加工方案时应用较多。

3. 切削用量的选择

切削用量选择是否合理,对于能否充分发挥机床潜力与刀具切削性能,实现优质、高产、低成本和安全操作具有很重要的作用。对数控车床加工而言,切削用量的选择原则是:粗车时,首先考虑选择一个尽可能大的背吃刀量,其次选择一个较大的进给量,最后确定一个合适的切削速度。增大背吃刀量可使走刀次数减少,增大进给量有利于断屑,因此根据以上原则选择粗车切削用量对于提高生产效率,减少刀具消耗,降低加工成本是有利的。

精车时,加工精度和表面粗糙度要求较高,加工余量不大且较均匀,因此选择精车切削用量时,应着重考虑如何保证加工质量,并在此基础上尽量提高生产效率。因此精车时应选用较小(但不太小)的背吃刀量和进给量,并选用切削性能高的刀具材料和合理的几何参数,以尽可能提高切削速度。

(1) 背吃刀量的确定。

在工艺系统刚度和机床功率允许的情况下,尽可能选取较大的背吃刀量,以减少进给次数。当零件精度要求较高时,则应考虑留出精车余量,其所留的精车余量一般比普通车削时所留余量小,常取 0.1~0.5 mm。

(2) 进给量的确定。

进给量(有些数控机床用进给速度)的选取应该与背吃刀量和主轴转速相适应。在保证工件加工质量的前提下,可以选择较高的进给速度(2000 mm/min 以下)。在切断、车削深孔或精车时,应选择较低的进给速度。当刀具空行程特别是远距离"回零"时,可以设定尽量高的进给速度。

粗车时一般取 $f = 0.3 \sim 0.8$ mm/r,精车时常取 $f = 0.1 \sim 0.3$ mm/r,切断时取 $f = 0.05 \sim$

0.2 mm/r。

（3）主轴转速的确定。

① 光车外圆时主轴转速。

光车外圆时主轴转速应根据零件上被加工部位的直径，并按零件和刀具材料以及加工性质等条件所允许的切削速度来确定。

切削速度除了计算和查表选取外，还可以根据实践经验确定。需要注意的是，交流变频调速的数控车床低速输出力矩小，因而切削速度不能太低。

切削速度确定后，用公式 $n = 1000v_c/\pi d$ 计算主轴转速 $n(\text{r/min})$。表 4-1 所示为硬质合金外圆车刀切削速度的参考值。确定加工时的切削速度，除了可参考表 4-1 列出的数值外，还可根据实践经验进行确定。

表 4-1　硬质合金外圆车刀切削速度的参考值

工 件 材 料	热处理状态	a_p/mm		
		(0.3,2]	(2,6]	(6,10]
		$f/(\text{mm/r})$		
		(0.08,0.3]	(0.3,0.6]	(0.6,1)
		$v_c/(\text{m/min})$		
低碳钢、易切钢	热轧	140～180	100～120	70～90
中碳钢	热轧	130～160	90～110	60～80
	调质	100～130	70～90	50～70
合金结构钢	热轧	100～130	70～90	50～70
	调质	80～110	50～70	40～60
工具钢	退火	90～120	60～80	50～70
灰铸铁	硬度＜190 HBS	90～120	60～80	50～70
	硬度＝190～225 HBS	80～110	50～70	40～60
高锰钢			10～20	
铜及铜合金		200～250	120～180	90～120
铝及铝合金		300～600	200～400	150～200
铸铝合金		100～180	80～150	60～100

注：切削钢及灰铸铁时刀具耐用度约为 60 min。

② 车螺纹时主轴的转速。

在车削螺纹时，车床的主轴转速将受到螺纹的螺距 P（或导程）大小、驱动电动机的升降速度特性，以及螺纹插补运算速度等多种因素影响，故对于不同的数控系统，推荐不同的主轴转速选择范围。大多数经济型数控车床推荐车螺纹时的主轴转速 $n(\text{r/min})$ 计算公式为

$$n \leqslant (1200/P) - k \qquad (4\text{-}1)$$

式中　P——被加工螺纹螺距，mm；

　　　k——保险系数，一般取为 80。

此外，在安排粗、精车削用量时，应注意机床说明书给定的允许切削用量范围，对于主轴采用

交流变频调速的数控车床,由于主轴在低转速时扭矩降低,尤其应注意此时的切削用量选择。

【任务实施】

(1) 零件图的工艺分析。

图 4-1 所示零件表面由圆柱、圆锥、顺圆弧、逆圆弧及螺纹等表面组成。其中多个直径尺寸有较严的尺寸精度和表面粗糙度等要求;球面 $S\phi50$ 的尺寸公差还兼有控制该球面形状(线轮廓)误差的作用。尺寸标注完整,轮廓描述清楚。零件材料为 45 钢,无热处理和硬度要求。

通过上述分析,可采用以下几点工艺措施。

① 对图样上给定的几个精度要求较高的尺寸,因其公差数值较小,故编程时不必取平均值,而全部取其基本尺寸即可。

② 在轮廓曲线上,有三处为圆弧,其中两处为既过象限又改变进给方向的轮廓曲线,因此在加工时应进行机械间隙补偿,以保证轮廓曲线的准确性。

③ 为便于装夹,坯件左端应预先车出夹持部分,右端面也应先粗车出并钻好中心孔。毛坯选 $\phi60$ 棒料。

(2) 选择设备。

根据被加工零件的外形和材料等条件,选用 CKA6140 数控车床。

(3) 确定零件的定位基准和装夹方式。

① 定位基准 确定以坯料轴线和左端大端面(设计基准)为定位基准。

② 装夹方法 左端采用三爪自定心卡盘定心夹紧,右端采用活动顶尖支承的装夹方式。

(4) 确定加工顺序及进给路线。

加工顺序按由粗到精、由近到远(由右到左)的原则确定。即先从右到左进行粗车(留0.25 mm 精车余量),然后从右到左进行精车,最后车削螺纹。

CKA6140 数控车床具有粗车循环和车螺纹循环功能,只要正确使用编程指令,机床数控系统就会自动确定其进给路线,因此,该零件的粗车循环和车螺纹循环不需要人为确定其进给路线(但精车的进给路线需要人为确定)。该零件从右到左沿零件表面轮廓精车进给路线如图4-10 所示。

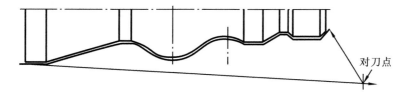

对刀点

图 4-10 精车轮廓进给路线

(5) 刀具选择。

① 选用 $\phi5$ 中心钻钻削中心孔。

② 粗车及平端面选用 90°硬质合金右偏刀,为防止副后刀面与工件轮廓干涉(可用作图法检验),副偏角不宜太小,选 $\kappa_r' = 35°$。

③ 精车选用 90°硬质合金右偏刀,车螺纹选用硬质合金 60°外螺纹车刀,刀尖圆角半径应小于轮廓最小圆角半径,取 $r_\varepsilon = 0.15 \sim 0.2$ mm。

将所选定的刀具参数填入数控加工刀具卡片中(见表 4-2),以便编程和操作管理。

表 4-2 数控加工刀具卡片

产品名称或代号		×××	零件名称	典型轴	零件图号	×××
序号	刀具号	刀具规格名称	数量	加工表面		备注
1	T01	φ5 中心钻	1	钻 φ5 中心孔		
2	T02	硬质合金 90°外圆车刀	1	车端面及粗车轮廓		右偏刀
3	T03	硬质合金 90°外圆车刀	1	精车轮廓		右偏刀
4	T04	硬质合金 60°外螺纹车刀	1	车螺纹		
编制	×××	审核	×××	批准	×××	共 页 第 页

（6）切削用量选择。

① 背吃刀量的选择　轮廓粗车循环时选 $a_p=3$ mm，精车时选 $a_p=0.25$ mm；螺纹粗车时选 $a_p=0.4$ mm，逐刀减少，精车时选 $a_p=0.1$ mm。

② 主轴转速的选择　车直线和圆弧时，查表 4-1 选粗车切削速度 $v_c=90$ m/min、精车切削速度 $v_c=120$ m/min，然后利用公式 $v_c=\pi dn/1000$ 初步计算主轴转速 n（粗车直径为 60 mm，精车工件直径取平均值），再根据计算结果和经验选取粗车时为 500 r/min、精车时为 1200 r/min。车螺纹时，参照式（4-1）计算主轴转速 $n=320$ r/min。

③ 进给速度的选择　查表 1-3、表 1-4 选择粗车、精车每转进给量，再根据加工的实际情况确定粗车每转进给量为 0.4 mm/r，精车每转进给量为 0.15 mm/r，最后根据公式 $v_f=nf$ 计算粗车、精车进给速度分别为 200 mm/min 和 180 mm/min。螺纹车削进给速度为 960 mm/min。

（7）填写数控加工工艺文件。

综合前面分析的各项内容，并将其填入表 4-3 所示的数控加工工艺卡片。此表是编制加工程序的主要依据和操作人员配合数控程序进行数控加工的指导性文件。主要内容包括工步顺序、工步内容、各工步所用的刀具及切削用量等。

表 4-3 典型轴类零件数控加工工艺卡片

单位名称	×××	产品名称或代号		零件名称	零件图号	
		×××		典型轴	×××	
工序号	程序编号	夹具名称	使用设备		车间	
001	×××	三爪卡盘和活动顶尖	CKA6140 数控车床		数控中心	
工步号	工步内容	刀具号	刀具规格/mm	主轴转速/(r/min)	进给速度/(mm/min)	背吃刀量/mm	备注
1	平端面	T02	25×25	500			手动
2	钻中心孔	T01	φ5	950			手动
3	粗车轮廓	T02	25×25	500	200	3	自动
4	精车轮廓	T03	25×25	1200	180	0.25	自动
5	粗车螺纹	T04	25×25	320	960		自动
6	精车螺纹	T04	25×25	320	960		自动
编制	×××	审核 ×××	批准 ×××	年 月 日		共 页 第 页	

【思考与实训】

1. 简述零件数控车削零件图纸工艺分析的内容。

2. 简答适合数控车削加工的零件特点和加工工序的顺序安排原则是什么。

3. 简述数控车削加工路线是如何确定的。

4. 简述数控车削时,切削用量如何选择。

5. 编制图 4-11 所示数控车削加工工艺文件,其中毛坯尺寸为 $\phi 44\ mm \times 124\ mm$,材料为 45 钢。

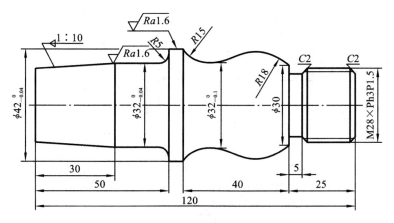

图 4-11 零件图

6. 编制图 4-12 所示零件的数控车削加工工艺文件,其中该零件材料为 2A12,毛坯尺寸为 $\phi 25\ mm \times 95\ mm$,无热处理和硬度要求。

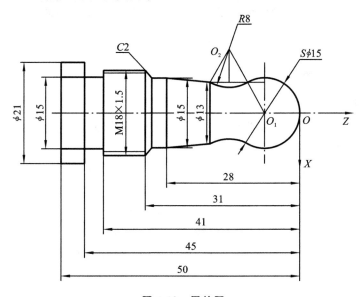

图 4-12 零件图

任务二　轴套类零件加工工艺的编制

【任务引入】

本任务完成图 4-13 所示轴套类零件,该零件材料为 45 钢,无热处理和硬度要求,试对该零件进行数控车削工艺分析(小批量生产)。

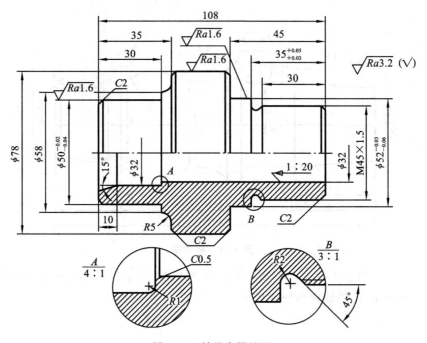

图 4-13　轴承套零件图

【相关知识准备与任务实施】

1. 零件图工艺分析

该零件表面由内外圆柱面、内圆锥面、顺圆弧、逆圆弧及外螺纹等表面组成,其中多个直径尺寸与轴向尺寸有较高的尺寸精度和表面粗糙度要求。零件图尺寸标注完整,符合数控加工尺寸标注要求;轮廓描述清楚完整;零件材料为 45 钢,加工切削性能较好,无热处理和硬度要求。

通过上述分析,该零件加工可采用以下几点工艺措施。

(1) 对图样上带公差的尺寸,因公差值较小,故编程时不必取平均值,而取基本尺寸即可。

(2) 左右端面均为多个尺寸的设计基准,相应工序加工前,应该先将左右端面车出来。

(3) 内孔尺寸较小,镗 1：20 锥孔与镗 φ32 孔及车 15°锥面时需掉头装夹。

2. 选择设备

根据被加工零件的外形和材料等条件,选用 CJK6240 数控车床。

3. 确定零件的定位基准和装夹方式

(1) 内孔加工。

定位基准:内孔加工时以外圆定位。

装夹方式:用三爪自动定心卡盘夹紧。

(2)外轮廓加工。

定位基准:确定零件轴线为定位基准。

装夹方式:加工外轮廓时,为保证一次安装加工出全部外轮廓,需要设置一圆锥心轴装置(图4-14所示的双点画线部分),用三爪自动定心卡盘夹持心轴左端,心轴右端留有中心孔并用尾座顶尖顶紧以提高工艺系统的刚度。

4．拟定加工顺序和进给路线

加工顺序的拟定按由内到外、由粗到精、由近到远的原则确定,在一次装夹中尽可能加工出较多的工件表面。结合本零件的结构特征,可先加工内孔各表面,然后加工外轮廓表面。由于该零件为小批量生产,走刀路线设计不必考虑最短进给路线或最短空行程线,外轮廓表面车削的走刀路线可沿零件轮廓顺序进行,如图4-15所示。

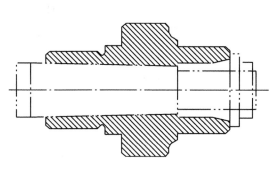

图4-14　外轮廓车削装夹方案

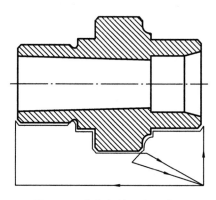

图4-15　外轮廓加工走刀路线

5．刀具选择

将所选定的刀具参数填入表4-4所示的轴承套数控加工刀具卡片中,以便于编程和操作管理。注意:车削外轮廓时,为防止副后刀面与工件表面发生干涉,应选择较大的副偏角,必要时可作图检验。本例中选$\kappa_r' = 55°$。

表4-4　轴承套数控加工刀具卡片

产品名称或代号		×××	零件名称	轴承套	零件图号	×××
序号	刀具号	刀具规格名称	数量	加工表面		备注
1	T01	45°硬质合金端面车刀	1	车端面		
2	T02	$\phi 5$ 中心钻	1	钻 $\phi 5$ 中心孔		
3	T03	$\phi 26$ 钻头	1	钻底孔		
4	T04	镗刀	1	镗内孔各表面		
5	T05	93°右偏刀	1	从右至左车外表面		
6	T06	93°左偏刀	1	从左至右车外表面		
7	T07	60°外螺纹车刀	1	车 M45 螺纹		
编制	×××	审核	×××	批准	×××	年　月　日	共　页	第　页

6. 切削用量选择

根据被加工表面质量要求、刀具材料和工件材料,参考切削用量手册或有关资料选取切削速度与每转进给量,然后利用公式 $v_c = \pi dn/1000$ 和 $v_f = nf$,计算主轴转速与进给速度(计算过程略),计算结果填入表 4-5 所示工序卡中。

背吃刀量的选择在粗、精加工时有所不同。粗加工时,在工艺系统刚度和机床功率允许的情况下,尽可能取较大的背吃刀量,以减少进给次数;精加工时,为保证零件表面粗糙度要求,背吃刀量一般取 0.1~0.4 mm 较为合适。

7. 填写数控加工工艺卡片

将前面分析的各项内容填入数控加工工艺卡片。

表 4-5 轴承套数控加工工艺卡片

单位名称	×××	产品名称或代号		零件名称		零件图号	
		×××		轴承套		×××	
工序号	程序编号	夹具名称		使用设备		车间	
001	×××	三爪卡盘和自制心轴		CJK6240 数控车床		数控中心	
工步号	工步内容 (尺寸单位 mm)		刀具号	刀具、刀柄规格/mm	主轴转速/(r/min)	进给速度/(mm/min)	背吃刀量/mm	备注
1	平端面		T01	25×25	320		1	手动
2	钻 φ5 中心孔		T02	φ5	950		2.5	手动
3	钻 φ32 孔的底孔 φ26		T03	φ26	200		13	手动
4	粗镗 φ32 内孔、15°斜面及 0.5×45°倒角		T04	20×20	320	40	0.8	自动
5	精镗 φ32 内孔、15°斜面及 0.5×45°倒角		T04	20×20	400	25	0.2	自动
6	掉头装夹粗镗 1∶20 锥孔		T04	20×20	320	40	0.8	自动
7	精镗 1∶20 锥孔		T04	20×20	400	20	0.2	自动
8	心轴装夹从右至左粗车外轮廓		T05	25×25	320	40	1	自动
9	从左至右粗车外轮廓		T06	25×25	320	40	1	自动
10	从右至左精车外轮廓		T05	25×25	400	20	0.1	自动
11	从左至右精车外轮廓		T06	25×25	400	20	0.1	自动
12	卸心轴,改为三爪自动定心卡盘装夹,粗车 M45 螺纹		T07	25×25	320	1.5 mm/r		自动
13	精车 M45 螺纹		T07	25×25	320	1.5 mm/r		自动
编制	×××	审核	×××	批准	×××	年 月 日	共 页	第 页

【思考与实训】

1. 简述轴套类零件的数控车削加工工艺分析过程。

2. 图 4-16 所示为锥孔螺母套零件图,其中毛坯为 ϕ72 棒料,材料为 45 钢,试按照中批量生产编制数控加工工艺文件。

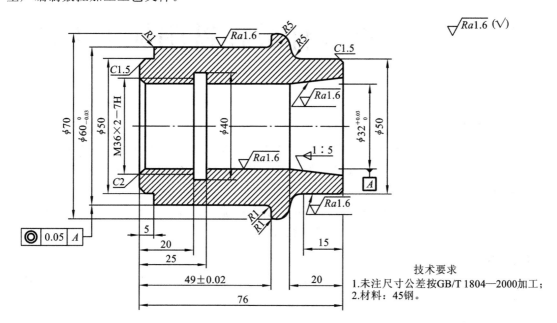

图 4-16 锥孔螺母套零件图

项目五 典型零件数控铣削加工工艺

【学习目标】

1. 熟知零件图的几何尺寸和精度要求,能够对零件图及零件的结构进行工艺分析。

2. 学会拟定平面轮廓类零件及配合件的数控铣削加工路线,能够合理选择铣削加工刀具、夹具,并能拟定装夹方案。

3. 学会按照加工工艺选择合适的切削用量与机床,能够编制数控铣削加工工艺文件。

4. 会编制数控铣削零件内轮廓(凹槽型腔)及配合件的数控加工工艺文件。

【知识要点】

零件结构的工艺性分析;平面轮廓、曲面轮廓的加工方法;预钻削起始孔法;插铣法;坡走铣法;螺旋插补铣;挖槽加工的工艺及处理方法。

【实训项目】

1. 选择平面轮廓类零件及配合件的数控铣削加工夹具,拟定装夹方案。

2. 编制平面轮廓类零件及配合件的数控铣削加工工艺文件。

3. 编制数控铣削零件内轮廓(凹槽型腔)及配合件的数控加工工艺文件。

任务一 法兰零件加工工艺文件的编制

【任务引入】

本任务完成图5-1所示法兰零件的数控铣削加工工艺的分析与编制。材料为 HT200 铸铁,毛坯尺寸为 170 mm×110 mm×50 mm。

说明:在实际生产中,一般不选用长方块料作为这种零件的毛坯,而是采用余量较小的铸件,本例选择长方块料作为毛坯,目的是为了让学生更多地练习。

【相关知识准备】

1. 零件图的工艺分析

数控铣削零件图工艺分析包括分析零件图技术要求、检查零件图的完整性和正确性、零件的结构工艺性分析和零件毛坯的工艺性分析。

1)分析零件图技术要求

分析铣削零件图技术要求时,主要考虑如下方面。

(1)各加工表面的尺寸精度要求。

(2)各加工表面的几何形状精度要求。

(3)各加工表面之间的相互位置精度要求。

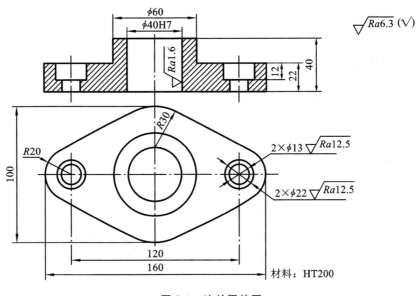

图 5-1　法兰零件图

（4）各加工表面粗糙度要求以及表面质量方面的其他要求。

（5）热处理要求及其他要求。

2）检查零件图的完整性和正确性

数控铣削加工程序是根据准确的坐标点来编制的,因此,各图形几何要素间的相互关系（如相切、相交、垂直、平行和同心等)应明确;各种几何要素的条件要充分,应无引起矛盾的多余尺寸或影响工序安排的封闭尺寸;尺寸、公差和技术要求应标注齐全等。例如,在实际加工中常常会遇到图中缺少尺寸,给出的几何要素的相互关系不够明确,使编程计算无法完成,或者虽然给出了几何要素的相互关系,但同时又给出了引起矛盾的相关尺寸,同样也会给数控编程计算带来困难。另外,要特别注意零件图各方向尺寸是否有统一的设计基准,以便简化编程,保证零件的加工精度要求。

3）零件的结构工艺性分析

零件的结构工艺性是指所设计的零件在满足使用要求的前提下制造的可行性和经济性。良好的结构工艺性,可以使零件加工容易、节省工时和材料。而较差的零件结构工艺性,会使加工困难、浪费工时和材料,有时甚至无法加工。因此,零件各加工部位的结构工艺性应符合数控加工的特点。

（1）零件图上的尺寸标注应方便编程。

在分析零件图时,除了考虑尺寸有无遗漏或重复、尺寸标注是否模糊不清和尺寸是否封闭等因素外。还应该分析零件图的尺寸标注方法是否便于编程。无论是用绝对、增量还是混合方式编程,都希望零件结构的形位尺寸从同一基准出发标注尺寸或直接给出坐标尺寸。这种标注方法,不仅便于编程,而且便于尺寸之间的相互协调,并便于保持设计、制造及检测基准与编程原点设置的一致性。不从同一基准出发标注的分散类尺寸,可以考虑通过编程时的坐标系变换的方法,或通过工艺尺寸链解算的方法变换为统一基准的工艺尺寸。此外,还有一些封闭尺寸,如图 5-2 所示,为了同时保证这三个孔间距的公差,直接按名义尺寸编程是不行的,在编程时必须通过尺寸链的计算,对原孔位尺寸进行适当调整,保证加工后的孔距尺寸符合公差

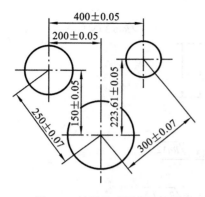

图 5-2 封闭尺寸零件加工要求

要求。实际生产中有许多与此相类似的情况,编程时一定要引起注意。

(2)分析零件的变形情况,保证获得要求的加工精度。

检查零件加工结构的质量要求,如尺寸加工精度、形位公差及表面粗糙度在现有的加工条件下是否可以得到保证,是否还有更经济的加工方法或方案。虽然数控铣床的加工精度高,但对一些过薄的腹板和缘板零件应认真分析其结构特点。这类零件在实际加工中因较大切削力的作用容易使薄板产生弹性变形,从而影响到薄板的加工精度,同时也影响到薄板的表面粗糙度。当薄板的面积较大而厚度又小于 3 mm 时,就应充分重视这一问题,并采取相应措施来保证其加工的精度,如在工艺上,可以采用减小每次进刀的切削深度或降低切削速度等方法来控制零件在加工过程中的变形,并利用 CNC 机床的循环编程功能减少编程工作量。在用同一把铣刀、同一个刀具补偿值编程加工时,由于零件轮廓各处尺寸的公差带不同,如图 5-3 所示,很难同时保证各处尺寸在尺寸公差范围内。这时一般采取的方法是:兼顾各处尺寸公差,在编程计算时,改变轮廓尺寸并移动公差带,改为对称公差。采用同一把铣刀和同一个刀具半径补偿值加工。计算与编程时选用括号内的尺寸进行。

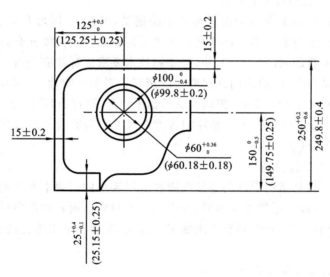

图 5-3 轮廓尺寸公差带的调整

(3)尽量统一零件轮廓内圆弧的有关尺寸。

① 零件的槽底圆角半径。

内槽圆角的大小决定着刀具直径的大小,所以内槽圆角半径不应太小。图 5-4 所示的零件,其结构工艺性的好坏与被加工轮廓的高低、转角圆弧半径的大小等因素有关。图 5-4(b)与图 5-4(a)相比,转角圆弧半径大,可以采用较大直径的立铣刀来加工;加工平面时,进给次数也相应减少,表面加工质量也会好一些,因而工艺性较好。通常 $R < 0.2H$ 时,零件内槽部位的工艺性不好。

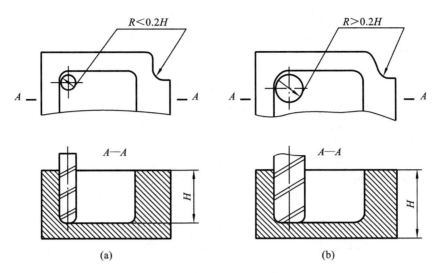

图 5-4　内槽结构工艺性对比图

（a）内槽结构工艺性不好；（b）内槽结构工艺性较好

② 转接圆弧半径值大小的影响。

转接圆弧半径大，可以采用较大的铣刀加工，效率高，且加工表面质量也较好，因此工艺性较好。

铣槽底平面时，槽底圆角半径 r 不要过大。如图 5-5 所示，铣刀端面刃与铣削平面的最大接触直径 $d = D - 2r$（D 为铣刀直径），当 D 一定时，r 越大，铣刀端面刃铣削平面的面积越小，加工平面的能力就越差，效率越低，工艺性也越差。当 r 大到一定程度时，甚至必须用球头铣刀加工，这是应该尽量避免的。当铣削的底面面积较大，底部圆弧半径 r 也较大时，只能用两把 r 不同的铣刀分两次进行切削。

（4）保证基准统一原则。

有些零件需要多次装夹才能完成加工，如图 5-6 所示，由于数控铣削不能采用"试切法"来接刀，故会因为零件的重新装夹而接不好刀。为避免两次装夹误差，最好采用统一基准定位，因此零件上应有合适的孔作为定位基准孔，如果零件上没有基准孔，可专门设置工艺孔作为定位基准（如在毛坯上增加工艺凸耳设基准孔）。如实在无法制出基准孔，也要用经过精加工的面作为统一基准。

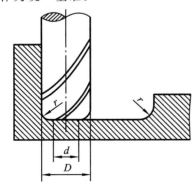

图 5-5　槽底圆弧半径对铣削工艺的影响

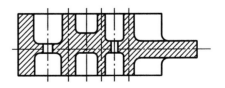

图 5-6　必须两次安装加工的零件

有关数控铣削零件加工部位的结构工艺性分析对比如表 5-1 所示。

表 5-1 数控铣削零件加工部位结构工艺性分析对比

序号	A 工艺性差的结构	B 工艺性好的结构	注　　释
1	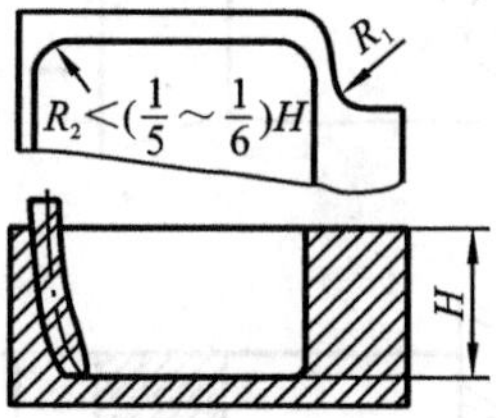	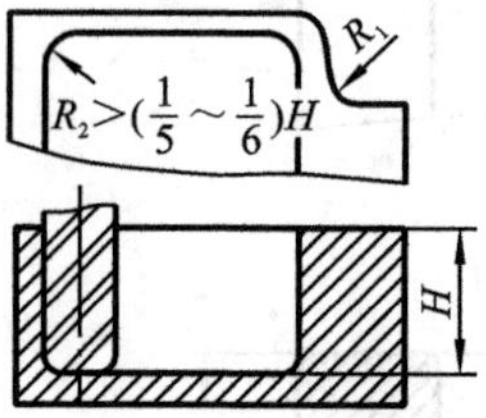	B 结构可以选用较高刚度的刀具
2	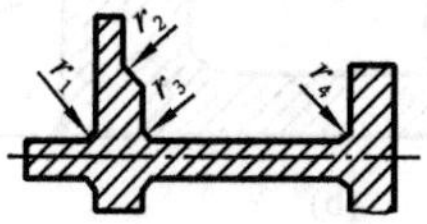	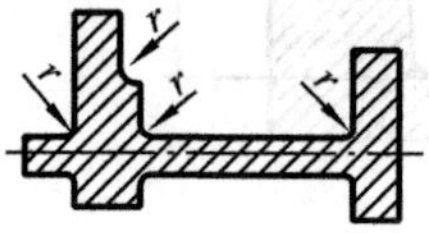	B 结构需要刀具比 A 结构需要的少,减少了换刀的辅助时间
3	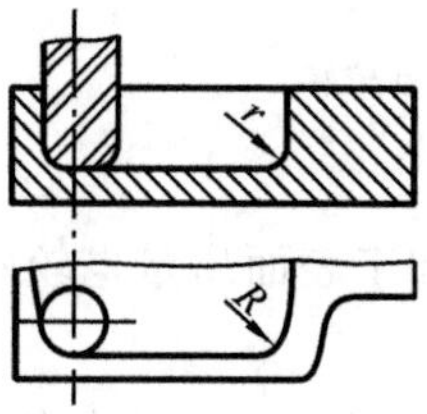	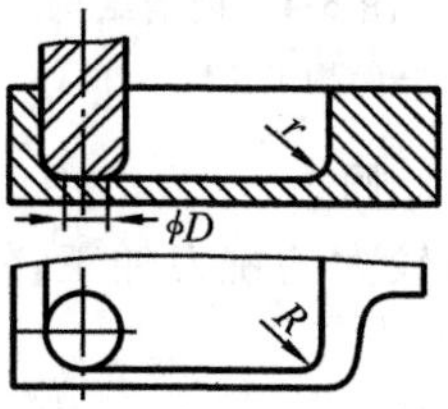	B 结构 R 大、r 小,铣刀端刃铣削面积大,生产效率高
4	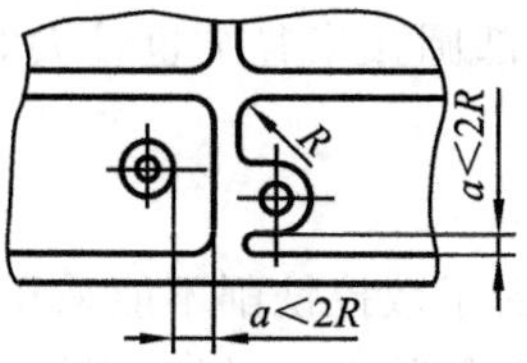	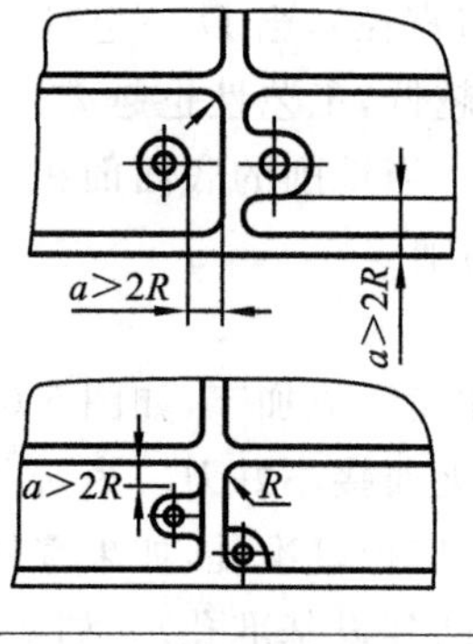	B 结构 $a>2R$,便于半径为 R 的铣刀进入,需要的刀具少,加工效率高
5	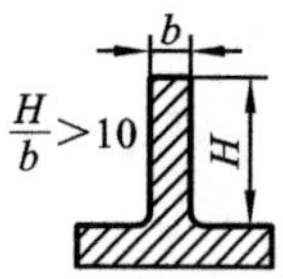	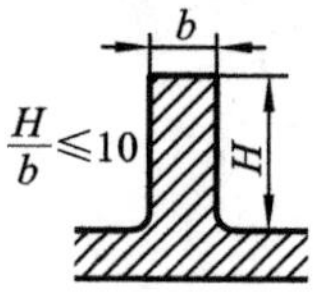	B 结构刚度好,可以使用大直径铣刀加工,加工效率高

4) 零件毛坯的工艺性分析

在分析数控铣削零件的结构工艺性时,还需要分析零件的毛坯工艺性。因为零件在进行数控铣削加工时,由于加工过程是自动进行,要求余量的大小、如何装夹等问题在设计毛坯时就应仔细考虑好。

(1) 分析毛坯余量。

毛坯主要指锻件、铸件。锻件在锻造时由于欠压量与允许的错模量会造成余量不均匀;铸件在铸造时因砂型误差、收缩量及金属液体的流动性差不能充满型腔等造成余量不均匀。此外,毛坯的挠曲和扭曲变形量的不同也会造成加工余量不充分、不稳定。实践证明,数控铣削中最难保证的是加工面与非加工面之间的尺寸。因此,在对毛坯设计时就应加以充分考虑,即在零件图样中注明的非加工面处增加适当的余量。

（2）分析毛坯装夹适应性。

主要考虑毛坯在加工时定位和夹紧的可靠性与方便性,以便在一次安装中加工出较多表面。对不便装夹的毛坯,可考虑在毛坯上另外增加装夹余量或工艺凸台、工艺凸耳等辅助基准。如图 5-7 所示,该工件缺少合适的定位基准,故需在毛坯上铸出两个工艺凸耳,再在凸耳上制出定位基准孔。

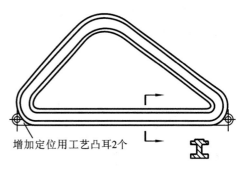

增加定位用工艺凸耳2个

图 5-7　增加毛坯辅助基准

（3）分析毛坯的变形、余量大小及均匀性。

分析毛坯加工中与加工后的变形程度,考虑是否应采取预防性措施和补救措施。对毛坯余量大小及均匀性,主要考虑在加工中要不要分层铣削,或分几层铣削。

2. 数控铣削加工工艺路线的拟定

1）加工方法选择

（1）平面加工方法的选择。

数控铣削平面主要采用端铣刀、立铣刀和面铣刀加工。粗铣的尺寸精度和表面粗糙度一般可以达到 IT10～IT12 和 $Ra6.3～25\ \mu m$;精铣的尺寸精度和表面粗糙度一般可以达到 IT7～IT9 和 $Ra1.6～6.3\ \mu m$;当零件表面粗糙度要求较高时,应采用顺铣方式。

（2）平面轮廓的加工方法。

平面轮廓类零件的表面多由直线和圆弧或各种曲线构成,通常采用三轴联动数控铣床进行两轴半坐标加工。图 5-8 所示为由直线和圆弧构成的零件平面轮廓 $ABCDEA$,采用半径为 R 的立铣刀沿周向加工,虚线 $A'B'C'D'E'A'$ 为刀具中心的运动轨迹。为保证加工面光滑,刀具沿 PA' 切入,沿 $A'K$ 切出。

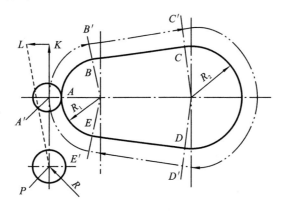

图 5-8　平面轮廓铣削

（3）曲面轮廓的加工方法。

曲面的加工应根据曲面形状、刀具形状及精度要求而采用合适的铣削加工方法。

① 对曲率变化不大和精度要求不高的曲面粗加工,常采用两轴半联动的"行切法"加工,即 X、Y、Z 三轴中任意两轴作联动插补,第三轴作单独的周期进给。图 5-9 所示为两轴半坐标行切法加工曲面。"行切法"加工,即刀具与零件轮廓的切点轨迹是一行一行的,行间距按零件加工精度要求而确定。

② 对曲率变化较大和精度要求较高的曲面精加工,常用 X、Y、Z 三轴联动插补的行切法加工。图 5-10 所示为三轴联动行切法加工曲面的切削点轨迹。

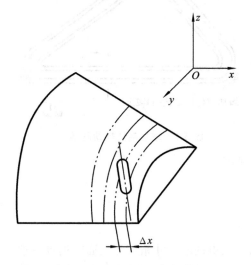

图 5-9　两轴半联动行切法加工曲面　　　　图 5-10　三轴联动行切法加工曲面的切削点轨迹

③ 对像叶轮、螺旋桨这样的复杂零件,因其叶片形状复杂,刀具容易与相邻表面干涉,常用 X、Y、Z、A 和 B 的五轴联动数控铣床加工。

2)划分加工阶段

(1)加工阶段的划分。

当数控铣削零件的加工质量要求较高时,往往不可能用一道工序来满足其要求,而要用几道工序逐步达到所要求的加工质量。为保证加工质量和合理地使用设备,零件的加工过程通常按工序性质不同,分为粗加工、半精加工、精加工和光整加工四个阶段:

粗加工阶段主要任务是切除各表面上的大部分余量,此阶段要注意提高生产效率。

半精加工阶段主要任务是使主要表面达到一定的精度,留有一定的精加工余量,为主要表面的精加工(精铣或精磨)做好准备,并完成一些次要表面加工,如扩孔、攻螺纹、铣键槽等。

精加工阶段的主要任务是保证各主要表面达到零件图规定的尺寸精度和表面粗糙度要求,其主要目标是如何保证加工质量。

光整加工阶段的主要任务是对零件上精度和表面粗糙度要求很高的表面进行光整加工。其目的是提高尺寸精度、减小表面粗糙度。

(2)划分加工阶段的目的。

① 保证加工质量。使粗加工产生的误差和变形,通过半精加工和精加工予以纠正,并逐步提高零件的加工精度和表面质量。

② 合理使用设备。避免以精干粗,充分发挥机床的性能,延长使用寿命。

③ 便于安排热处理工序,使冷热加工工序配合得更好,热处理变形可以通过精加工予以

消除。

④ 有利于及早发现毛坯的缺陷。粗加工时发现毛坯缺陷,及时予以报废,以免继续加工造成资源的浪费。

加工阶段的划分不是绝对的,必须根据工件的加工精度要求和工件的刚度来决定。一般说来,工件精度要求越高、刚度越差,划分阶段应越细;当工件批量小、精度要求不太高、工件刚度较好时,可以不分或少分加工阶段。

3) 划分加工工序

数控铣削的加工对象根据机床的不同也是不一样的。立式数控铣床一般适用于加工平面凸轮、样板、形状复杂的平面或立体曲面零件,以及模具型腔等。卧式数控铣床适用于加工箱体、泵体、壳体等零件。

在数控铣床上加工零件,工序比较集中,一般只需一次装夹即可完成全部工序的加工。为了提高数控铣床的使用寿命,保持数控铣床的精度,降低零件的加工成本,通常是把零件的粗加工,特别是零件的基准面、定位面安排在普通机床上加工。小批量生产时,通常采用工序集中原则;成批生产时,可按工序集中原则划分,也可按工序分散原则划分,应视具体情况而定。对于结构尺寸和重量都很大的重型零件,应采用工序集中原则,以减少装夹次数和运输量。对于刚度差、精度高的零件,应按工序分散原则划分工序。

在数控铣床上加工的零件,一般工序的划分方法有以下几种。

(1) 刀具集中分序法。

这种方法就是按所用刀具来划分工序,用同一把刀具加工完成所有可以加工的部位,然后再换刀。这种方法可减少不必要的定位误差。

(2) 粗、精加工分序法。

这种方法根据零件的形状、尺寸精度等因素,按粗、精加工分开的原则,先粗加工,再半精加工,最后精加工。

(3) 加工部位分序法。

这种方法即先加工平面、定位面,再加工孔,或先加工形状简单的几何形状,再加工复杂的几何形状,或先加工精度比较低的部位,再加工精度比较高的部位。

(4) 安装次数分序法。

这种方法以一次安装完成的那一部分工艺过程作为一道工序。这种方法适用于工件的加工内容不多,加工完成后就能达到待检状态的场合。

4) 拟定加工工序

数控铣削加工顺序安排得合理与否,将直接影响到零件的加工质量、生产效率和加工成本。应根据零件的结构和毛坯状况,结合定位及夹紧的需要综合考虑,重点应保证工件的刚度不受影响,尽量减少变形。铣削加工零件划分工序后,各工序的先后顺序安排通常要遵循如下原则。

(1) 基面先行原则　用作精基准的表面,要首先加工出来。因为定位基准的表面越精确,装夹误差就越小。

(2) 先粗后精原则　各个表面的加工顺序按照粗加工→半精加工→精加工→光整加工的顺序依次进行,逐步提高表面的加工精度和减小表面粗糙度值。

(3) 先主后次原则　零件的主要工作表面、装配基面应先加工,从而能及早发现毛坯中主要表面可能出现的缺陷。次要表面可穿插进行,如键槽、紧固用的光孔和螺纹孔等加工,可放在主要加工表面加工到一定程度后、最终精加工之前进行。

（4）先面后孔原则　对箱体、支架类零件,平面轮廓尺寸较大,一般先加工平面,再加工孔和其他尺寸,这样安排加工顺序,一方面用加工过的平面定位稳定可靠,另一方面在加工过的平面上加工孔,孔加工的编程数据比较容易确定（如 R 点的高度）,并能提高孔的加工精度,特别是钻孔时的轴线不易歪斜。

（5）先内后外原则　该原则先进行内型腔加工,后进行外形加工。

5）数控铣削工序的各工步顺序

由于数控机床集中工序加工的特点,在数控铣床或加工中心上的一个加工工序,一般为多工步,使用多把刀具。因此在一个加工工序中应合理安排工步顺序,它直接影响到数控铣床或加工中心的加工精度、加工效率、刀具数量和经济性。安排工步时除考虑通常的工艺要求之外,还应考虑下列因素。

（1）相同定位、夹紧方式或同一把刀具加工的内容,最好接连进行,以减少刀具更换次数,节省辅助时间。图 5-11 所示可以用同一把钻头将不在同一高度的中心孔一次加工完。

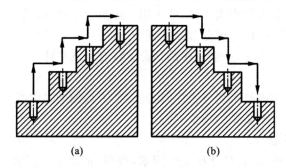

图 5-11　不在同一高度的中心孔一次加工完成

（a）需要使用 G98；（b）不需要使用 G98

（2）在一次安装中进行的多个工步,应先安排对工件刚度影响较小的工步。

（3）工步顺序安排和工序顺序安排方法是类似的,如都遵循由粗到精原则。先进行重切削、粗加工,去除毛坯大部分加工余量,然后安排一些发热小、加工精度要求不高的加工内容（如钻小孔、攻螺纹等）,最后再精加工。

（4）考虑走刀路线,减少空行程。如决定某一结构的加工顺序时,还应兼顾到邻近的加工结构的加工顺序,考虑相邻加工结构的一些相似的加工工步能否统一起来用一把刀接连加工,以减少换刀次数和空行程移动量。

6）铣削特点概述

铣削是铣刀旋转作主运动,工件或铣刀作进给运动的切削加工方法。数控铣削是一种应用非常广泛的数控切削加工方法,能完成数控铣削加工的设备主要是数控铣床和加工中心。

数控铣削与数控车削相比有如下特点。

（1）多刃切削。铣刀同时有多个刀齿参加切削,生产效率高。

（2）断续切削。铣削时,刀齿依次切入和切出工件,易引起周期性的冲击振动。

（3）半封闭切削。铣削的刀齿多,使每个刀齿的容屑空间小,呈半封闭状态,容屑和排屑条件差。

7）铣削加工的方式

（1）周铣和端铣。

铣刀对平面的加工，存在周铣与端铣两种方式，如图5-12所示。周铣平面时，平面度的好坏主要取决于铣刀的圆柱素线的直线度。因此，在精铣平面时，铣刀的圆柱度一定要好。用端铣的方法铣出的平面，其平面度的好坏主要取决于铣床主轴轴线与进给方向的垂直度。同样是平面加工，其方法不同对质量影响的因素也不同。周铣与端铣选择时的注意事项如下。

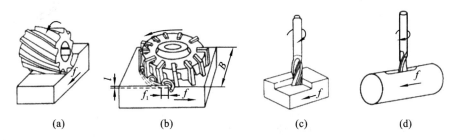

图5-12 铣刀平面加工的周铣和端铣

（a）圆柱铣刀的周铣；（b）端铣刀的端铣；（c）立铣刀同时周、端铣；（d）键槽铣刀的周、端铣

① 端铣用的面铣刀其装夹刚度较好，铣削时振动较小。而周铣用的圆柱铣刀刀杆较长、直径较小、刚度较差，容易产生弯曲变形和引起振动。

② 端铣时同时工作的刀齿数比周铣时多，工作较平稳。这是因为端铣时刀齿在铣削层宽度的范围内工作，而周铣时刀齿仅在铣削层侧向深度的范围内工作。一般情况下，铣削层宽度比铣削层深度要大得多，所以端铣时面铣刀和工件的接触面较大，同时工作的刀齿数也多，铣削力波动小。而在周铣时，为了减小振动，可选用大螺旋角铣刀来弥补这一缺点。

③ 端铣用面铣刀切削，其刀齿的主、副切削刃同时工作，由主切削刃切去大部分余量，副切削刃则可起到修光作用，面铣刀使用寿命较长，且加工表面的表面粗糙度值也比较小。而周铣时，只有圆周上的主切削刃在工作，不但无法消除加工表面的残留面积，而且铣刀装夹后的径向圆跳动也会反映到加工工件的表面上。

④ 端铣的面铣刀便于镶装硬质合金刀片进行高速铣削和阶梯铣削，生产效率高，铣削表面质量也比较好，而周铣用的圆柱铣刀镶装硬质合金刀片则比较困难。

⑤ 精铣削宽度较大的工件时，周铣用的圆柱铣刀一般都要接刀铣削，故会残留有接刀痕迹。而端铣时，则可用较大的盘形铣刀一次铣出工件的全部宽度，无接刀痕迹。

⑥ 周铣用的圆柱铣刀可采用大刃倾角，对铣削难加工材料（如不锈钢、耐热合金等）有一定的效果。

综上所述，在一般情况下，铣平面时，端铣的生产效率和铣削质量都比周铣高，因此，应尽量采用端铣铣平面。而铣削韧度很大的不锈钢等材料时，可以考虑采用大螺旋角铣刀进行周铣。总之，在选择周铣与端铣这两种铣削方式时，一定要以当时的铣床和铣刀条件，以及被铣削加工工件结构特征和质量要求等因素进行综合考虑。

（2）顺铣与逆铣。

在周铣时，根据工件与铣刀的相对运动不同有顺铣和逆铣两种铣削方式，二者之间有所差异，见表5-2。

表 5-2　顺铣与逆铣之比较

分类	顺　铣	逆　铣
图 示	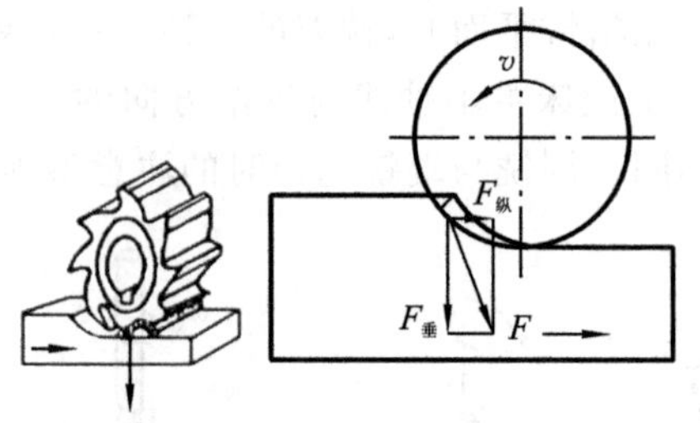	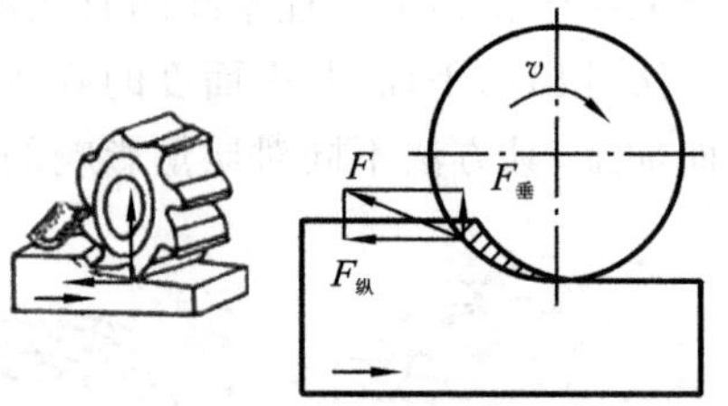
注 解	切削处刀具的旋向与工件的送进方向一致。打个比方,你用锄头挖地,而地面同时往你脚后移动,顺铣就是这样的状况。通俗地说,是刀齿追着材料"咬",刀齿刚切入材料时切得深,而脱离工件时则切得少。顺铣时,作用在工件上的垂直铣削力始终是向下的,能起到压住工件的作用,对铣削加工有利,而且垂直削力的变化较小,故产生的振动也小,机床受冲击小,有利于减小工件加工表面的粗糙度值,从而得到较好的表面质量,同时顺铣也有利于排屑,数控铣削加工一般尽量用顺铣法加工	切削处刀具的旋向与工件的送进方向相反。打个比方,你用铲子铲地上的土,而地面同时迎着你铲土的方向移动,逆铣就是这样的状况。通俗地说,是刀齿迎着材料"咬",刀齿刚切入材料时切得薄,而脱离工件时则切得厚。这种方式机床受冲击较大,加工后的表面不如顺铣光洁,消耗在工件进给运动上的动力较大。由于铣刀刀刃在加工表面上要滑动一小段距离,刀刃容易磨损。但对于表面有硬皮的毛坯工件,顺铣时铣刀刀齿一开始就切削到硬皮,切削刃容易损坏,而逆铣时则无此问题

（3）端面铣削的形式。

端面铣削中传统上有三种铣削方式:对称方式、不对称逆铣方式、不对称顺铣方式。对称铣削方式中,刀具沿槽或表面的中心线运动,进给加工中,同时存在顺铣和逆铣,刀具在中心线的一侧顺铣,而在中心线的另一侧逆铣。对于大多数端面铣削,保证顺铣是最好的选择(顺铣和逆铣在圆周铣削中的应用要比端面铣削中的应用更为常见)。端面铣削的三种形式见表 5-3。

表 5-3　端面铣削的三种形式

分　类	图　示	注　释
对称铣削	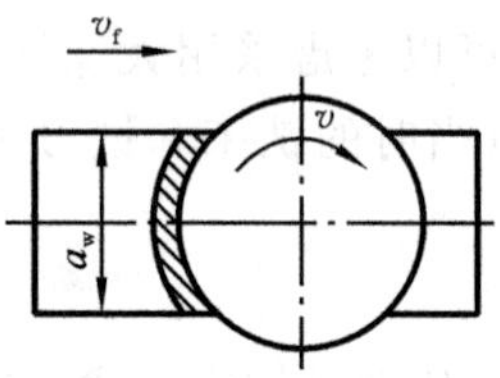	铣刀位于工件宽度的对称线上,切入和切出处铣削宽度最小又不为零,因此,对铣削具有冷硬层的工件有利。其切入边为逆铣,切出边为顺铣

续表

分　类	图　示	注　释
不对称逆铣	v_f a_w	铣刀以最小铣削厚度（不为零）切入工件，以最大厚度切出工件。因切入厚度较小，减小了冲击，对提高铣刀耐用度有利，适合于铣削碳钢和一般合金钢
不对称顺铣	v_f a_w v	铣刀以较大铣削厚度切入工件，又以较小厚度切出工件，虽然铣削时具有一定冲击性，但可以避免刀刃切入冷硬层，适合于铣削冷硬性材料与不锈钢、耐热合金等

8）拟定加工工艺路线

在拟定数控铣削加工路线时，应遵循如下原则：保证零件的加工精度和表面粗糙度；使走刀路线最短，减少刀具空行程时间，提高加工效率；使节点数值计算简单，程序段数量少，以减少编程工作量；最终轮廓一次走刀完成。

（1）铣削平面类零件的加工路线。

铣削平面类零件的外轮廓时，一般采用立铣刀侧刃进行切削。为减少接刀痕迹，保证零件表面质量，对刀具的切入和切出程序要精心设计。

① 铣削外轮廓的加工路线。

铣削平面零件外轮廓时，应避免沿零件外轮廓的法向切入，而应沿切削起始点的延长线切向逐渐切入工件，保证零件曲线的平滑过渡，以避免加工表面产生划痕。在切离工件时，也应避免在切削终点处直接抬刀，要沿着切削终点延伸线逐渐切离工件。如图 5-13 所示。

当用圆弧插补方式铣削外整圆时，如图 5-14 所示，要安排刀具从切向进入圆周铣削加工，当整圆加工完毕后，不要在切点处直接退刀，而应让刀具沿切线方向多运动一段距离，以免取消刀补时，刀具与工件表面相碰，造成工件报废。

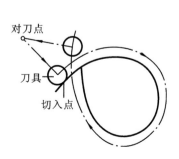

图 5-13　外轮廓加工刀具的切入和切出

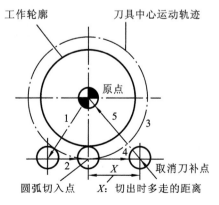

图 5-14　外整圆加工刀具的切入和切出

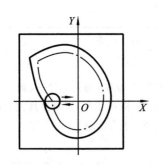

图 5-15　内轮廓加工时刀具的切入和切出

② 铣削内轮廓的加工路线。

铣削封闭的内轮廓表面时,若内轮廓曲线允许外延,则应沿切线方向切入、切出。若内轮廓曲线不允许外延,如图 5-15 所示,则刀具只能沿内轮廓曲线的法向切入、切出,并将其切入、切出点选在零件轮廓两几何元素的交点处。当内部几何元素相切无交点时,为防止刀补取消时在轮廓拐角处留下凹口,刀具切入、切出点应远离拐角,如图 5-16 所示。

当用圆弧插补铣削内圆弧时,也要遵循从切向切入、切出的原则,最好安排从圆弧过渡到圆弧的加工路线,提高内孔表面的加工精度和质量,如图 5-17 所示。

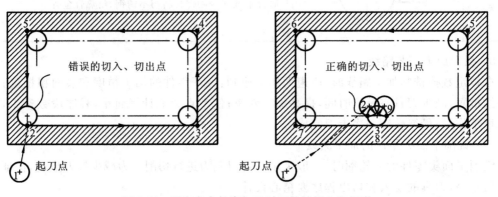

图 5-16　无交点内轮廓加工时刀具的切入和切出

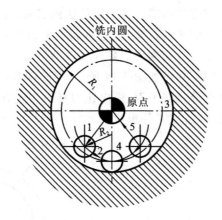

图 5-17　内轮廓加工时刀具的切入和切出

③ 铣削内槽的加工路线。

所谓内槽是指以封闭曲线为边界的平底凹槽,一般用平底立铣刀加工,刀具圆角半径应符合内槽的设计要求。图 5-18 所示为加工内槽的三种进给路线。所谓行切法加工,即刀具与工件轮廓的切点轨迹是一行一行的,行间距按工件加工精度要求而确定。两种进给路线都能切净内腔中的全部面积,不留死角,不伤轮廓,同时尽量减少重复进给的搭接量。行切法的进给路线比环切法短,但行切法将在每两次进给的起点与终点间留下残留面积,达不到所要求的表面粗糙度；环切法获得的表面粗糙度好于行切法，但环切法需要逐次向外扩展轮廓线，刀位点计算较复杂。采用如图 5-18(c)所示先用行切法切去中间部分余量，最后用环切法环切一刀光整轮廓表面，能使进给路线较短，并获得较好的表面粗糙度。

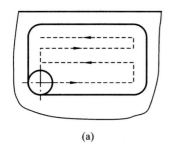
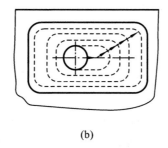
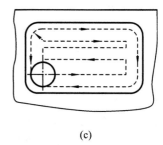

(a)　　　　　　　　　　　(b)　　　　　　　　　　　(c)

图 5-18　内槽加工路线

(a) 行切法；(b) 环切法；(c) 行切法＋环切法

（2）铣削曲面轮廓的进给路线。

铣削曲面时，常用球头铣刀采用"行切法"进行加工。如发动机大叶片，当采用图 5-19 所示的加工方案时，每次沿直线加工，刀位点计算简单，程序少，加工过程符合直纹面的特点，可以准确保证母线的直线度。当采用图 5-20 所示的加工方案时，符合这类零件数据给出情况，便于加工后检验，叶形的准确度较高，但程序较多。由于曲面零件的边界是敞开的，没有其他表面限制，所以曲面边界可以延伸，球头铣刀应由边界外开始加工。

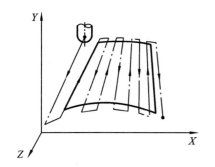
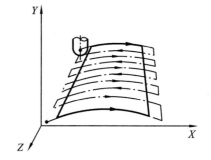

图 5-19　符合直纹面形成的加工路线　　　　**图 5-20　符合给出数学模型的加工路线**

【任务实施】

1. 零件图的工艺分析

（1）加工内容。

图 5-1 所示零件主要由平面、孔系及外轮廓组成，因为毛坯是长方块件，尺寸为 170 mm×110 mm×50 mm，加工内容包括 ϕ40H7 的内孔、阶梯孔 ϕ13 和 ϕ22，三个平面（ϕ60 上表面、160 mm 上阶梯表面和下底面）、ϕ60 外圆轮廓，安装底板的菱形并用圆角过渡的外轮廓。

（2）加工要求。

零件的主要加工要求为：ϕ40H7 的内孔的尺寸公差为 H7，表面粗糙度要求较高，为 $Ra1.6\ \mu m$。其他的一般加工要求为：阶梯孔 ϕ13 和 ϕ22 只标注了基本尺寸，可按自由尺寸公差等级 IT11～IT12 处理，表面粗糙度要求不高，为 $Ra12.5\ \mu m$；平面与外轮廓表面粗糙度要求为 $Ra6.3\ \mu m$。

（3）各结构的加工方法。

① 由于 $\phi40H7$ 的内孔的加工要求较高，可选择钻中心孔→钻孔→粗镗（或扩孔）→半精镗→精镗的方案。

② 阶梯孔 $\phi13$ 和 $\phi22$ 可选择钻孔→锪孔方案。$\phi60$ 上表面和 160 mm 下底面可用面铣刀加工，采用粗铣→精铣的方案。

③ 160 mm 上阶梯表面和 $\phi60$ 外圆轮廓可用立铣刀，采用粗铣→精铣方法同时加工出。

④ 菱形并圆角过渡的外轮廓可用立铣刀，采用粗铣→精铣方法加工出。

2. 数控机床选择

加工零件的机床选择 XK714A 型数控铣床，机床的数控系统为 SIEMENS 802D；主轴电动机功率为 4.0 kW；主轴变频调速变速范围 100～4000 r/min；工作台面积（长×宽）为 1120 mm×250 mm；工作台纵向行程为 760 mm；主轴套筒行程为 120 mm；升降台垂向行程（手动）为 400 mm；定位移动速度为 2.5 m/min；铣削进给速度范围为 0～0.50 m/min；脉冲当量为 0.001 mm；定位精度±0.03 mm/300 mm；重复定位精度为±0.015 mm；工作台允许最大承载为 256 kg。

3. 加工顺序的拟定

根据基面先行、先面后孔、先粗后精的原则确定加工顺序。由图 5-1 可知，零件的高度基准是 160 mm 下底面，长、宽方向的基准是 $\phi40H7$ 内孔的中心轴线。从工艺的角度看，160 mm 下底面是加工零件各结构的基准定位面，因此，按常规加工顺序，第一个要加工的面是 160 mm 下底面，且该表面的加工与其他结构的加工不可以放在同一个工序。

$\phi40H7$ 内孔的中心轴线又是底板的菱形并圆角过渡的外轮廓的基准，因此它的加工应安排在底板的菱形外轮廓的加工前，$\phi40H7$ 的内孔和底板的菱形外轮廓也不便在同一次装夹中加工。

按数控加工应尽量集中工序加工的原则，可把 $\phi40H7$ 的内孔、阶梯孔 $\phi13$ 和 $\phi22$、$\phi60$ 上表面、160 mm 上阶梯表面、$\phi60$ 外圆轮廓安排在一次装夹中加工出来。这样按装夹次数划分工序，则该零件的加工主要分三个工序，并且次序是：加工 160 mm 下底面→加工 $\phi60$ 上表面、160 上阶梯表面和 $\phi60$ 外圆轮廓，$\phi40H7$ 的内孔、阶梯孔 $\phi13$ 和 $\phi22$→加工底板的菱形外轮廓。

根据先面后孔的原则，在加工 $\phi40H7$ 内孔、阶梯孔 $\phi13$ 和 $\phi22$、$\phi60$ 上表面、160 mm 上阶梯表面的工序中，又宜将 $\phi60$ 上表面、160 mm 上阶梯表面及 $\phi60$ 外圆轮廓的加工放在孔加工之前，且 $\phi60$ 上表面加工在前。至此零件的加工顺序基本确定，总结如下：

（1）第一次装夹：加工 $\phi160$ 下底面。

（2）第二次装夹：加工 $\phi60$ 上表面→加工 160 mm 上阶梯表面及 $\phi60$ 外圆轮廓→加工 $\phi40H7$ 的内孔、阶梯孔 $\phi13$ 和 $\phi22$。

（3）第三次装夹：加工底板的菱形外轮廓。

4. 拟定装夹方案

（1）根据零件的结构特点，第一次装夹选用平口虎钳夹紧。

（2）第二次装夹也可选用平口虎钳夹紧，但注意的是工件宜高出钳口 25 mm 以上，下面用垫块，垫块的位置要适当，应避开钻通孔时的钻头伸出的位置。

（3）第三次装夹时宜采用典型的一面两孔定位方式，即以底面、$\phi40H7$ 和一个 $\phi13$ 孔定位,用螺纹压紧的方法夹紧工件。测量工件零点偏置值时,应以 $\phi40H7$ 已加工孔面为测量面,用主轴上安装的百分表找 $\phi40H7$ 的孔心的机床 X、Y 机械坐标值作为工件 X、Y 向的零点偏置值。

5. 刀具与切削用量选择

该零件孔系加工的刀具与切削用量的选择可参考表5-4。

表 5-4　数控铣削加工工序卡

工步号	工步内容	刀具号	刀具规格 /mm	主轴转速 /(r/min)	进给速度 /(mm/min)	背吃刀量 /mm
1	粗铣定位基准面(底面)	T01	$\phi160$	180	300	4
2	精铣定位基准面	T01	$\phi160$	180	150	0.2
3	粗铣 $\phi60$ 上表面	T01	$\phi160$	180	300	4
4	精 $\phi60$ 上表面	T01	$\phi160$	180	150	0.2
5	粗铣 160 上阶梯表面	T02	$\phi63$	360	150	4
6	精铣 160 上阶梯表面	T02	$\phi63$	360	80	0.2
7	粗铣 $\phi60$ 外圆轮廓	T02	$\phi63$	360	150	4
8	精铣 $\phi60$ 外圆轮廓	T02	$\phi63$	360	80	0.2
9	钻 3 个中心孔	T03	$\phi3$	2000	80	3
10	钻 $\phi40H7$ 底孔	T04	$\phi38$	200	40	19
11	粗镗 $\phi40H7$ 内孔表面	T05	25×25	400	60	0.8
12	半精镗 $\phi40H7$ 内孔表面	T05	25×25	500	40	0.4
13	精镗 $\phi40H7$ 内孔表面	T05	25×25	600	20	0.2
14	钻 $2\times\phi13$ 螺纹孔	T06	$\phi13$	500	70	6.5
15	$2\times\phi22$ 锪孔	T07	$\phi22$	400	40	11
16	粗铣外轮廓	T02	$\phi63$	360	150	4
17	精铣外轮廓	T02	$\phi63$	360	80	0.2

平面铣削上、下表面时,表面宽度 110 mm,拟用面铣刀单次平面铣削,为使铣刀工作时有合理的切入切出角,面铣刀直径尺寸最理想的宽度应为待加工材料宽度的 1.3~1.6 倍,因此用 $\phi160$ 的硬质合金面铣刀,齿数为 10 个,一次走刀完成粗铣,设定粗铣后留精加工余量 0.5 mm。

加工 $\phi60$ 外圆及其台阶面和外轮廓面时,考虑 $\phi60$ 外圆及其台阶面需要同时加工完成,且加工的总余量较大,拟选用直径为 $\phi63$、四个齿的 7∶24 的锥柄螺旋齿硬质合金立铣刀加工;因为表面粗糙度要求是 $Ra6.3\ \mu m$,因此粗精加工用一把刀完成,设定粗铣后留精加工余量 0.5 mm。粗加工时选 $v_c=75$ m/min,$f_z=0.1$ mm,则 $n=318\times75\div63\approx360$,$v_f=0.1\times4\times360$ mm/min≈150 mm/min,精加工时 v_f 取 80 mm/min。

加工底板的菱形外轮廓时,铣刀直径不受轮廓最小曲率半径限制,考虑到减少刀具数,应选用 $\phi63$ 硬质合金立铣刀加工。(毛坯的长方形底板上菱形外轮廓之外的四个角可预先在普通机床上去除)。

6. 填写数控铣削加工工序卡片

将零件加工顺序、所采用的刀具和切削用量等参数填入表 5-4 所示的数控加工工序卡片中,以指导编程和加工操作。

【思考与实训】

1. 简述零件数控铣削加工工序的划分原则。
2. 简述数控铣削加工对毛坯加工余量的考虑。
3. 简述适合数控铣削加工的零件的各加工工序的顺序安排原则。
4. 简述适合数控铣削加工的零件的大致的加工顺序。
5. 简述铣削时,周铣与端铣的选择原则。
6. 编制图 5-21 所示零件的外轮廓加工工艺文件,其中毛坯尺寸为 60 mm×60 mm×20 mm。

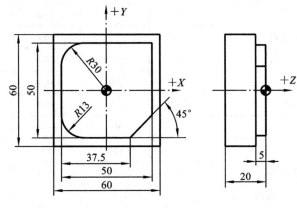

图 5-21　题 6 图

7. 编制图 5-22 所示正七边形零件轮廓数控铣削加工工艺文件。

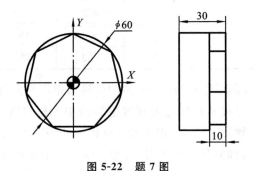

图 5-22　题 7 图

任务二　平面凸轮槽零件加工工艺文件的编制

【任务引入】

本任务完成图 5-23 所示平面凸轮槽零件中凸轮槽的数控铣削加工工艺的分析与编制。其外部轮廓尺寸已经由前道工序加工完,本工序的任务是在铣床上加工槽与孔,零件材料为

HT200 铸铁,小批量生产。

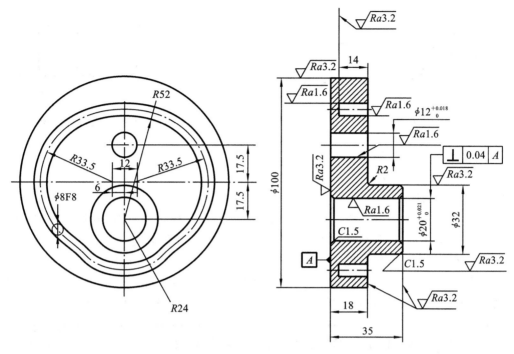

图 5-23 平面凸轮槽零件图

【相关知识准备】

1. 内槽(型腔)起始切削的加工方法

1)预钻削起始孔法

预钻削起始孔法就是在实体材料上先钻出比铣刀直径大的起始孔,铣刀先沿着起始孔下刀后,再按行切法、环切法或行切加环切法侧向铣削出内槽(型腔)的方法。一般不采用这种方法。

2)插铣法

插铣法又称为 Z 轴铣削法或轴向铣削法,就是利用铣刀端面刃进行竖直下刀铣削的加工方法。采用这种方法开始铣削内槽(型腔),铣刀端面刃必须有一刃过铣刀中心(端面刃主要用来加工与侧面相垂直的底平面)。适合采用插铣法的场合是要求刀具轴向长度较大时(如铣削大凹腔或深槽),采用插铣法可有效减小径向切削力,提高加工稳定性,能够有效解决大悬深问题。

3)坡走铣法

坡走铣法是开始切削内槽(型腔)的最佳方法之一,它是采用 X、Y、Z 三轴联动线性坡走下刀切削加工,以达到切削全部轴向深度的方法,如图 5-24 所示。

4)螺旋插补铣

螺旋插补铣是开始切削内槽(型腔)的最佳方法,它是采用 X、Y、Z 三轴联动以螺旋插补形式下刀进行切削内槽(型腔)的加工方法,如图 5-25 所示。螺旋插补铣是一种非常好的开始切削内槽(型腔)加工方法,采用该法切削的内槽(型腔)表面粗糙度 Ra 值较小,表面光滑,切

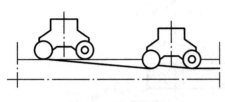

图 5-24　坡走铣法

图 5-25　螺旋插补铣

削力较小,刀具耐用度较高,只要求很小的开始切削空间。

2. 挖槽加工工艺分析

1) 挖槽加工的形式

挖槽加工是轮廓加工的扩展,它既要保证轮廓边界,又要将轮廓内(或外)的多余材料铣掉,根据零件图要求的不同,挖槽加工通常有图 5-26 所示的几种形式。其中图 5-26(a)所示为铣掉一个封闭区域内的材料。图 5-26(b)所示为在铣掉一个封闭区域内的材料的同时,要留下中间的凸台(一般称为岛屿)。图 5-26(c)所示为由于岛屿和外轮廓边界的距离小于刀具直径,使加工的槽形成了两个区域。图 5-26(d)所示为要铣掉凸台轮廓外的所有材料。

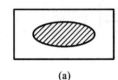 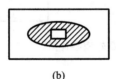 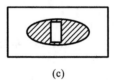 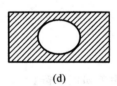

(a)　　　　　　　(b)　　　　　　　(c)　　　　　　　(d)

图 5-26　挖槽加工的常见形式

挖槽加工的注意事项如下。

(1) 根据以上特征和要求,对于挖槽的编程和加工要选择合适的刀具直径,刀具直径太小将影响加工效率,刀具直径太大可能使某些转角处难切削,或由于岛屿的存在形成不必要的区域。

(2) 由于圆柱形铣刀(键槽铣刀)垂直切削时受力情况不好,因此要选择合适的刀具类型,一般可选择双刃的键槽铣刀,并注意下刀时的方式,可选择斜向下刀或螺旋下刀,以改善下刀切削时刀具的受力情况。

(3) 当刀具在一个连续的轮廓上切削时使用一次刀具半径补偿,刀具在另一个连续的轮廓上切削时应重新使用一次刀具半径补偿,以避免过切或留下多余的凸台。

(4) 切削图 5-26(d)所示的形状时,不能用零件图上所示的外轮廓作为边界,因为将这个轮廓作边界时角上的部分材料可能铣不掉。

2) 工艺分析及处理举例

如图 5-27 所示,工件毛坯为 100 mm×80 mm×25 mm 的长方体零件,材料为 45 钢,要加工的部位是一个环形槽,中间的凸台作为槽的岛屿,外轮廓转角处的半径是 R4,槽较窄处的宽度是 10 mm,所以选用 φ6 的直柄键槽铣刀较合适。工件安装时可直接用平口虎钳来装夹。

【任务实施】

(1) 零件图的工艺分析。

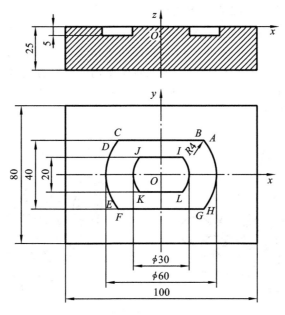

图 5-27 挖槽加工工艺处理

由图 5-23 可知,凸轮槽内、外轮廓由直线和圆弧组成,几何元素之间关系描述清楚完整,凸轮槽侧面与 $\phi20$、$\phi12$ 两个内孔表面粗糙度要求较高,为 $Ra1.6\ \mu m$。凸轮槽内外轮廓面和 $\phi20$ 孔与底面有垂直度要求。零件材料为 HT200 铸铁,切削加工性能较好。根据上述分析,凸轮槽内、外轮廓及 $\phi20$、$\phi12$ 两个孔的加工应分粗、精加工两个阶段进行,以保证表面粗糙度要求。装夹时以底面 A 定位,提高装夹刚度以满足垂直度要求。

(2)确定装夹方案。

根据零件的结构特点,加工 $\phi20$、$\phi12$ 两个孔时,以底面 A 定位(必要时可设工艺孔),采用螺旋压板机构夹紧。加工凸轮槽内外轮廓时,采用"一面两孔"方式定位,即以底面 A 和 $\phi20$、$\phi12$ 两个孔为定位基准。为此,设计"一面两销"专用夹具,在一垫块上分别精镗 $\phi20$、$\phi12$ 两个定位销安装孔,孔距为 35 mm,垫块平面度为 0.04 mm。装夹示意图如图 5-28 所示,采用双螺母夹紧,提高装夹刚度,防止铣削时振动。

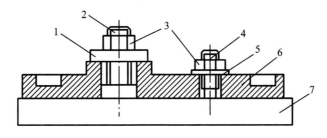

图 5-28 凸轮槽加工装夹示意图

1—开口垫圈;2—带螺纹圆柱销;3—压紧螺母;4—带螺纹削边销;5—垫圈;6—工件;7—垫块

(3)确定加工顺序及进给路线。

加工顺序的确定按照基面先行、先粗后精的原则确定。因此应先加工用作定位基准的 $\phi20$、$\phi12$ 两个孔,然后再加工凸轮槽内、外轮廓表面。为保证加工精度,粗、精加工应分开,其

中 $\phi20$、$\phi12$ 两个孔的加工可采用钻孔→粗铰→精铰方案。

进给路线包括平面进给和深度进给两部分。平面进给时,外凸轮廓从切线方向切入,内凹轮廓从过渡圆弧方向切入,如图 5-29 所示。为使凸轮槽表面具有较好的表面质量,采用顺铣方式铣削,外凸轮廓采用顺时针方向铣削,内凹轮廓采用逆时针方向铣削。深度进给有两种方法:一种是在 XOZ 平面(或 YOZ 平面)来回铣削逐渐进刀到既定深度;另一种方法是先打一个工艺孔,然后从工艺孔进刀到既定深度。

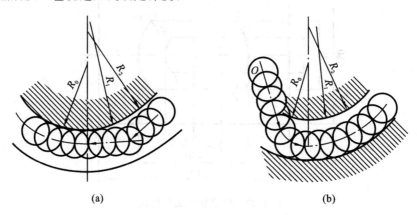

(a)   (b)

图 5-29　平面轮廓的切入进给路线

(a) 切线方向切入外凸轮廓;(b) 过渡圆弧方向切入内凹轮廓

(4) 刀具选择。

根据零件的结构特点,铣削凸轮槽内、外轮廓时,铣刀直径受槽宽限制,粗加工选用 $\phi6$ 高速钢立铣刀,精加工选用 $\phi6$ 硬质合金立铣刀。所选刀具及其加工表面见表 5-5 平面凸轮槽零件数控加工刀具卡片。

表 5-5　平面凸轮槽零件数控加工刀具卡片

产品名称 或代号			零件 名称	平面 凸轮槽	零件图号	
工序 序号	刀具 号	刀　具			加工表面	备注
		规格名称	数量	刀长 /mm		
1	T01	$\phi5$ 中心钻	1		钻 $\phi5$ 中心孔	
2	T02	$\phi19.6$ 钻头	1	45	$\phi20$ 孔粗加工	
3	T03	$\phi11.6$ 钻头	1	60	$\phi12$ 孔粗加工	
4	T04	$\phi20$ 铰刀	1	45	$\phi20$ 孔精加工	
5	T05	$\phi12$ 铰刀	1	60	$\phi12$ 孔精加工	
6	T06	90°倒角铣刀	1		$\phi20$ 孔倒角 $1.5\times45°$	
7	T07	$\phi6$ 高速钢立铣刀	1	20	粗加工凸轮槽内外轮廓	底圆角 $R0.5$
8	T08	$\phi6$ 硬质合金立铣刀	1	20	精加工凸轮槽内外轮廓	
编制		审核		批准	年　月　日　共 1 页	第 1 页

（5）切削用量的选择。

凸轮槽内、外轮廓粗加工时留 0.1 mm 铣削余量，粗铰 $\phi20$、$\phi12$ 两个孔时留 0.1 mm 铰削余量。选择主轴转速与进给速度时，先查切削用量手册确定切削速度与每齿进给量，然后按式 $v_c = \pi d n / 1000$，$v_f = n Z f_z$ 计算主轴转速与进给速度。

（6）填写数控加工工序卡片。

将各工步加工内容、所用刀具和切削用量填入表 5-6 所示平面凸轮槽数控加工工序卡片。

表 5-6　平面凸轮槽数控加工工序卡

工步号	工步内容	刀具号	刀具规格	主轴转速 /(r/min)	进给速度 /(mm/min)	背吃刀量 /mm	备注
1	A 面定位钻 $\phi5$ 中心孔	T01	$\phi5$	755			手动
2	钻 $\phi19.6$ 孔	T02	$\phi19.6$	402	40		自动
3	钻 $\phi11.6$ 孔	T03	$\phi11.6$	402	40		自动
4	铰 $\phi20$ 孔	T04	$\phi20$	160	20	0.2	自动
5	铰 $\phi12$ 孔	T05	$\phi12$	160	20	0.2	自动
6	$\phi20$ 孔倒角 $1.5 \times 45°$	T06	90°	402	20		手动
7	一面两孔定位，粗铣凸轮槽	T07	$\phi6$	1100	40	4	自动
8	粗铣凸轮槽外轮廓	T07	$\phi6$	1100	40	4	自动
9	精铣凸轮槽内轮廓	T08	$\phi6$	1495	20	14	自动
10	精铣凸轮槽外轮廓	T08	$\phi6$	1495	20	14	自动
11	翻面装夹，$\phi20$ 孔另一侧倒角	T06	90°	402	20		手动

【思考与实训】

1. 简述内槽（型腔）起始切削的加工方法。

2. 拟订并编写如图 5-30 所示具有三个台阶的型腔零件的数控铣削加工工艺。

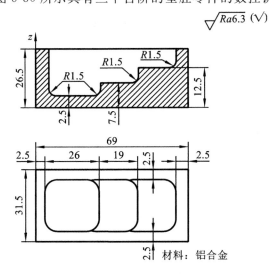

图 5-30　题 2 图

任务三　板类配合件的数控加工工艺案例

【任务引入】

分别完成图 5-31 所示凸模零件和图 5-32 所示凹模零件的数控加工工艺的分析与工艺文件的编制,使两者达到合理配合。毛坯尺寸为 160 mm×130 mm×30 mm,材料为 45 钢。

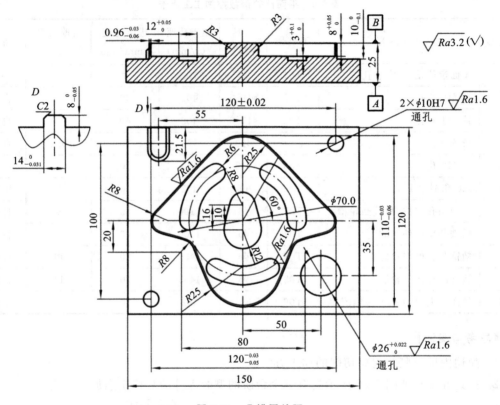

图 5-31　凸模零件图

【相关知识准备】

1. 影响加工余量大小的因素

(1) 表面粗糙度。

(2) 材料表面缺陷层深度 $R_a + D_a$。

(3) 空间偏差。

(4) 表面几何形状误差。

(5) 装夹误差。

(6) 加工要求和材料性能。

2. 提高生产效率的工艺途径

生产效率是一项综合性的技术经济指标。提高生产效率,必须正确处理好质量、生产效率和经济性三者之间的关系,应在保证质量的前提下提高生产效率、降低成本。提高劳动生产效

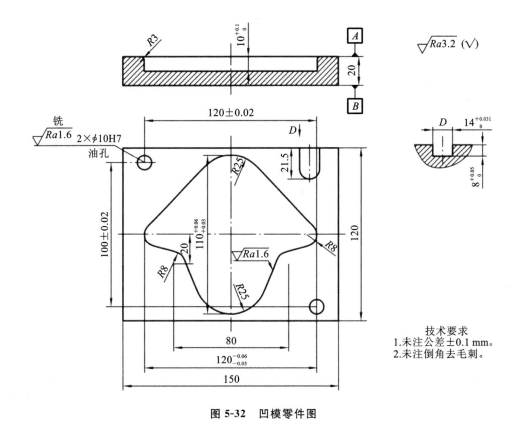

图 5-32　凹模零件图

率是企业的一项根本任务。提高劳动生产效率的措施很多，技术性方面的措施又涉及产品设计、制造工艺和组织管理等多个方面。

1）缩减时间定额

（1）缩减基本时间。

① 提高切削用量。

由实践可知，增大切削速度、进给量和切削深度都可缩减基本时间，这是广泛采用的非常有效的方法。

目前，硬质合金车刀的切削速度可达 200 m/min，陶瓷刀具的切削速度可达 500 m/min。近年来出现的新型刀具材料聚晶金刚石和聚晶立方氮化硼，切削普通钢材时，切削速度可达 1200 m/min；切削 60HRC 以上的淬火钢时，切削速度在 90 m/min 以上。高速滚齿机的切削速度已达 65～75 m/min，目前最高滚切速度已超过 300 m/min。磨削的发展趋势是高速磨削和重磨削。目前，国内采用的磨削速度已达 60 m/s，国外已生产出全封闭的磨削速度达 90～120 m/s 的高速磨床，试验室正在试验的磨削速度为 200 m/s。重磨削包括大进给和深切深缓进给的强力磨削等。缓进给强力磨削一次，切深可达 6～12 mm，最大时可达 37 mm，磨削去除率可达 500～1000 mm^3/s。砂带磨削切除同样金属余量的加工时间仅为铣削加工的 1/10。采用高速切削和强力切削时，机床刚度和功率都要加强，应对原机床进行改造或设计新机床。

② 减少或重合切削行程长度。

利用 n 把刀具或复合刀具对工件的同一表面或 n 个表面同时进行加工，或者利用宽刃刀具或成形刀具作横向进给同时加工多个表面以实现复合工步,都能减少每把刀的切削行程长度或使切削行程长度部分或全部重合,减少基本时间。

采用多刃或多刀加工时,要尽力做到粗、精分开。同时,由于刀具间的位置精度会直接影响工件的精度,故调整精度要求较高。另外,工艺系统的刚度和机床的功率也要相应增加。

③ 采用多件加工。

多件加工有顺序多件加工、平行多件加工和平行顺序加工三种形式。

(2)缩减辅助时间。

① 采用先进夹具。

大批大量生产中,采用高效的气动或液动夹具;在单件小批和中批生产中,使用组合夹具、可调夹具或成组夹具都能减少找正和装卸工件的时间。采用多位夹具时,机床可不停机地连续加工,使装卸工件时间和基本时间重合。

② 采用连续加工方法。

在大量和成批生产中,连续加工在铣削平面和磨削平面中得到广泛的应用,可显著地提高生产效率。

③ 采用主动测量或数字显示自动测量装置。

主动测量的自动测量装置能在加工过程中测量工件的实际尺寸,并能根据测量结果操作或自动控制机床。在内、外圆磨床上,主动测量已取得显著的效果。目前,在各类机床上已逐步配置的数字显示装置,主要是以光栅、感应同步器为检测元件,可以连续显示出刀具在加工过程中的位移量,方便于工人直观地看出工件尺寸的变化情况,大大节省了停机测量的时间。

(3)缩减布置工作地时间。

布置工作地时间主要是更换刀具和调整刀具的时间。因此,缩减布置工作地时间主要是减少换刀次数以及减少换刀时间和调整刀具的时间。减少换刀次数就是要提高刀具或砂轮的耐用度,而减少换刀和调刀时间通常是通过改进刀具的装夹和调整方法,采用对刀辅具来实现的。

目前,在车削和铣削中已广泛采用机械夹固的可转位硬质合金刀片。这种刀片可按需要预制成型,并通过机械夹持的方法固定在刀杆上。每块刀片上都有几个切削刃,当某个切削刃用钝后,可以松开紧固螺钉转换一个新切削刃继续加工,直到全部切削刃用钝后,再更换刀片。采用这种刀片后,既能减少换刀次数,又减少了刀具的装卸、对刀和刃磨时间,从而大大提高了生产效率。

(4)缩减准备与终结时间。

缩减准备与终结时间的主要途径是扩大零件的批量和减少调整机床、刀具和夹具的时间。在中小批生产中,产品经常更换,批量又小,使准终时间在单件计算时间中占有较大的比重。同时,批量小又限制了高效设备和高效装备的应用。因此,扩大批量是缩减准终时间的有效途径。目前,成组技术以及零、部件通用化、标准化,产品系列化是扩大批量最有效的方法:

① 采用易于调整的先进加工设备。

② 夹具和刀具的通用化。

③ 减少换刀和调刀时间。

④ 减少夹具在机床上的装夹找正时间。

2）采用新工艺和新方法

（1）先进的毛坯制造方法。

如精铸、精锻、粉末冶金等方法。

（2）无切削的新工艺。

如采用冷挤、冷轧、滚压和滚轧等方法，不仅能提高生产效率，而且工件的表面质量和精度也能得到明显改善。例如，用冷挤齿轮替代剃齿，生产效率提高 4 倍，表面粗糙度能达到 $Ra0.4\sim0.8\ \mu m$。

（3）特种加工。

目前各种电加工机床应用较普遍。用常规切削方法很难加工的特硬、特脆、特韧材料以及复杂型面，可采用电加工等特种加工。例如，用电火花机床加工锻模，用线切割加工冲模等，均可节约大量钳工劳动，提高生产效率。

（4）改进加工方法。

例如，在大批量生产中，采用拉削代替铣削、钻削和铰削，以粗磨平面代替铣平面；在成批生产中，采用以铣代刨，以精刨、精磨或精细镗（金刚镗）代替刮研等。

3）提高机械加工自动化程度

加工过程自动化是提高劳动生产效率的理想手段，但自动化加工设备投资大、技术复杂，因而要针对不同的生产类型，采取相应的自动化水平。

大批大量生产时，由于工件批量大，生产稳定，可采用多工位组合机床或组合机床自动线，这样整个工作循环都是自动进行的，生产效率高。中批生产的自动化可采用各种数控机床及其他柔性高的自动化生产方式。

3. 配合件加工时应考虑的因素及解决方案

（1）应考虑因素。

零件的表面粗糙度明显达不到零件图要求，将影响工件间配合的紧密度，进而达不到配合的要求。其原因主要有：刀具的选择、切削用量的选择等。刀具的选择，主要体现在刀具的质量和适当的选刀；切削用量的选择，主要体现在加工不同材料时，铣削三要素的选择有很大的差异，因此选择切削用量时，要根据机床的实际情况而定。

此外，在加工时，要求机床主轴具有一定的回转运动精度，即加工过程中主轴回转中心相对刀具或者工件的精度。主轴回转时，实际回转轴线其位置总是在变动的，也就是说，存在回转误差。主轴的回转误差可分为三种形式：轴向窜动、径向圆跳动和角度摆角。在切削加工过程中的机床主轴回转误差使得刀具和工件间的相对位置不断变化，影响着成形运动的准确性，在工件上引起加工误差。

（2）解决方案。

① 刀具的选择。应尽可能选择较大的刀具，避免让刀震动。

② 铣削用量的确定。在加工中，粗加工主轴转速慢一些，进给速度慢一些，铣削深度大一些，精加工转速快一些。

③ 尽量避免接刀痕产生。

④ 尽量避免装夹误差。主要是夹紧力和限制工件自由度要做到合理。

⑤ 加工余量的确定要合理。主要是 X、Y 轴的加工余量选择应合理。

【任务实施】

1）零件图的工艺分析

（1）零件结构的分析。

由图 5-31、图 5-32 可知,该零件形状比较简单,但是结构较复杂,表面质量和精度要求较高,因此,从精度要求上考虑,定位和工序安排是关键。为了达到加工精度和表面质量,根据毛坯特点(主要是指形状和尺寸),分析采用两次定位(一次粗定位,一次精定位)装夹加工完成,按照基面先行、先主后次、先近后远、先里后外、先粗后精、先面后孔的原则一次划分工序加工。

（2）加工余量的分析。

根据精度要求,该零件的尺寸精度要求较高,即需要有余量的计算。正确规定加工余量的数值,是完成加工要求的重要任务之一。在具体确定工序的加工余量时,应根据下列条件选择:

① 对最后的加工工序,加工余量应达到零件图所规定的表面粗糙度和精度要求;

② 考虑加工方法、设备的刚度以及零件可能发生的变形;

③ 考虑零件热处理时引起的变形;

④ 考虑被加工零件的大小。零件越大,切削力、内应力引起的变形越大,因此要求加工余量也相应地大一些。

（3）精度分析。

该零件的尺寸精度要求较高,在 $0.02 \sim 0.03$ mm 之间,且凸件薄壁厚度为 0.96 mm,区域面积较大,表面粗糙度要求也比较高,达到了 $Ra1.6$ μm,加工时容易产生变形,处理不好可能会导致其壁厚公差及表面粗糙度难以达到要求,所以必须合理地确定加工余量。

（4）定位基准分析。

定位基准是工件在装夹定位时所依据的基准。该零件首先以一个毛坯件的一个平面为粗基准定位,将毛坯料的精加工定位面铣削出来,并达到规定的要求和质量,再以该平面作为夹持面及基准装夹来加工零件,最后再将粗基准面加工到尺寸要求。

2）机床的选择

选择 KVC650 加工中心,FANUC 0i Mate 系统。加工中心加工柔性比普通数控铣床优越,换刀方便,而且能够加工复杂的曲面等工件。提高加工中心的效率的关键是合理运用编程技巧,编制高效率的加工程序。

3）装夹方案的确定

该零件形状规则,四个侧面较光整,加工面与加工面之间的位置精度要求不高,因此,以底面和两个侧面作为定位基准,用平口虎钳从工件侧面夹紧即可。

4）加工工艺过程设计

（1）确定工序方案。

根据零件图和技术要求,制定一套加工用时少,成本低,又能保证加工质量的工艺方案。通常毛坯未经过任何处理时,外表有一层硬皮,硬度很高,很容易磨损刀具,在选择走刀方式时加以考虑选择逆铣方式,并且在装夹前应进行钳工去毛刺处理,再以面作为粗基准加工精基准定位面。

① 凸模零件工艺方案。

铣夹持面→粗铣上平面→精铣上平面→粗铣内轮廓(挖槽)→粗铣槽内凸台(岛屿)→手动

去除槽内多余残料→粗铣槽内圆弧槽→粗铣外轮廓→粗铣定位凸台→手动去除多余残料→粗加工四方轮廓→精铣槽内圆弧槽→半精铣内轮廓→半精铣槽内凸台→半精铣外轮廓→半精铣定位凸台→精铣槽面→精铣槽内凸台顶面→精铣定位凸台顶面→精铣薄壁外底面和四方轮廓面→精铣内轮廓→精铣外轮廓→精铣定位凸台、槽内凸台轮廓→钻孔→铰孔→翻面铣夹持面。

② 凹模零件工艺方案。

铣夹持面→粗铣上平面→精铣上平面→粗铣侧面→粗、精铣底面→粗铣内轮廓（腔体）→去除腔体内多余残料→粗铣定位腔体→粗铣四方轮廓→精铣腔体底面→精铣四方轮廓→精铣两个腔体→钻孔→铰孔→翻面铣掉夹持面。

加工顺序是以先里后外、先粗后精、先面后孔的方法划分加工步骤，由于轮廓薄壁较薄，对其划分工序考虑要全面，对受力大的部位先加工，剩余部分粗铣后就开始精加工。由于粗精加工同一个部位都用的不是同一把刀，所以制定加工方案要综合考虑。

（2）加工工步顺序的安排。

① 凸模零件加工工步顺序。

加工上表面时，由于下表面的精度要求不高，所以以底面为基准来粗、精加工上平面，以底面作为基准来粗铣外轮廓，尺寸精度可达 IT7～IT8，表面粗糙度可达 $Ra12.5\sim50\ \mu m$。再精铣外轮廓，精度可达 IT7～IT8，表面粗糙度可达 $Ra0.8\sim3.2\ \mu m$。因此采用粗、精铣的顺序。

根据槽轮廓、槽内凸台和圆弧槽尺寸要求，圆弧曲率及其加工精度要求可知：轮廓精度要求很高，公差要求为 $0.03\ mm$，表面粗糙度为 $Ra1.6\ \mu m$，壁厚为 $0.96\ mm$，按其深度分层粗加工，留有合适的加工余量，所以要采用粗加工→半精加工→精加工的方案来完成加工；槽内凸台只对表面质量有较高要求，在粗加工时留 $0.3\ mm$ 的余量，采用同一把刀粗加工，按其深度分层粗加工，采用同一把刀精加工，减少换刀时间和降低刀具误差，采用粗加工→精加工方案来完成加工，在倒圆角上，还要用到球形刀具且要考虑行距的大小；圆弧槽的加工没什么要求，只对其深度尺寸限制了公差，要求不高，但还要进行粗、精铣削加工，刀具尺寸有所限制，所以选择 $\phi10$ 的立铣刀，同前面加工一样可以选一把 $\phi10$ 粗加工刀具和一把 $\phi10$ 精加工刀具。

加工外轮廓和定位凸台时，外轮廓的加工要求比内轮廓的高，采用同样的方法加工，同一规格 $\phi10$ 的立铣刀，粗加工→半精加工→精加工的方案，只是在加工时要小心一点；定位凸台的尺寸要求和表面质量要求比较高，按其深度分层粗加工，留有 $0.3\ mm$ 的精加工余量。还有 $C2$ 倒角的加工要用到球形刀具且要考虑行距的大小。

槽底面的表面质量要求高，铣面程序编制时应注意会产生过切的地方。

通孔 $\phi10$ 为 H7 的公差，$Ra1.6\ \mu m$ 粗糙度。通孔 $\phi26$ 为 $0.022\ mm$ 的公差，$Ra1.6\ \mu m$ 粗糙度，所以应先钻孔，再铰孔才能达到要求。

② 凹模零件加工工步顺序。

加工上表面和外轮廓时，凹模上表面和外轮廓加工方案与凸模的加工方案大致相同；两个腔体的要求比较高，腔体的深度要求为 $8\sim10\ mm$，需要分层加工，公差要求不同，但表面粗糙度均为 $Ra1.6\ \mu m$，因此采用粗加工→半精加工→精加工的方案来完成加工，以满足加工的要求。腔体的圆弧最小曲率半径为 $8\ mm$，所以在选择加工刀具时，应选择半径小于 $8\ mm$ 的铣刀。

通孔 $\phi10$ 为 H7 的公差，$Ra1.6\ \mu m$ 粗糙度，加工方法与凸模相同，应先钻孔，再铰孔才能完成加工达到要求。

（3）铣削下刀方式的设定。

① 凸模铣削下刀方式。

槽内轮廓深度不是很深,区域比较大,采用螺旋下刀方式比较好一些。精加工用切线方式进刀,切线退刀,防止接刀痕的产生;槽内凸台粗、精加工,选择直线进刀,垂直下刀;圆弧槽的深度不是很深,粗加工采用极坐标螺旋方式下刀,精加工采用直接下刀,直线进刀;外轮廓深度不是很深,可以在外面直接垂直下刀,直线切入;凸台加工时下刀方式与外轮廓一样;钻孔和铰孔可直接垂直下刀。

② 凹模铣削下刀方式。

腔体轮廓区域内没有岛屿,可以螺旋下刀,精加工下刀方式跟凸模相同;开放式槽直接在工件外下刀,在轮廓延长线上切入切出;钻孔和铰孔可直接垂直下刀。

5) 刀具的选择

刀具的选择见表 5-7 凸模零件刀具卡和表 5-8 凹模零件刀具卡。

表 5-7   凸模零件刀具卡

工序号	刀具号	刀具名称	规格/mm	长度/mm
1	T01	盘形铣刀	ϕ80	—
2	T02	R2 立铣刀	ϕ16R2	120
3	T03	立铣刀	ϕ10	120
4	T04	立铣刀	ϕ10	120
5	T05	立铣刀	ϕ16	120
6	T06	球头铣刀	ϕ12	120
7	T07	中心钻	ϕ2	60
8	T08	钻头	ϕ25.6	160
9	T09	铰刀	ϕ26	160
10	T10	钻头	ϕ9.8	120
11	T11	铰刀	ϕ10	120

表 5-8   凹模零件刀具卡

工序号	刀具号	刀具名称	规格/mm	长度/mm
1	T01	盘形铣刀	ϕ80	—
2	T02	R2 立铣刀	ϕ16R2	120
3	T03	立铣刀	ϕ10	120
4	T04	立铣刀	ϕ10	120
5	T05	立铣刀	ϕ16	120
6	T06	球头铣刀	ϕ12	120
7	T07	中心钻	ϕ2	60
8	T10	钻头	ϕ9.8	120
9	T11	绞刀	ϕ10	120

6) 切削用量的确定

选择主轴转速与进给速度时,先查切削用量手册,确定切削速度与每齿进给量,然后按式

$v_c = \pi dn/1000$，$v_f = nZf_z$ 计算主轴转速与进给速度（计算过程略）。

7）填写数控加工工序卡片

将各工步加工内容、所用刀具和切削用量填入表 5-9 凸模零件数控加工工序卡和表 5-10 凹模零件数控加工工序卡片。

表 5-9　凸模零件数控加工工序卡

数控加工工序（工步）卡片	零件图号		零件名称	材料	使用设备
			凸模	45 钢	加工中心

工步号	工 步 内 容	刀具号	刀具规格	主轴转速/(r/min)	进给速度/(mm/min)	背吃刀量/mm	备注
1	装夹，粗铣基准面 A，留 1 mm 余量	T01	$\phi 80$	1600	300	2	自动
2	粗铣定位侧面，留 0.5 mm 余量	T02	$\phi 16R2$	600	150	4	自动
3	装夹，粗、精铣基准面 B 至尺寸要求和表面质量要求	T01	$\phi 80$	1600/2000	300	2	自动
4	粗铣薄壁内轮廓，留 0.8 mm 侧面余量、0.3 mm 底面余量	T03	$\phi 10$	450	120	4	自动
5	粗铣薄壁内凸台轮廓，留 0.8 mm 余量、0.3 mm 底面余量	T03	$\phi 10$	450	120	4	自动
6	手动去除薄壁内大部分余量，留 0.3 mm 底面余量	T02	$\phi 16R2$	600	100～120	4	手动
7	粗铣薄壁内圆弧槽，留 0.3 mm 余量、0.3 mm 底面余量	T03	$\phi 10$	450	120	4	自动
8	粗铣薄壁外轮廓，留 0.8 mm 侧面余量、0.3 mm 底面余量	T03	$\phi 10$	450	120	4	自动
9	粗铣定位凸台轮廓，留 0.8 mm 侧面余量、0.3 mm 底面余量	T03	$\phi 10$	450	120	4	自动
10	手动去除薄壁外大部分余量，留 0.3 mm 底面余量	T02	$\phi 16R2$	600	100～120	4	手动
11	粗铣加工四方轮廓形状，留 0.4 mm 余量	T02	$\phi 16R2$	600/800	150/120	4/10	自动
12	精加工薄壁内圆弧槽到尺寸要求和精度要求	T04	$\phi 10$	720	100	4	自动
13	半精铣薄壁内轮廓，留 0.2 mm 余量	T04	$\phi 10$	720	100	10	自动
14	半精铣薄壁内凸台轮廓，留 0.2 mm 余量	T04	$\phi 10$	720	100	10	自动
15	半精铣薄壁外轮廓，留 0.2 mm 余量	T04	$\phi 10$	720	100	10	自动

工步号	工步内容	刀具号	刀具规格	主轴转速/(r/min)	进给速度/(mm/min)	背吃刀量/mm	备注
16	半精铣定位凸台轮廓,留0.2 mm余量	T04	φ10	720	100	10	自动
17	精铣薄壁内底面到尺寸要求和表面质量要求	T05	φ16	800	300	0.3	自动
18	精铣薄壁内凸台顶面至尺寸要求和表面质量要求	T05	φ16	800	300		自动
19	精铣定位凸台顶面至尺寸要求和表面质量要求	T05	φ16	800	300		自动
20	精铣薄壁外底面至尺寸要求和表面质量要求	T05	φ16	800	300	0.3	自动
21	精铣四方轮廓面至尺寸要求和表面质量要求	T05	φ16	800	150		自动
22	精加工薄壁内轮廓至尺寸要求和表面质量要求	T04	φ10	1000	120	10	自动
23	精加工薄壁外轮廓至尺寸要求和表面质量要求	T04	φ10	1000	120	10	自动
24	精加工薄壁内凸台轮廓至尺寸要求和表面质量要求	T04	φ10	1000	120	10	自动
25	精加工定位凸台轮廓至尺寸要求和表面质量要求	T04	φ10	1000	120	10	自动
26	倒圆角R3	T06	φ12	800	200		自动
27	倒角C2	T06	φ12	800	200		自动
28	钻中心孔	T07	φ2	600	60		自动
29	钻φ26的通孔,留0.4 mm余量	T08	φ25.6	600	80		自动
30	铰φ26的通孔至尺寸要求和表面质量要求	T09	φ26	1000	100		自动
31	钻φ10的通孔,留0.2 mm余量	T10	φ9.8	600	60		自动
32	铰φ10的通孔至尺寸要求和表面质量要求	T11	φ10	1000	60		自动
33	装夹,精铣基准面A	T01	φ80	2000	300		自动
34	精加工四方轮廓面	T05	φ16	800	150		自动

表 5-10　凹模零件数控加工工序卡片

数控加工工序（工步）卡片	零件图号	零件名称	材料	使用设备
		凸模	45 钢	加工中心

工步号	工 步 内 容	刀具号	刀具规格	主轴转速 /(r/min)	进给速度 /(mm/min)	背吃刀量 /mm	备注
1	装夹,粗、精铣基准面 A,留 1 mm 面余量	T01	$\phi 80$	1600	300	2	自动
2	粗铣定位侧面,留 0.5 mm 余量	T02	$\phi 16R2$	600	150	4	自动
3	装夹,粗、精铣基准面 B 至尺寸要求和表面质量要求	T01	$\phi 80$	1600/2000	300	2	自动
4	粗铣内腔轮廓,留 0.5 mm 侧面余量、0.3 mm 底面余量	T03	$\phi 10$	450	120	4	自动
5	去除腔内大部分余量,留 0.3 mm 底面余量	T02	$\phi 16R2$	600	100～120	4	手动
6	粗铣外腔（定位腔）轮廓,留 0.5 mm 侧面余量、0.3 mm 底面余量	T03	$\phi 10$	450	120	4	自动
7	粗加工四方轮廓形状,留 0.4 mm 余量	T02	$\phi 16R2$	600	150	4	手动
8	精铣腔体内底面至尺寸要求和表面质量	T05	$\phi 16$	800	300		自动
9	精铣加工四方轮廓形状至尺寸要求和表面质量	T05	$\phi 16$	800	150		自动
10	精加工腔体内轮廓至尺寸要求和表面质量	T04	$\phi 10$	1000	120	10	自动
11	倒圆角 R3	T06	$\phi 12$	800	200		自动
12	钻中心孔	T07	$\phi 2$	600	60		自动
13	钻 $\phi 10$ 的通孔,留 0.2 mm 余量	T10	$\phi 9.8$	600	60		自动
14	铰 $\phi 10$ 的通孔至尺寸要求和表面质量要求	T11	$\phi 10$	1000	60		自动
15	装夹,精铣基准面 A	T01	$\phi 80$	2000	300		自动
16	精加工四方轮廓面	T05	$\phi 16$	800	150		自动

【思考与实训】

　　分别完成如图 5-33、图 5-34 和图 5-35 所示零件的数控加工工艺的分析与工艺文件的编制,使其达到合理的配合。毛坯尺寸为 170 mm×170 mm×35 mm,材料为 45 钢。

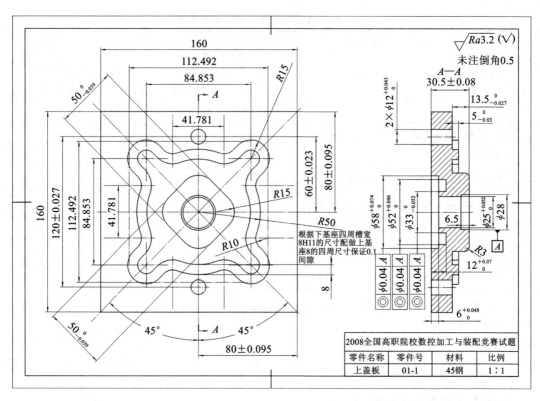

图 5-33　零件图 1

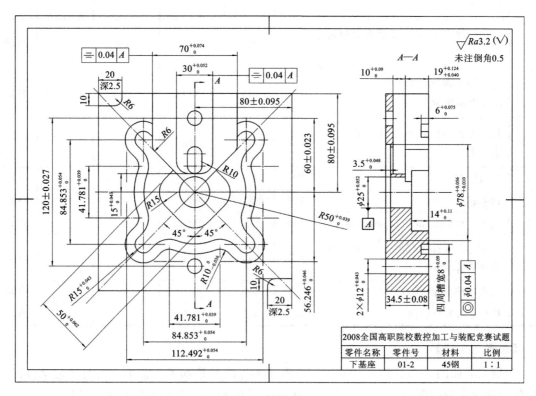

图 5-34　零件图 2

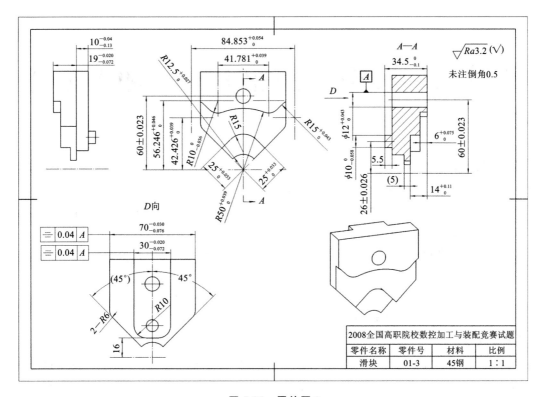

图 5-35　零件图 3

项目六　典型零件加工中心加工工艺

【学习目标】

1. 能够对中等以上复杂程度异形类零件图及零件的结构进行工艺分析。

2. 学会拟定中等以上复杂程度异形类零件的数控加工路线,能够合理选择数控加工刀具、夹具,并能拟定装夹方案。

3. 学会按照中等以上复杂程度异形类零件的特点选择合适的切削用量与机床,能够编制数控加工工艺文件。

4. 会编制中等以上复杂程度箱盖类零件加工中心加工的综合加工工艺文件。

5. 能够拟定配合件的数控加工路线,并能够编制配合件的数控加工工艺文件。

【知识要点】

异形类、箱盖类及配合零件结构的工艺性分析;加工中心加工零件的特点;中等以上复杂程度异形类零件、箱盖类零件加工阶段的划分原则;提高劳动生产效率的工艺途径;影响加工余量大小的因素;配合件加工要考虑的因素。

【实训项目】

1. 选择平面及平面轮廓类零件的数控铣削加工夹具,拟定装夹方案。

2. 编制平面及平面轮廓类零件的数控铣削加工工艺文件。

3. 编制数控铣削零件内轮廓(凹槽型腔)的数控加工工艺文件。

任务一　壳体零件加工工艺文件的编制

【任务引入】

本任务完成图 6-1 所示壳体零件的加工中心加工工艺的分析与编制。材料为 HT300 铸铁。

【相关知识准备】

1. 加工方法的选择

加工中心加工的零件表面主要是平面、平面轮廓、曲面、孔和螺纹等。这些表面的加工方法要与其表面特征、精度及表面粗糙度要求相适应。

1) 平面、平面轮廓及曲面的加工方法

这类表面在镗铣类加工中心上常用的加工方法是铣削。粗铣即可使两平面间的尺寸精度达到 IT11~IT13,表面粗糙度可达 $Ra12.5\sim50~\mu m$。粗铣后再精铣,两平面间的尺寸精度可达 IT8~IT10,表面粗糙度可达 $Ra1.6\sim6.3~\mu m$。

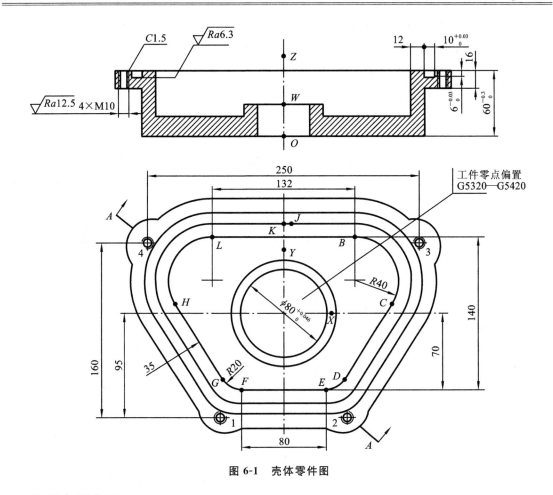

图 6-1　壳体零件图

2）孔加工方法

加工中心上孔的加工方法比较多，有钻削、扩削、铰削和镗削等，大直径孔还可采用圆弧插补方式进行铣削，具体加工方案如下。

（1）所有孔都应全部粗加工后，再进行精加工。

（2）毛坯上已有铸出或锻出的孔（其直径通常在 $\phi30$ 以上），一般先在普通机床上进行荒加工，直径上留 3～5 mm 的余量，然后再由加工中心按粗镗→半精镗→孔口倒角→精镗的加工方案加工；有空刀槽时可用锯片铣刀在半精镗之后、精镗之前用圆弧插补方式铣削完成，也可用单刃镗刀镗削加工，但效率较低；孔径较大时可用键槽铣刀或立铣刀用圆弧插补方式通过粗铣、精铣加工完成。

（3）直径小于 $\phi30$ 的孔需要在加工中心上完成其全部加工。为提高孔的位置精度，在钻孔前必须锪（或铣）平孔口端面，并钻出中心孔作引导孔，即通常采用锪（或铣）平端面→钻中心孔→钻→扩→孔口倒角→铰的加工方案；有同轴度要求的小孔，应采用锪（或铣）平端面→钻中心孔→钻→半精镗→孔口倒角→精镗（或铰）的加工方案。孔口倒角安排在半精加工后、精加工前进行，以防孔内产生毛刺。

（4）对于同轴孔系，若跨距较近，用穿镗法加工；若跨距较大，应尽量采用调头镗的方法加工。

（5）对于螺纹孔，要根据其孔径的大小选择不同的加工方式。直径在 M6～M20 之间的螺纹孔，一般在加工中心上用攻螺纹的方法加工；直径在 M6 以下的螺纹，则只在加工中心上加工出底孔，然后通过其他手段攻螺纹；直径在 M20 以上的螺纹，一般采用镗刀镗削加工。

2. 加工阶段的划分

在加工中心上加工，加工阶段的划分主要依据工件的精度要求来确定，同时还需要考虑到生产批量、毛坯质量和加工中心的加工条件等因素。

（1）若零件已经过粗加工，加工中心只完成最后的精加工，则不必划分加工阶段。

（2）当零件的加工精度要求较高，在加工中心加工之前又没有进行过粗加工时，则应将粗、精加工分开进行，粗加工通常在普通机床上进行，在加工中心上只进行精加工。这样不仅可以充分发挥机床的各种功能，降低加工成本，提高经济效益，而且还可以让零件在粗加工后有一段自然时效过程，消除粗加工产生的残余应力，恢复因切削力、夹紧力引起的弹性变形以及由切削热引起的热变形，必要时还可以安排人工时效，最后再通过精加工消除各种变形，保证零件的加工精度。

（3）对零件的加工精度要求不高，而毛坯质量较高、加工余量不大、生产批量又很小的零件，则可在加工中心上利用加工中心的冷却系统，把粗、精加工一起进行，完成加工工序的全部内容，但粗、精加工应划分成两道工序分别完成。在加工过程中，对于刚度较差的零件，可采取相应的工艺措施，如粗加工后安排暂停指令，由操作者将压板等夹紧元件（装置）稍稍放松一些，以恢复零件的弹性变形，然后再用较小的夹紧力将零件夹紧，最后再进行精加工。

3. 加工顺序的安排

在加工中心上加工零件，一般都需要多个工步和多把刀具，因此加工顺序安排得是否合理将直接影响到加工精度、加工效率、刀具数量和经济效益。

（1）在安排加工顺序时同样要遵循"基面先行""先面后孔""先主后次""先粗后精"的一般工艺原则。

（2）定位基准的选择直接影响到加工顺序的安排，作为定位基准的面应先加工好，以便为加工其他面提供一个可靠的定位基准。因为本道工序选出定位基准后加工出的表面，又可能是下道工序的定位基准，所以待各加工工序的定位基准确定之后，即可从最终精加工工序向前逐级倒推出整个工序的大致顺序。

（3）确定加工中心的加工顺序时，还先要明确工件是否要进行加工前的预加工。预加工常由普通机床完成。若毛坯精度较高，定位也较可靠，或加工余量充分且均匀，则可不必进行预加工，而直接在加工中心上加工。这时，要根据毛坯粗基准的精度来划分加工中心的加工工序，可以是一道工序或分成几道工序来完成。

（4）加工中心加工零件时，最难保证的是加工面与非加工面之间的尺寸，这一点和数控铣削一样。因此，即使图样要求的是非加工面，也必须在制作毛坯时在非加工面上增加适当的余量，以便在加工中心加工时，保证非加工面与加工面间的尺寸符合图样要求。同样，若加工中心加工前的预加工面与加工中心所加工的面之间有尺寸要求，则也应在预加工时留一定的加工余量，最好在加工中心的一次装夹中完成包括预加工面在内的所有加工内容。

【任务实施】

1. 图样分析及选择加工内容

图 6-1 所示零件的材料为灰铸铁,结构较复杂。在加工中心加工前,可在普通机床上将 $\phi 80^{+0.046}_{0}$ 的孔、底面和零件后侧面预加工完毕。加工中心加工工序的加工内容为上端平面、环形槽和 4 个螺孔,全部加工表面都集中在一个面上。零件图上各加工部位的尺寸标注完整无误,所铣削环形槽的轮廓比较简单(仅直线和弧相切),尺寸精度(IT12)和表面粗糙度($Ra6.3$ μm)要求也不高。

2. 机床的选择

由于全部加工表面都集中在一个面上,只需单工位加工即可完成,故选择立式加工中心,工件一次装夹后可自动完成铣、钻及攻螺纹等工步的加工。

3. 拟定加工工艺

(1)选择加工方法。

上表面、环形槽用铣削方法加工,因其尺寸精度和表面粗糙度要求不高,故可一次铣削完成;4×M10 螺纹采用先钻底孔后攻螺纹的加工方法,即按钻中心孔→钻底孔→倒角→攻螺纹的方案加工。

(2)确定加工顺序。

按照先面后孔、先简单后复杂的原则,先安排平面铣削,后安排孔和槽的加工。具体加工工序安排如下:先铣削基准(上)平面,然后用中心钻加工 4×M10 底孔的中心孔,并用钻头点环形槽落刀孔,再钻 4×M10 底孔,用 $\phi 18$ 倒角铣刀加工 4×M10 的底孔倒角,再用丝锥攻 4×M10 螺纹,最后铣削 10 mm 槽。壳体零件的机械加工工艺过程如表 6-1 所示。

表 6-1　壳体零件的机械加工工艺过程

序号	工序名称	工序内容	设备
1	铸造	铸造毛坯,各加工部位单边余量 2～3 mm	
2	热处理	时效	
3	油漆	刷底漆	
4	钳	照顾各部分划线	
5	铣	按线找正,粗、精铣底围;粗铣上表面,留余量 0.5 mm	普通铣床
6	钳	划 $\phi 80^{+0.046}_{0}$ 孔加工线	
7	车	按线找正,车 $\phi 80^{+0.046}_{0}$ 孔至要求	立式车床
8	数控加工	铣上表面、环形槽,并加工各孔	立式加工中心
9	钳	去毛刺	
10	检验		

(3)确定装夹方案和选择夹具。

该工件可采用"一面、一销、一板"的方式定位装夹,即工件底面为第一定位基准,定位元件采用支撑面,限制工件 X、Y、Z 三个自由度;$\phi 80^{+0.046}_{0}$ 孔为第二定位基准,定位元件采用带螺纹的短圆柱销,限制工件 X、Y 两个自由度;工件的后侧面为第三定位基准,定位元件采用移动定位板,限制工件 Z 一个自由度。工件的装夹可通过压板从定位孔的上端面往下将工件压紧。

（4）拟定进给路线。

因需加工的上表面属较窄的环形表面（大部分宽度仅为 35 mm,最宽处为 50 mm 左右）,故铣削上表面和铣环形槽一样,均按环形槽走刀即可。铣上端面,钻螺孔的中心孔,钻环形槽起点、螺纹底孔,底孔倒角及攻螺纹和铣环形槽的工艺路线如图 6-2 所示。

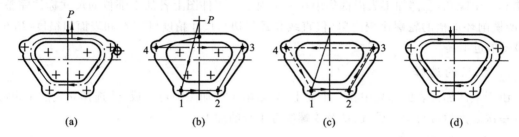

图 6-2　壳体零件的工艺路线

(a) 铣上端面;(b) 钻螺孔中心孔;(c) 钻环形槽起点、螺孔底孔等;(d) 铣环形槽

4. 选择刀具

刀具的规格主要根据加工尺寸来选择,因上表面较窄,一次走刀即可加工完成,故选用不重磨硬质合金的 $\phi80$ 面铣刀;环形槽的精度和表面粗糙度（$Ra12.5\ \mu m$）要求不高,可选用 $\phi10$ 高速钢立铣刀直接铣削完成。壳体零件的数控加工刀具卡如表 6-2 所示。

表 6-2　壳体零件的数控加工刀具卡

工步号	刀具号	刀具名称	刀具规格/mm	备注
1	T01	硬质合金面铣刀	$\phi80$	
2	T02	中心钻	$\phi3$	
3	T03	麻花钻	$\phi8.5$	
4	T04	倒角铣刀	$\phi18(90°)$	
5	T05	机用丝锥	M10	
6	T06	高速钢立铣刀	$\phi10^{+0.03}_{0}$	

5. 选择切削用量

根据零件加工精度和表面粗糙度的要求,并考虑刀具的强度、刚度以及加工效率等因素,该零件的各道加工工序的切削用量如表 6-3 所示。

6. 填写加工中心加工工序卡片

将各工步加工内容、所用刀具和切削用量填入表 6-3 所示壳体零件加工中心加工工序卡片。

表 6-3　壳体零件的加工中心加工工序卡

工步号	工步内容	刀具号	刀具规格/mm	主轴转速/(r/mm)	进给速度/(mm/min)	备注
1	铣上表面	T01	$\phi80$	280	56	

续表

工步号	工步内容	刀具号	刀具规格/mm	主轴转速/(r/mm)	进给速度/(mm/min)	备注
2	钻 4×M10 中心孔	T02	$\phi 3$	1000	100	
3	钻 4×M10 底孔及环形槽落刀孔	T03	$\phi 8.5$	500	50	
4	4×M10 底孔孔口倒角	T04	$\phi 18(90°)$	500	50	
5	攻 4×M10 螺纹	T05	M10	60	90	
6	铣环形槽	T06	$\phi 10^{+0.03}_{0}$	300	30	

【思考与实训】

1. 图 6-3 所示为卧式升降台铣床的支承套,零件材料为 45 钢,小批生产。零件毛坯为棒料 $\phi 110$ mm×90 mm,长度 $80^{+0.5}_{0}$ mm、$\phi 100f9$ 及 $78^{0}_{-0.5}$ mm 在前面工序均已按零件图技术要求加工好。因加工工序较多,若采用普通机床加工需多次装夹,加工精度难于保证,故要求采用加工中心加工,请设计该支承套的加工中心加工工艺。

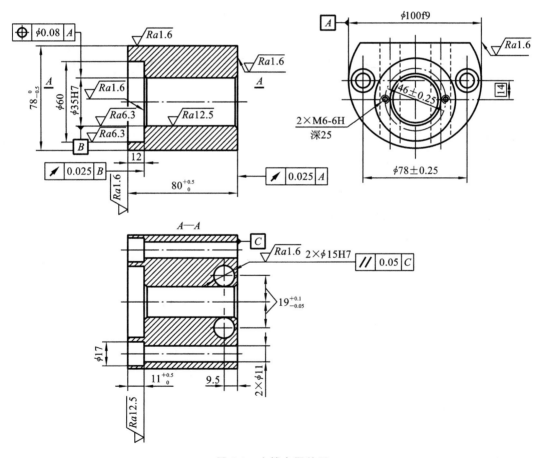

图 6-3　支撑套零件图

2. 编制图 6-4 所示零件的加工中心加工工艺文件。(提示:装夹需要增加工艺孔辅助)

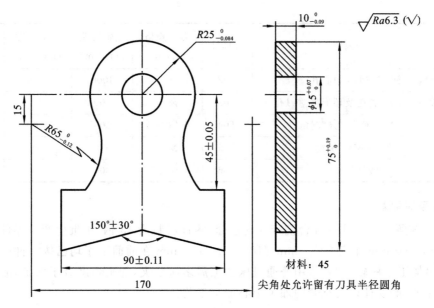

图 6-4　样板零件图

任务二　泵盖零件加工工艺文件的编制

【任务引入】

本任务完成图 6-5 所示泵盖零加工中心加工工艺的分析与编制。材料为 HT200 铸铁，小批量生产，毛坯尺寸为 170 mm×110 mm×30 mm。

【相关知识准备】

1. 孔系加工方法和加工余量确定

（1）加工方案的确定。

孔加工方法比较多，有钻、扩、铰和镗等。大直径孔还可采用圆弧插补方式进行铣削加工。

（2）加工余量确定。

确定加工余量的基本原则是在保证加工质量的前提下，尽量减小加工余量。最小加工余量应保证能将具有各种缺陷和误差的金属层切去，从而提高加工表面的精度和表面质量。

在具体确定工序间的加工余量时，应根据下列条件选择大小。

① 对最后的工序，加工余量应能保证得到零件图上所规定的表面粗糙度和精度要求。

② 考虑加工方法、设备的刚度以及零件可能发生的变形。

③ 考虑零件热处理时引起的变形。

④ 考虑被加工零件的大小，零件越大，切削力、内应力引起的变形也会越大，因此要求加工余量也相应地大一些。

2. 加工阶段的划分

加工阶段的划分同项目一中加工阶段的划分。

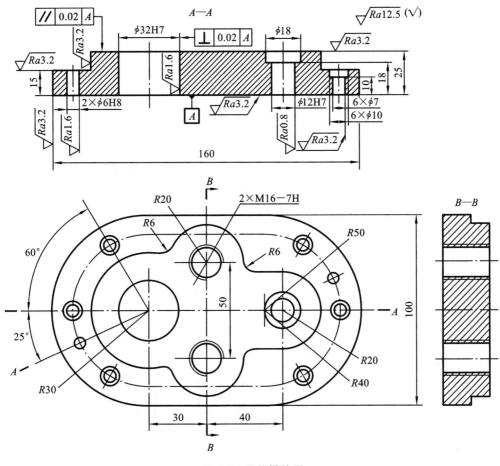

图 6-5　泵盖零件图

3．加工工序的划分

加工中心加工工序划分后还要细分加工工步,设计加工中心工步时,主要从精度和效率两方面考虑。加工中心加工工步设计的主要原则如下。

（1）加工表面按粗加工、半精加工、精加工次序完成,或全部加工表面按先粗,后半精、精加工分开进行。加工尺寸公差要求较高时,考虑零件尺寸、精度、零件刚度和变形等因素,可采用前者;加工位置公差要求较高时,采用后者。

（2）对于既有铣加工又有镗孔加工的零件应先铣后镗。按照这种方法划分工步,可以提高孔的加工精度,因为铣削时,切削力较大,工件易发生变形。先铣面后镗孔,使其有一段时间恢复,减少由变形引起的对孔的精度的影响。反之,如果先镗孔后铣面,铣削时会在孔口产生飞边、毛刺,从而破坏孔的精度。

（3）当一个设计基准和孔的位置精度与机床定位精度、重复定位精度相接近时,采用相同设计基准集中加工的原则。

（4）相同工位集中加工,应尽量按就近位置加工,以缩短刀具移动距离,减少空运行时间。

（5）按所用刀具划分工步。如有些机床工作台回转时间较换刀时间短,在不影响加工精度的前提下,为减少换刀次数、空移时间和不必要的定位误差,可以采取刀具集中工序加工。

（6）对于同轴度要求很高的孔系，不能按所用刀具划分工步。应该在一次定位后，通过顺序连续换刀和顺序连续加工完该同轴孔系的全部孔后，再加工其他位置的孔，以提高孔系同轴度。

（7）在一次定位装夹中，尽可能完成所有能够加工的表面。

4．加工顺序的安排

加工顺序的安排方法同项目一中加工顺序的安排。

5．进给加工路线的确定

加工中心加工孔时，一般首先将刀具在 XOY 平面内迅速、准确地运动到孔中心线位置，然后再沿 Z 向运动进行加工。因此，孔加工进给路线的确定包括以下内容。

（1）在 XOY 平面内的进给路线。

加工孔时，刀具在 XOY 平面内属点位运动，因此确定进给加工路线时主要考虑以下两点：

① 定位要迅速。

在加工图 6-6（a）所示零件图中，图 6-6（b）所示进给加工路线比图 6-6（c）所示进给路线节省定位时间将近一半。

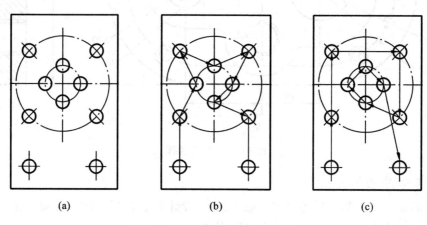

          （a）   （b）   （c）

图 6-6　最短进给加工路线设计图
（a）零件图；（b）加工路线 1；（c）加工路线 2

② 定位要准确。

安排进给加工路线要避免引入机械进给传动系统的反向间隙。在加工如图 6-7（a）所示零件，图 6-7（b）所示的进给加工路线引入了机床进给传动系统的反向间隙，难以准确定位；图 6-7（c）所示的进给加工路线是从同一方向趋近目标位置的，消除了机床传动系统反向间隙的误差，满足了定位准确，但非最短进给路线，没有满足定位迅速的要求。因此，在具体加工中应抓住主要矛盾，若按最短路线进给能保证位置精度，则取最短路线；反之，应取能保证定位准确的路线。

（2）Z 向（轴向）的进给路线。

根据刀具的空行程时间的不同，Z 向的进给分快进和工进。刀具在开始加工前，要快速运动到距待加工表面一定距离的 R 平面上，然后才能以工作进给速度进行切削加工。图 6-8（a）所示为加工单孔时刀具的进给路线。加工多孔时，为减少刀具空行程时间，切完前一个孔后，

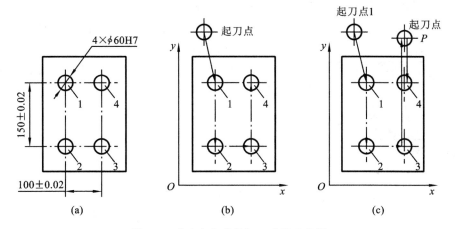

图 6-7 准确定位进给加工路线设计图

(a) 零件图;(b) 加工路线 1;(c) 加工路线 2

刀具退到 R 平面再沿 X、Y 轴方向快速移动到下一孔位,其进给路线如图 6-8(b)所示。

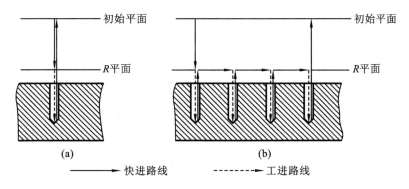

图 6-8 刀具 Z 向进给加工路线设计

(a) 加工单孔时刀具的进给路线;(b) 加工多孔时刀具的进给路线

如图 6-9 所示,在工作进给路线中,工作进给距离 Z_F 除包括被加工孔的深度 H 外,还应包括切入距离 Z_1、切出距离 Z_0(加工通孔)和钻尖(顶角)长度 T_1。

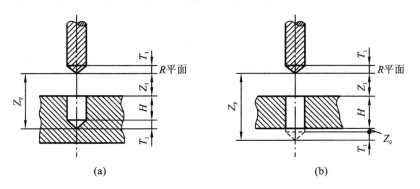

图 6-9 工作进给距离计算图

(a) 加工不通孔时的工作进给距离;(b) 加工通孔时的工作进给距离

加工通孔时,工作进给距离为:$Z_F = Z_1 + H + T_1$

加工不通孔时,工作进给距离为:$Z_F = Z_1 + H + Z_0 + T_1$

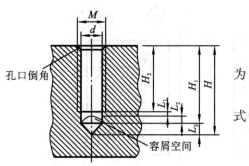

图 6-10 钻螺纹孔加工尺寸

（3）钻螺纹底孔尺寸及钻孔深度的确定。

① 钻螺纹底孔尺寸的确定。

如图 6-10 所示,钻螺纹底孔时,一般螺纹底孔尺寸为

$$d = M - P$$

式中 d——螺纹底孔直径,mm;

M——螺纹的公称直径,mm;

P——螺纹孔导程（螺距）,mm。

② 钻孔深度的确定。

a. 螺纹为通孔时,螺纹底孔则钻通,不存在计算钻孔深度的问题。

b. 螺纹为盲孔时,钻孔深度按下式计算:

$$H = H_2 + L_1 + L_2 + L_3$$
$$H_1 = H_2 + L_1 + L_2$$

式中 H——螺纹底孔编程的实际钻孔深度（含钻头钻尖高度）,mm;

H_1——钻孔的有效深度,mm。

H_2——丝锥攻螺纹的有效深度,mm;

L_1——丝锥的倒锥长度,丝锥倒锥一般有 3 个导程（螺距）长度,因此 $L_1 = 3 \times P$,mm;

L_2——确保足够容屑空间而增加钻孔深度的余量,一般为 2～3 mm。根据计算公式计算的盲孔实际钻孔深度是否会钻破（穿）及按公式计算的实际钻孔深度是否会影响工件的强度、刚度或使用功能确定,盲孔会钻破（穿）及影响工件的强度、刚度或使用功能的 L_2 取小值,也可再取小一些;反之 L_2 则取大值,或再大一些;

L_3——钻头的钻尖高度,一般钻头的钻尖角度为 118°,为便于计算,钻头钻尖角度常近似按 120°计算,根据三角函数即可算出钻尖的高度;

【任务实施】

1. 零件工艺分析

该零件主要由平面、外轮廓以及孔系组成。其中 $\phi32H7$ 和 $2 \times \phi6H8$ 三个内孔的表面粗糙度要求较高,为 $Ra1.6\ \mu m$;而 $\phi12H7$ 内孔的表面粗糙度要求更高,为 $Ra0.8\ \mu m$;$\phi32H7$ 内孔表面对 A 面有垂直度要求,上表面对 A 面有平行度要求。该零件材料为铸铁,切削加工性能较好。根据上述分析,$\phi32H7$ 孔、$\phi6H8$ 孔与 $\phi12H7$ 孔的粗、精加工应分开进行,以保证表面粗糙度要求。同时以底面 A 定位,提高装夹刚度以满足 $\phi32H7$ 内孔表面的垂直度要求。

2. 拟定加工工艺

1）选择加工方法

上、下表面及台阶面的粗糙度要求为 $Ra3.2\ \mu m$,可选择粗铣→精铣方案。

2）孔加工方法的选择

（1）孔 $\phi32H7$,表面粗糙度为 $Ra1.6\ \mu m$,选择钻→粗镗→半精镗→精镗方案。

（2）孔 ϕ12H7，表面粗糙度为 $Ra0.8~\mu m$，选择钻→粗铰→精铰方案。

（3）孔 $6\times\phi7$，表面粗糙度为 $Ra3.2~\mu m$，无尺寸公差要求，选择钻→铰方案。

（4）孔 $2\times\phi6H8$，表面粗糙度为 $Ra1.6~\mu m$，选择钻→铰方案。

（5）孔 ϕ18 和 $6\times\phi10$，表面粗糙度为 $Ra12.5~\mu m$，无尺寸公差要求，选择钻孔→锪孔方案。

（6）螺纹孔 $2\times M16\text{-}H7$，采用先钻底孔，后攻螺纹的加工方法。

3. 拟定装夹方案

该零件毛坯的外形比较规则，因此在加工上、下表面和台阶面及孔系时，选用平口虎钳夹紧；在铣削外轮廓时，采用一面两孔定位方式，即以底面 A、ϕ32H7 孔和 ϕ12H7 孔定位。

4. 拟定加工顺序及进给路线

按照基面先行、先面后孔、先粗后精的原则确定加工顺序，详见表 6-5 所示泵盖零件加工中心加工工序卡片。外轮廓加工采用顺铣方式，刀具沿切线方向切入与切出。

5. 刀具选择

（1）零件上、下表面采用端铣刀加工，根据侧吃刀量选择端铣刀直径，使铣刀工作时有合理的切入、切出角，且铣刀直径应尽量包容工件整个加工宽度，以提高加工精度和效率，并减小相邻两次进给之间的接刀痕迹。

（2）台阶面及其轮廓采用立铣刀加工，铣刀半径只受轮廓最小曲率半径限制，故取 $R=6$ mm。

（3）孔加工各工步的刀具直径根据加工余量和孔径确定。

该零件加工所选刀具见表 6-4 泵盖零件加工中心加工刀具卡片。

表 6-4　泵盖零件加工中心加工刀具卡片

序号	刀具	刀具规格名称	数量	加工表面	备注
1	T01	ϕ125 硬质合金端面铣刀	1	铣削上、下表面	
2	T02	ϕ12 硬质合金立铣刀	1	铣削台阶面及轮廓	
3	T03	ϕ3 中心钻	1	钻中心孔	
4	T04	ϕ27 钻头	1	钻 ϕ32H7 底孔	
5	T05	内孔镗刀	1	粗镗、半精镗和精镗 ϕ32H7	
6	T06	ϕ11.8 钻头	1	钻 ϕ12H7 底孔	
7	T07	$\phi8\times11$ 锪钻	1	锪 ϕ18 孔	
8	T08	ϕ12 铰刀	1	铰 ϕ12H7 孔	
9	T09	ϕ14 钻头	1	钻 $2\times M16$ 螺纹底孔	
10	T10	90°倒角铣刀	1	$2\times M16$ 螺孔倒角	
11	T11	M16 机用丝锥	1	攻 $2\times M16$ 螺纹	
12	T12	ϕ6.8 钻头	1	钻 $6\times\phi7$ 底孔	
13	T13	$\phi10\times5.5$ 锪钻	1	锪 $6\times\phi10$ 孔	
14	T14	ϕ7 铰刀	1	铰 $6\times\phi7$ 孔	

序号	刀具	刀具规格名称	数量	加工表面	备注
15	T15	ϕ5.8 钻头	1	钻 2×ϕ6H8 底孔	
16	T16	ϕ6 铰刀	1	铰 2×ϕ6H8 孔	
17	T17	ϕ35 硬质合金立铣刀	1	铣削外轮廓	

6. 切削用量选择

该零件材料切削性能较好,铣削平面、台阶面及轮廓时,留 0.5 mm 精加工余量;孔加工精镗余量留 0.2 mm、精铰余量留 0.1 mm。

选择主轴转速与进给速度时,先查切削用量手册,确定切削速度与每齿进给量,然后根据式 $v_c = \pi d n / 1000$,$v_f = n Z f_z$ 计算主轴转速与进给速度(计算过程从略)。

7. 填写数控铣削加工工序卡片

为更好地指导编程和加工操作,把该零件的加工顺序、所用刀具和切削用量等参数编入表 6-5 所示的泵盖零件加工中心加工工序卡片中。

表 6-5 泵盖零件加工中心加工工序卡片

数控加工工序(工步)卡片		零件图号		零件名称	材料	使用设备
				泵盖	HT200 铸铁	加工中心

工步号	工步内容	刀具号	刀具规格	主轴转速 /(r/min)	进给速度 /(mm/min)	背吃刀量 /mm	备注
1	粗铣定位基准面 A	T01	ϕ125	180	40	2	自动
2	精铣定位基准面 A	T01	ϕ125	180	25	0.5	自动
3	粗铣上表面	T01	ϕ125	180	40	2	自动
4	精铣上表面	T01	ϕ125	180	25	0.5	自动
5	粗铣台阶面及其轮廓	T02	ϕ12	900	40	4	自动
6	精铣台阶面及其轮廓	T02	ϕ12	900	25	0.5	自动
7	钻所有孔的中心孔	T03	ϕ3	1000			自动
8	钻 ϕ32H7 底孔至 ϕ28	T04	ϕ27	200	40		自动
9	粗镗 ϕ32H7 孔至 ϕ31.6	T05		500	80	1.5	自动
10	半精镗 ϕ32H7 孔	T05		700	70	0.8	自动
11	精镗 ϕ32H7 孔	T05		800	60	0.2	自动
12	钻 ϕ12H7 底孔至 ϕ11.7	T06	ϕ11.8	600	60		自动
13	锪 ϕ18 孔	T07	ϕ18×11	150	60		自动
14	粗铰 ϕ12H7	T08	ϕ12	100	40	0.1	自动
15	精铰 ϕ12H7	T08	ϕ12	100	40		自动
16	钻 2×M16 底孔至 ϕ14	T09	ϕ14	450	60		自动

续表

工步号	工 步 内 容	刀具号	刀具规格	主轴转速 /(r/min)	进给速度 /(mm/min)	背吃刀量 /mm	备注
17	2×M16 底孔倒角	T10	90°倒角	600	40		手动
18	攻 2×M16 螺纹孔	T11	M16	100	200		自动
19	钻 6×ϕ7 底孔至 ϕ6.8	T12	ϕ6.8	700	70		自动
20	锪 6×ϕ10 孔	T13	ϕ10×5.5	150	60		自动
21	铰 6×ϕ7 孔	T14	ϕ7	100	25	0.1	自动
22	钻 2×ϕ6H8 底孔	T15	ϕ5.8	900	80		自动
23	铰 2×ϕ6H8 孔	T16	ϕ6	100	25	0.1	自动
24	一面两孔定位粗铣外轮廓	T17	ϕ35	600	40	2	自动
25	精铣外轮廓	T17	ϕ35	600	25	0.5	自动

【思考与实训】

分析图 6-11 所示零件图,编制其加工中心加工工艺文件。

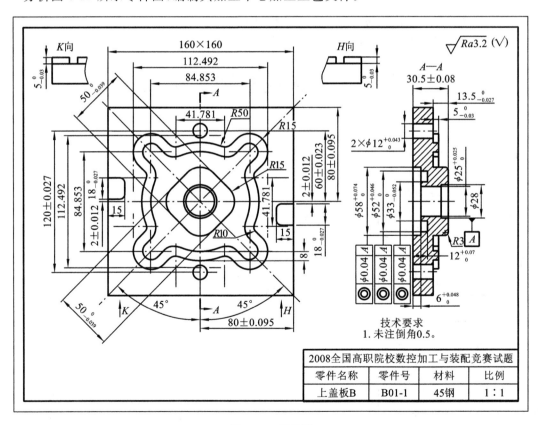

图 6-11 零件图

项目七　特种加工工艺

任务一　电火花成形加工工艺

【任务引入】

图 7-1 所示为注射模镶块,材料为 Cr12,热处理硬度为 57～60 HRC,中间的方孔(型腔)为待加工部位,要求加工部位表面粗糙度值小于或等于 1.6 μm,方孔的棱角部位圆角半径 R ≤0.1 mm,请按照上述要求制定加工方案,最终完成注射模镶块的加工。

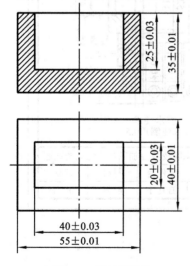

图 7-1　注射模镶块

【相关知识准备】

1. 特种加工基本知识

直接利用电能、光能、声能、热能、化学能等能量或其组合施加在工件的被加工部位上,从而实现材料被去除、变形、改变性能或被镀覆等的非传统性加工方法统称为特种加工。它不同于使用刀具、磨具等直接利用机械能切除多余材料的传统加工方法。

1)特种加工的特点及应用范围

(1)特种加工主要不是利用机械能,而是主要用热能、化学能、光能等,如激光加工、电火花加工、电解加工等,加工中不存在机械应变或大面积的热应变,可获得较小的表面粗糙度值,其热应力、残余应力和冷作硬化等均比较小,尺寸稳定性好。

（2）特种加工中工具的硬度和强度可以比工件低。因为加工时工具与工件不直接接触，加工时工件和工具之间无明显的切削力，同时工具的损耗很小，甚至无损耗，如激光加工、电子束加工和离子束加工等。这些加工方法与工件的硬度、强度等机械性能无关，故可加工难切削材料（如高强度、高硬度、高脆性、耐高温、磁性材料等）以及精密细小、形状复杂、低刚度和薄壁等零件。

（3）特种加工是微细加工，工件表面质量高。有些特种加工，如电解加工、超声波加工，加工余量都是微细进行，故可加工尺寸微小的孔或狭缝，还能获得高精度、极小粗糙度的加工表面。

（4）特种加工的内容包括去除和结合等加工，综合加工效果明显，便于推广使用。

2）特种加工的分类

特种加工的方法较多，一般按能量来源和作用原理可分为如下几类。

（1）物理加工　物理加工是利用电能转化为机械能、热能、光能等进行加工，如电火花成形加工（EDM）、电火花线切割加工（WEDM）、电子束加工（EBM）、等离子体加工（PAM）、离子束加工（IBM）。

（2）电化学加工　电化学加工是利用电能转化为化学能进行加工，如电解加工（ECM）、电铸加工（ECM）、涂镀加工（EPM）。

（3）激光加工　激光加工是利用激光光能转化为热能进行加工，如激光加工（LBM）。

（4）力学加工　力学加工是利用机械能或声能转化为机械能进行加工，如超声波加工（USM）、水射流切割（WJC）。

（5）化学加工　化学加工（CHM）是利用化学溶液与金属发生化学反应产生化学能进行加工。

（6）复合加工　复合加工是同时在加工部位上组合两种或两种以上的不同类型能量去除工件材料的加工方法，如电解磨削（ECG）、电解珩磨等（ECH）。

2. 电火花加工原理、特点、应用

电火花加工是利用浸在工作液中的两极间脉冲放电时产生的电蚀作用蚀除导电材料，以满足一定的尺寸要求的特种加工方法，又称放电加工或电蚀加工。20 世纪 40 年代开始研究并逐步应用于生产，在特种加工中电火花加工的应用最为广泛。

1）电火花加工的原理

在图 7-2 所示的电火花加工原理示意图中，进行电火花加工时，脉冲电源的一极接工具电极，另一极接工件电极。两极均浸入具有一定绝缘度的工作液（常用煤油或矿物油）中。通过间隙自动控制系统控制工具电极向工件进给，以保证在正常加工时工具与工件间的放电间隙，这时在两电极间施加的脉冲电压将工作液击穿，形成放电通道。在放电的微细通道中瞬时集中大量的热能，温度可高达 10000～12000 ℃，从而使这一点工作表面局部微量的金属材料立刻熔化、气化，并爆炸式地飞溅到工作液中，并迅速冷却凝固成金属微粒，被工作液冲走，这时放电短暂停歇，工件表面上便留下一个微小的凹坑痕迹，两电极间工作液恢复绝缘状态。

第一次脉冲放电结束之后，经过很短的间隔时间，下一个脉冲电压又在两电极相对接近的另一点处击穿，产生火花放电，重复上述过程。这样，虽然每次脉冲放电蚀除的金属量极少，但因每秒有成千上万次脉冲放电作用，就能蚀除较多的金属，具有一定的生产效率。

在保持工具电极与工件之间恒定放电间隙的条件下，随着工具电极不断进给，材料逐渐被

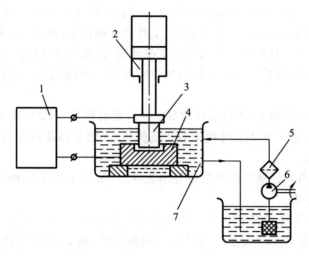

图 7-2　电火花加工原理示意图

1—脉冲电源；2—自动进给调节装置；3—工具电极；4—工件；5—过滤器；6—工作液泵

蚀除，工具电极的轮廓即可精确地复印在工件上，达到加工的目的。因此，只要改变工具电极的形状和工具电极与工件之间的相对运动方式，就能加工出各种复杂的型面，整个加工表面将由无数个小凹坑组成。

从上面的叙述中可以看出，进行电火花加工必须具备下列三个条件。

（1）必须采用脉冲电源，以形成瞬时的脉冲式放电，放电延续一段时间后，需停歇一段时间，放电延续时间一般为 $10^{-7} \sim 10^{-3}$ s，这样才能使能量集中于微小区域，而不致扩散到邻近的材料中。否则，像持续电弧放电那样，使表面烧伤而不能保证零件的尺寸和表面质量。

（2）必须使工具电极和工件被加工表面之间经常保持一定的放电间隙，这一间隙随加工条件而定，通常约为几微米至几百微米。

（3）火花放电必须在有一定绝缘性能的液体介质中进行，液体介质又称工作液。工作液作为放电介质，在加工过程中除了有利于产生脉冲式的火花放电外，还起着冲走放电过程产生的电蚀产物，冷却电极及工件表面的作用。常用的工作液是黏度较低、性能稳定的介质，如煤油、去离子水和皂化液等。

2）电火花加工的特点

（1）适合加工难切削材料。主要用于加工包括硬、脆、韧、软、高熔点的金属导电材料，在一定条件下，还可以加工半导体材料及非导电材料，如不锈钢、钛合金、淬火钢、硬质合金、导电陶瓷和人造聚晶金刚石的加工。

（2）可以加工特殊及复杂形状的零件。加工时无切削力，且可以简单地将工具电极的形状复制到工件上，因此适宜加工低刚度工件及微细加工，特别适用于复杂表面形状工件的加工。如小孔、窄槽、各种复杂截面的型孔、曲线孔、型腔、薄壁工件的加工。

（3）脉冲参数可以任意调节，能在同一台机床上连续进行粗、半精、精加工。精加工精度为 0.005 mm，表面粗糙度为 $Ra0.8$ μm；精密、微细加工时精度可达 0.002～0.001 mm，表面粗糙度为 $Ra0.05 \sim 0.1$ μm。

（4）当脉冲宽度不大时，对整个工件而言热影响小，可以提高加工质量，适于加工热敏性强的材料。

（5）放电过程有部分能量消耗在工具电极上，从而导致电极损耗，影响成形精度。

（6）最小角部半径有限制。一般电火花加工能得到的最小角部半径等于加工间隙（通常为 0.02～0.03 mm），若电极有损耗或采用平动或摇动加工则角部半径还要增大。

电火花加工具有许多传统切削所无法比拟的优点，因此其应用领域日益扩大，目前已广泛用于机械（特别是模具制造）、宇航、航空、电子、电器、精密机械、仪器仪表、汽车和轻工等行业，以解决难加工材料及复杂形状零件的加工问题。加工范围已达到小至几微米的小轴、孔、缝，大到几米的超大型模具和零件。

3）电火花加工的类型及应用

按照工具电极的形式及其与工件之间相对运动的特征，可将电火花加工方式分为五类：电火花成形加工；电火花线切割加工；利用金属丝或成形导电磨轮作工具电极，进行小孔磨削或成形磨削的电火花磨削；利用导向螺母使工具电极在旋转的同时作轴向进给加工螺纹环规、螺纹塞规和齿轮等；刻印、表面合金化和表面强化等其他种类的加工。前四类属电火花成形、尺寸加工，是用于改变零件形状或尺寸的加工方法，后者则属表面加工方法，用于改善或改变零件表面性质。这里仅介绍应用最为广泛的电火花成形加工和电火花线切割加工。

（1）电火花成形加工。

电火花成形加工是利用成形工具电极，相对工件作简单进给运动，将工件电极的形状和尺寸复制在工件上，从而加工出所需要零件的工艺方法。

电火花成形加工包括电火花型腔加工和穿孔加工两种。

① 电火花型腔加工（见图 7-3）主要用于加工各类热锻模、压铸模、挤压模、塑料模等型腔零件，这种加工比较困难，主要因为均是盲孔加工，工作液循环和电蚀产物排出条件差，工具电极损耗后无法依靠进给补偿精度，金属蚀除量大，其次是加工面积变化大，加工过程中电规准的调节范围也较大，并由于型腔复杂，各处深浅不一，电极损耗不均匀，对加工精度影响很大。为了便于排除加工产物和冷却，以提高加工的稳定性，有时在工具电极中间开有冲油孔。

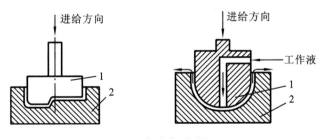

图 7-3　电火花型腔加工

1—工具电极；2—工件

② 穿孔加工主要用于加工冲模（包括凸、凹模及卸料板、固定板）、粉末冶金模、挤压模（型孔）和小孔（一般为 $\phi0.01～\phi3$ 小圆孔和异形孔）。

近年来，在电火花穿孔加工中发展了高速小孔加工，解决了小孔加工中电极截面小，易变形，孔的深径比大，排屑困难等问题，取得了良好的经济效益。其工作原理是采用管状电极，加工时电极作回转和轴向进给运动，管电极中通入高压工作液。高压工作液能迅速将电极产物排除，且能强化火花放电的蚀除作用。这种加工方法适合于 $\phi0.3～\phi3$ 的小孔。其加工速度可达 60 mm/min,远远高于小直径麻花钻头钻孔,这种加工方法还可以在斜面和曲面上打孔,且孔的尺寸精度和圆柱度均很好。

（2）电火花线切割加工。

电火花线切割加工是利用轴向移动的金属丝作工具电极,工件按所需形状和尺寸作轨迹运动以切割导电材料的工艺方法,有时简称线切割。

① 电火花线切割加工的原理。

图 7-4 所示为电火花线切割原理示意图。用细钼丝或铜丝（工具电极）作阴极,贮丝筒使电极丝作正反向往复移动,工件为阳极,两极通以直流高频脉冲电源,在电极丝和工件之间浇注工作液介质,机床工作台带动工件在水平面两个坐标方向根据各自预定的控制程序和火花间隙状态作伺服进给运动,从而合成各种曲线轨迹,把工件切割到符合要求。

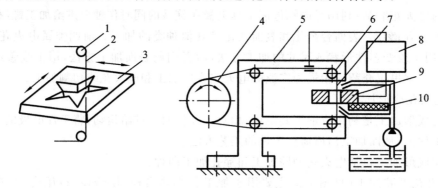

图 7-4 电火花线切割原理示意图

1,6—导向轮;2,7—钼丝;3,9—工件;4—贮丝筒;5—支架;8—脉冲电源;10—绝缘底板

电火花线切割加工按电极丝的运行速度分为高速走丝电火花线切割和低速走丝电火花线切割。高速走丝线切割是我国独有的电火花线切割加工模式,国外一般采用低速走丝线切割,近几年我国正在发展低速走丝线切割。高速走丝线切割时,工具电极是直径为 0.02～0.3 mm 的高强度钼丝,钼丝往复运动的速度为 8～10 m/s。低速走丝时,多采用铜丝,工具电极以低于 0.2 m/s 的速度作单方向低速运动。

② 电火花线切割加工的特点。

a. 电火花线切割加工不用成型的工具电极,而是采用金属丝作工具电极,降低了成形工具电极的设计和制造费用,且由于是线切割,使加工过程中实际金属去除量很少,材料的利用率高,降低了加工成本。

b. 电火花线切割加工的电极丝比较细,特别适用于加工微细异形孔、窄缝和复杂形状的工件。

c. 电火花线切割加工的电极丝单位长度上损耗很少,电蚀量小,加工精度较高。其平均加工精度可达 0.01 mm,高于电火花成形加工。

电火花线切割加工已广泛用于生产和科研工作中,加工各种难加工材料、复杂表面和有特殊要求的零件、刀具和模具,加工电火花成形加工用的电极等。

3. 电火花成形加工设备与 ISO 代码编程

1）电火花成形加工机床的组成

电火花成形加工机床主要由脉冲电源、主机（包括自动调节系统的执行机构）、间隙自动调节器、工作液及其循环过滤系统几部分组成。

（1）脉冲电源　其是放电产生电蚀作用的供能装置。主要有RC、RLC线路脉冲电源，闸流管式和电子管式脉冲电源，可控硅式脉冲电源等。

（2）间隙自动调节系统　其自动调节级间距离和工具电极的进给速度，维持一定的放电间隙，使脉冲放电正常进行。主要由测量环节、比较环节、放大环节、执行环节等几个主要环节组成。

（3）主机（包括自动调节系统的执行机构）　其用来实现工件和工具电极的装夹固定、调整其相对位置精度等的机械系统。主要包括：主轴头、床身、立柱、工作台及工作液槽。如图7-5所示。

主轴头是电火花成形加工机床中关键的部件，是执行机构，对加工工艺指标的影响大。

工具电极常用导电性良好、熔点较高、易加工的耐电蚀材料，如铜、石墨、铜钨合金和钼等。在加工过程中，工具电极也有损耗，但小于工件金属的蚀除量。

（4）工作液及其循环过滤系统　工作液及其循环过滤系统由工作液、工作液箱、电动机、液泵、过滤装置、工作液槽、阀门、管路及测量仪表等组成。

工作液即工作介质，多采用煤油或矿物油。

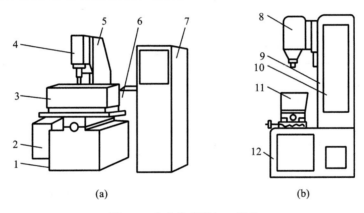

图 7-5　电火花成形加工机床

(a) 分离式；(b) 整体式

1,12—床身；2—液压油箱；3,6,11—工作液箱；4,8—主轴头；5,9—立柱；7,10—电源箱

液泵用来实现提高工作液的压力，并强制性地加快其循环流动，保证其可靠工作。

过滤装置用来过滤掉工作液中杂质，降低系统中工作液的污染度，保证系统正常工作。

2）电火花成形加工机床ISO代码编程

（1）C代码。

在程序中，C代码用于选择加工条件，格式为C×××，×为数字，不够三位要补"0"，如C016。机床系统中可以存上千种加工条件，加工时可以根据需要进行调用。

（2）G代码。

在程序中，G代码为准备和加工功能指令，具体指令的含义如下。

代　码	功　能	代　码	功　能
G00	快速定位	G54	工作坐标系 1
G01	直线插补	G55	工作坐标系 2
G02	顺时针圆弧插补	G56	工作坐标系 3
G03	逆时针圆弧插补	G57	工作坐标系 4
G04	延时或暂停指令	G58	工作坐标系 5
G17	$X\text{-}Y$ 平面选择	G59	工作坐标系 6
G18	$X\text{-}Z$ 平面选择	G80	移动直到接触感知
G19	$Y\text{-}Z$ 平面选择	G81	移动到机床的极限
G20	寸制	G82	移动到当前位置与零点的中间
G21	米制	G90	绝对坐标
G40	取消电极补偿	G91	增量坐标
G41	电极带补偿左偏	G92	制定坐标原点
G42	电极带补偿右偏		

（3）M 代码。

在程序中，M 代码为辅助功能指令，具体指令的含义如下。

代　码	功　能	代　码	功　能
M00	程序暂停	M05	忽略接触感知
M02	程序结束	M98	子程序调用
M04	返回当前段的起始点	M99	子程序调用结束

3）摇动加工的指令代码

摇动加工即电火花成形加工时，电极按照预订的轨迹加工，且按此轨迹向外逐步进给，以达到修光侧壁、提高尺寸精度和表面粗糙度的作用，利用摇动加工还可以加工螺纹。

以汉川机床厂为例，摇动加工的指令代码如下：

G01　LN　$A_1 A_2 A_3$　STEP　A_4　Z　A_5

其中：LN——指摇动加工；

A_1——摇动的伺服方式，以 0～2 表示；

A_2——摇动轨迹所在的平面，以 0～2 表示；

A_3——摇动轨迹的形状，以 0～5 表示；

STEP——指摇动幅度；

A_4——摇动半径，4 位数，单位为 μm，最大 9999 μm；

Z——伺服进给沿 Z 轴进行，也可沿 X、Y 轴进给；

A_5——伺服进给量，单位为 μm，带负号为反向进给。

4. 电火花成形加工工艺影响因素

1）影响加工速度的主要因素

电火花成形加工的加工速度是指在一定电规准下，单位时间内工件被蚀除的体积或质量。

（1）脉冲宽度对加工速度的影响。

对于矩形波脉冲电源，当峰值电流一定时，脉冲能量与脉冲宽度成正比。脉冲宽度增加，电火花成形加工速度随之增加；若脉冲宽度过大，加工速度反而下降。

（2）脉冲间隙对加工速度的影响。

在脉冲宽度一定的条件下，若脉冲间隔减小，则加工速度提高。这是因为脉冲间隔减小导致单位时间内工作脉冲数目增多、电流增大，故加工速度提高；若脉冲间隔过小，会因放电间隙来不及消电离而引起加工稳定性变差，导致加工速度降低。

（3）峰值电流对加工速度的影响。

当脉冲宽度和脉冲间隔一定时，随着峰值电流的增加，加工速度也增加。因为加大峰值电流等于加大单个脉冲能量，所以加工速度也就提高了；若峰值电流过大，加工速度反而下降。

（4）加工面积对加工速度的影响。

加工面积对加工速度无显著影响，但若加工面积小到某一临界面积时，加工速度会显著降低，因为加工面积过小，在单位面积上脉冲放电过分集中，致使放电间隙的电蚀产物排除不畅，同时会产生气体排除液体的现象，造成放电加工在气体介质中进行，因而大大降低加工速度。

（5）排屑条件对加工速度的影响。

对于较难排屑的加工，不冲（抽）油或冲（抽）油压力过小，则因排屑不良产生的二次放电的机会明显增多，从而导致加工速度下降；若冲油压力过大，加工速度反而降低。因为冲油压力过大，使加工稳定性变差且难生成覆盖层，故加工速度反而会降低。

合理采用"抬刀"功能可以提高加工速度，"自适应抬刀"比"定时抬刀"加工效率高。

2）影响电极损耗的主要因素

电极损耗是电火花成形加工中的重要工艺指标。在生产中，常用损耗率作为衡量工具电极耐损耗的指标，损耗率即工具电极的损耗速度与加工速度的比值，影响电极损耗的主要因素如下。

（1）脉冲宽度对电极损耗率的影响。

通常在峰值电流一定的情况下，随着脉冲宽度的增加，电极损耗率将减小。

（2）脉冲间隙对电极损耗率的影响。

通常在脉冲宽度一定的情况下，随着脉冲间隙的增加，电极损耗率将增大。

（3）峰值电流对电极损耗率的影响。

通常在脉冲宽度一定的情况下，随着峰值电流的增加，电极损耗率将增大。

（4）加工面积对电极损耗率的影响。

在脉冲宽度和峰值电流一定的条件下，加工面积对电极损耗影响不大，是非线性的。当加工面积小于某一值时，随着加工面积的减小电极损耗率将急剧增加。

（5）冲油、抽油对电极损耗率的影响。

对较深的型腔进行电火花加工时，若采用适当的冲油或抽油的方法，有助于提高加工速度，但冲油或抽油压力过大反而会加大电极的损耗，因为强迫冲油或抽油会使加工间隙的排屑和消电离速度加快，电极上的"覆盖效应"减弱。需要注意的是不同的电极材料对冲油、抽油的敏感性不同，故加工时要慎用冲油或抽油。

3）影响表面粗糙度的主要因素

电火花加工表面多为电蚀小凹坑，影响表面粗糙度的因素如下。

（1）脉冲宽度对表面粗糙度的影响。

当其他电参数一定时，脉冲宽度越大，单个脉冲的能量就大，放电腐蚀的凹坑也越大、越深，所以表面粗糙度值就越大。

（2）峰值电流对表面粗糙度的影响。

在脉冲宽度一定的条件下，随着峰值电流的增加，单个脉冲能量也增加，表面粗糙度值就变大。

（3）其他因素对表面粗糙度的影响。

在以一定的脉冲能量加工下，不同的工件电极材料表面粗糙度值大小不同，熔点高的材料要比熔点低的材料表面粗糙度值小；工具电极表面的粗糙度值大小也影响工件的加工表面粗糙度值；干净的工作液有利于得到理想的表面粗糙度。

4）影响加工精度的主要因素

（1）放电间隙对加工精度的影响。

放电间隙是随电参数、电极与工件的材料、工作液等因素变化而变化的，从而影响了尺寸精度与形状精度。

（2）电极损耗对加工精度的影响。

在电火花加工孔时，工件侧壁主要是靠工具电极的底部端面加工出来的，因此，电极的损耗也必然从底部向上逐渐减少，再加上电蚀产物排出时产生的二次放电，最终导致电极形成一定的锥度，从而对工件的尺寸精度与形状精度产生一定的影响。

【任务实施】

（1）加工方案的确定。

如图 7-1 所示。注射模镶块的加工部位为方形的盲孔，如果采用铣床加工，方孔棱角部位圆角半径无法达到 0.1 mm，故不能采用铣床加工此方孔。工件材料 Cr12 是应用广泛的冷作模具钢，具有高强度、较好的淬透性和良好的耐磨性，且热处理硬度为 57～60HRC，可以采用电火花成形加工，要求加工部位表面粗糙度值小于或等于 1.6 μm，方孔的棱角部位圆角半径 $R \leqslant 0.1$ mm，电火花成形加工能够达到上述要求，最终确定采用电火花成形加工来完成注射模镶块的加工。由于注射模镶块型腔方孔棱角圆角半径 $R \leqslant 0.1$ mm，采用单电极直接成形法即能满足要求，如果加工完成后棱角部位圆角半径大于 0.1 mm，可以将电极的加工部位切除后再重复加工便可以满足要求。电极的材料选为紫铜锻件，以保证电极自身的加工质量和成形加工时的表面粗糙度。电极采用整体式结构，尺寸如图 7-6 所示。电极水平尺寸单边缩放量取 0.25 mm，由于电极尺寸缩放量较小，用工时设置的粗规准参数不宜过大。根据电火花加工参数表可知，实际使用的加工参数会产生 1% 左右的电极损耗，型腔深度为 25 mm，则端面总进给量为 25.25 mm。

（2）电极、工件的装夹与校正。

固定电极的夹具安装在主轴头上，用夹具上的 M8 的螺钉固定电极。校正电极时，以电极相邻的两个侧面为基准，校正电极的垂直度，首先将千分表的磁性表座吸附在机床的工作台上，然后让

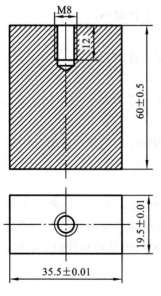

图 7-6　电极尺寸图

千分表的测头沿 X 方向缓缓移向电极的侧面,待测头接触到电极后千分表指针转动 $1\sim2$ 圈即可,接下来在 Z 方向上移动主轴头,观察千分表指针的变化情况,若指针在一小范围内来回摆动则表明电极在该方向上垂直度良好,同理,调节电极相邻侧面的垂直度,并使电极的侧面与机床的移动方向一致。工件用压板固定在机床的工作台上,将压板上的螺栓拧紧即可,不需要太大的预紧力。校正工件时,将千分表的磁性表座吸附在机床的主轴头上,再以工件相邻的两个侧面为基准,校正工件使工件的侧面与机床的移动方向一致,方法与校正电极垂直度相同。

（3）ISO 代码的编制。

① 选择加工条件。

加工前根据具体的加工要素在机床的说明书上选用合适的加工条件,以 HCD300K 型的电火花成形加工机床为例,本加工选用的加工条件如表 7-1 所示。

表 7-1 加工条件表

C 代码	脉宽 ON /μs	脉间 OFF /μs	电流 IP /管数	间隙电压 SV /V	表面粗糙度 Ra/μm	摇动半径 /mm	端面进给量 /mm
C168	380	50	12	60	12.5	0	24.9
C152	180	50	10	60	6.3	0.1	0.2
C342	100	50	1	60	3.2	0.2	0.1
C100	10	50	5	60	1.6	0.25	0.05

② 加工程序（ISO 代码）。

G90G54G92 X0 Y0 Z1； /加工开始时 Z 方向上电极端面距工件上表面 1 mm

C168 G01 Z－24.9； /以 C168 条件加工深 24.9 mm

C152 G01 LN002 STEP100 Z－25.1； /以 C152 条件加工深 25.1 mm

C342 G01 LN002 STEP200 Z－25.2； /以 C342 条件加工深 25.2 mm

C100 G01 LN002 STEP250 Z－25.25； /以 C342 条件加工深 25.25 mm

G00 Z1.； /快速返回到加工开始位置

M02； /程序结束

（4）电火花成形加工。

电极与工件装夹、校正完毕后,导入编制好的加工程序,设定加工极性为"负"、每 2 s 抬刀高度 2 mm。调整好喷嘴的冲油压力,往工作液槽中上油,待工作液到达合适的高度之后,调出加工程序进行凹模型腔的电火花成形加工。

【思考与实训】

1. 简述单电极直接成形法的加工原理。

2. 为什么加工余量要根据电参数确定？随意确定加工余量会导致什么后果？

3. 总结电火花成形加工的操作步骤。

任务二　电火花线切割工艺

【任务引入】

胸卡夹夹片冲裁凸模如图 7-7 所示,工件材料是冷作模具钢 Cr12,淬火后硬度≥60HRC;零件要求尺寸公差为 IT6 级,表面粗糙度为 $Ra1.6\ \mu m$,分析该模具采用的加工方法及工艺。

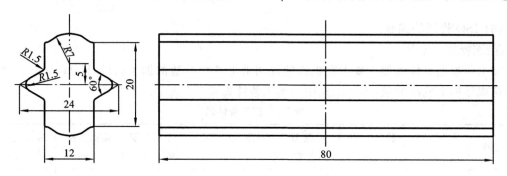

图 7-7　胸卡夹夹片冲裁凸模简图

【相关知识准备】

1. 电火花线切割加工设备

电火花线切割加工机床主要由脉冲电源、控制系统、床身、工作液及其循环过滤系统几部分组成:

（1）脉冲电源　脉冲电源是放电产生电蚀作用的供能装置。主要有晶体管矩形波脉冲电源、高频分组脉冲电源、并联电容型脉冲电源和低损耗电源等。

（2）控制系统　控制系统主要作用是在电火花线切割加工过程中,按加工要求自动控制电极丝相对工件的运动轨迹和进给速度,实现对工件的形状和尺寸的加工。

（3）床身　床身主要由底座、工作台、走丝机构、丝架、工作液箱、附件和夹具等几部分组成。如图 7-8 所示。

底座是基础骨架,坐标工作台、运丝机构、丝架均安装和固定在底座上。底座内部可安置电源和工作液箱。

工作台用于与电极丝做相对运动,完成零件的加工。

走丝机构用于使电极丝保持一定程度的张紧并以一定的速度运动。

（4）工作液及其循环过滤系统　工作液及其循环过滤系统由工作液、工作液箱、电动机、液泵、过滤装置、工作液槽、流量控制阀、管路及测量仪表等组成。

高速走丝线切割机床采用专用乳化液作为工作液。低速走丝线切割机床大多数采用去离子水工作液,在特殊精加工时采用绝缘性能较高的煤油。

2. 电极丝的选择、安装及校正

1）电极丝的选择

（1）电极丝材料的选择。

电极丝材料的不同会给线切割加工指标带来不同的影响,常用的电极丝主要有钨丝、钼

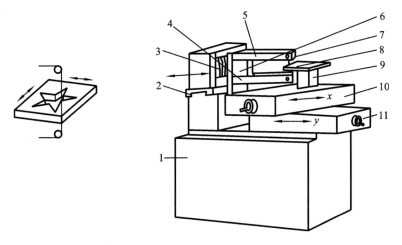

图 7-8　电火花线切割机床及工件

1—底座；2—走丝溜板；3—卷丝筒；4—丝架下臂；5—丝架上臂；
6—丝架；7—钼丝；8—工件；9—绝缘垫板；10—工作台；11—溜板

丝、钨钼丝和黄铜丝等，它们的材料性能如表 7-2 所示。

表 7-2　常用电极丝性能特点

电极丝种类	特点及应用	线径范围/mm
钨丝	抗拉强度较高，可以获得较高的加工速度，放电后丝质变脆容易断丝。应用较少，可用于窄缝的加工，在慢走丝弱规准中使用	0.03～0.1
钼丝	比钨丝熔点低，抗拉强度一般，韧度高，丝质不易变脆、不易断丝。应用广泛，一般用于快速走丝机床，在微细、窄缝加工时应用较多	0.06～0.25
钨钼丝	兼顾钨丝和钼丝的优点，使用寿命和加工速度都较高。价格较高，故应用较少	
黄铜丝	抗拉强度低，损耗大，加工速度较高，加工稳定性好。价格低廉，故应用广泛，一般用于慢走丝机床	0.1～0.3

（2）电极丝直径的选择。

电极丝的直径是根据加工要求和工艺条件选取的。在加工要求允许的情况下，可选用直径大些的电极丝。直径大、抗拉强度大、承受电流大时，采用较强的电规准进行加工能够提高输出的脉冲能量，提高加工速度。同时，电极丝粗将使切缝宽，放电产物排除条件好，加工过程稳定，能提高脉冲利用率和加工速度。如果加工精度要求较高，且工件上需要加工较小半径的内尖角时，可采用较细的电极丝。

2）电极丝的安装

（1）贮丝筒上丝。

上丝是加工前的必要准备，也是线切割加工的一道工艺。上丝时先用摇把将丝筒逆时针摇至右端极限位置（或保留一小段距离），再将丝盘上的电极丝拉出一段绕过上丝介轮和一个导轮，然后将丝头从丝筒下边拉出，固定在贮丝筒左端螺钉上，剪掉多余丝头，顺时针转动丝筒，使丝在丝筒上缠绕 10～15 mm 宽度后再取下摇把，松开机床后部操作面板上的停止按钮，将调整旋钮调至"1"挡,将丝筒左、右行程挡块分别固定在左、右极限位置,启动丝筒开启按钮,电极丝就均匀整齐地绕在丝筒上,当电极丝接近极限位置后(丝筒的装丝宽度根据实际而定)停下丝筒,再顺绕丝方向拉紧电极丝,关掉张丝电动机开关,剪掉多余的电极丝并固定好丝头,上丝完成。

(2)穿丝。

穿丝是线切割加工机床很重要的一个操作技能,过程复杂且需要足够的耐心。步骤是首先将张丝支架拉至最右端位置,用插销定位,然后取下丝筒右端丝头并拉紧,以防电极丝打折断丝,穿丝时应将电极丝从下向上依次绕过各导轮与导电块,再将丝头从丝筒上边拉至右端螺钉处固定,剪去多余丝,检查丝是否都在导轮槽中,与导电块接触是否良好。然后用摇把转动丝筒反绕几圈,拔下张丝滑块上的插销,手扶张丝滑块适量缓慢放松,穿丝操作结束。

(3)贮丝筒行程调整。

穿丝完成后,根据贮丝筒上电极丝的多少和位置来确定贮丝筒的行程。在机床背面,面对贮丝筒可以看见标尺、指针和可以移动的两个行程挡块,两行程挡块中间的距离为贮丝筒的运行行程。为了防止丝筒超程造成断丝,丝筒两端各留约 5 mm 的贮丝量。

3)电极丝的校正

电火花线切割加工进行锥度加工之后或者更换导轮、导轮轴承之后,导轮之间的电极丝不再垂直于工件的加工方向,为了准确切割出符合精度要求的工件,需要重新校正电极丝对工作台平面的垂直度。电极丝垂直度找正的常见方法有两种,一种是利用找正块,一种是利用校正器。

找正块是一个六方体。在校正电极丝垂直度时,首先目测电极丝的垂直度,若明显不垂直,则调节 U、V 轴,使电极丝大致垂直于工作台,然后将找正块放在工作台上,在弱加工条件下,将电极丝沿 X 方向缓缓移向找正块。当电极丝快碰到找正块时,电极丝与找正块之间产生火花放电,然后肉眼观察产生的火花:若火花上下均匀(见图 7-9(a)),则表明在该方向上电极丝垂直度良好;若下面火花多(见图 7-9(b)),则说明电极丝右倾,故将 U 轴的值调小,直至火花上下均匀;若上面火花多(见图 7-9(c)),则说明电极丝左倾,故将 U 轴的值调大,直至火花上下均匀。同理,调节 V 轴的值,使电极丝在 V 轴垂直度良好。

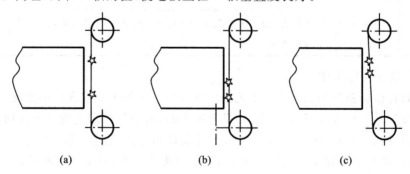

图 7-9 火花法校正电极丝垂直度

(a)垂直度较好;(b)垂直度较差(右倾);(c)垂直度较差(左倾)

在用火花法校正电极丝的垂直度时,需要注意以下几点:

(1)保证电极丝与找正块干净、干燥,电极丝上不允许有工作液;

(2)找正块使用一次后,其表面会留下细小的放电痕迹。下次找正时,要重新换位置,不可用有放电痕迹的位置碰火花校正电极丝的垂直度;

(3)在校正电极丝垂直度之前,电极丝应张紧,张力与加工中使用的张力相同;

（4）在用火花法校正电极丝垂直度时，电极丝要运转，以免电极丝断丝。

3. 电参数的确定及加工过程常见故障的处理

1）电参数的确定

合理地选择电参数也是电火花线切割加工的一项重要指标，电参数的设定对零件的粗糙度和切割速度有着密切的联系，只要客观地运用它们的最佳组合就能够获得良好的加工效果。

（1）脉冲宽度 t_{ON}。

通常 t_{ON} 加大时加工速度提高而表面粗糙度变差。一般 $t_{ON} = 4 \sim 60~\mu s$，当 $t_{ON} > 40~\mu s$ 后，加工速度提高不多，且电极丝耗损增大。

（2）脉冲间隔 t_{OFF}。

t_{OFF} 减小时平均电流增大，切割速度正比加快，但 t_{OFF} 不能过小，以免引起拉弧和断丝。一般脉冲宽度 t_{ON} 和脉冲间隔 t_{OFF} 的比为 $1 : 10$ 以上。

（3）电流 IP（管数）。

IP 增大时，电流增大，切割速度提高，表面粗糙度增大，电极丝耗损率增大甚至断丝。一般电火花机床的电流用管数表示，开始加工时管数要小，取 $4 \sim 6$ 个，电流为 $2 \sim 2.5$ A，待钼丝与工件完全放电后，管数可增加到 $7 \sim 9$ 个，电流可达 $3 \sim 3.5$ A。

（4）进给速度 SP。

正常加工时需要保证进给速度与工件的蚀除速度相当。开始加工时，若跟踪不稳定，可将 SP 调小，电流和脉宽增大时，进给速度相应增大，以提高加工效率。

（5）伺服电压 SV。

一般情况下伺服电压为 $0 \sim 2$ V。

2）加工过程中常见故障的处理

（1）机床一开始加工时，还没有放电就停止并退出加工。

加工前钼丝距离工件太近，还没有加工就已经短路，所以机床退出加工。解决的方法为将电极丝移开一点。

（2）加工时，钼丝一接触工件就断丝。

① 电规准选择得不合适，峰值电流过大，加工前将参数取小些；

② CMOS 功率管已击穿或 TPS2812 集成块烧坏，请厂家进行维修。

（3）线切割加工时经常断丝。

① 检查宝石导轮是否松动或破碎，轴承是否损坏；

② 检查加工参数选择是否合理；

③ 钼丝质量不好也会经常断丝。

【任务实施】

（1）零件工艺分析。

图 7-7 所示胸卡夹夹片冲裁凸模的厚度为 80 mm，截面最大尺寸小于 25 mm，在线切割机床的有效行程范围之内；零件由若干曲面组成，无窄缝及尖角，适合采用线切割加工；零件要求尺寸公差为 IT6 级，表面粗糙度为 $Ra1.6~\mu m$，线切割机床加工的产品能够满足要求，且 Cr12 钢属于导电材料，故可以采用电火花线切割机床加工。

（2）零件加工方案的确定。

在试制新产品时，用线切割在坯料上直接切割出零件，可以缩短制造周期，降低成本，且胸卡夹夹片冲裁凸模为单件生产，对表面粗糙度要求不高，完全符合电火花线切割加工的工艺条件。因此该凸模外轮廓采用电火花线切割机床加工。主要加工路线为：

铣毛坯上下夹持面→铣毛坯四个侧面→精铣上下表面→打磨毛刺→线切割加工凸模外轮廓。

（3）机床的选择。

数控线切割机床的加工精度主要是靠机床本身的精度来确定的，应根据零件的精度要求来合理地选择机床。此零件的表面粗糙度为 $Ra1.6\ \mu m$，常用的 HCKX400D 型数控电火花线切割机床，就能够满足其加工要求。

（4）电极丝的选择、安装。

胸卡夹夹片凸模为外形轮廓工件，不需要加工小半径的内尖角，且工件表面粗糙度较容易达到，所以电极丝直径不需要太细。但考虑到机床对电极丝直径的要求为 $0.12\sim0.25\ mm$，而且 $\phi0.18$ 电极丝最为常用，所以本次加工选择 $\phi0.18$ 的钼丝作为线切割加工的电极丝。胸卡夹夹片冲裁凸模的加工部位为外轮廓，没有内孔或窄缝，不需要预先在毛坯上钻穿丝孔，直接找正、定位后即可加工。

（5）穿丝孔及切割路径的确定。

线切割加工工艺中，合理确定切割起始点和切割路线直接影响工件的精度及毛坯成本，一般情况下，最好将工件与夹持部分分割的线段安排在切割线路的末端。由于胸卡夹夹片冲裁凸模为外轮廓型工件，截面形状相同且无内孔，可以不钻穿丝孔直接从侧面开始加工，根据截面形状确定切割线为 1→2→3→…→30→31，如图 7-10 所示。

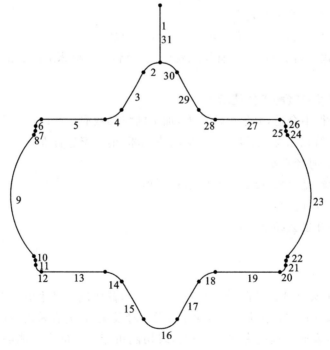

图 7-10　切割路径

（6）工件的预加工、装夹及校正。

为了保证加工后的工件满足图纸的要求，首先应该确定工件的装夹基准和加工基准。本工件的装夹基准为工件的下表面；由于从外表面开始切割，加工基准选择工件的一侧面即可。

加工工序及要求：

① 铣装夹定位面（毛坯上下表面），尺寸控制在 $80.5^{+0.5}_{0}$，上下表面平行度为 0.2，表面粗糙度为 $Ra6.3\ \mu m$；

② 铣四个侧面，尺寸控制在 150^{+1}_{0}、30^{+1}_{0}，对应表面平行度 0.2，表面粗糙度为 $Ra6.3\ \mu m$；

③ 精铣上下表面，尺寸控制在 80 ± 0.02，上下表面平行度 0.1，表面粗糙度为 $Ra1.6\ \mu m$；

④ 打磨棱角、毛刺。

线切割加工之前的工件为长条形，适合采取两端压紧方式，如图 7-11 所示。这种方式装夹方便，支承稳重，定位精度高，而且能够防止工件翘起或低头。

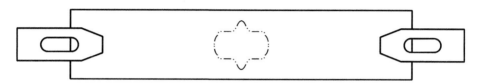

图 7-11 工件的装夹方式

工件装夹好后应该找正它的平行度。由于线切割加工的轮廓与工件的基准无精度要求，可利用电极丝找正法来找正，工件通过预紧后，将电极丝靠近基准侧面，保持电极丝与工件侧面间有微小的距离，沿基准方向移动坐标轴，根据目测法判定工件侧面是否与工作台 X 方向平行。本工件采用按外形找正方法，利用线切割机床的"接触感知"功能使电极丝向工件的加工面缓慢移动，设置"感知后反转值"为 1.0，如图 7-12 所示，当电极丝与工件接触后找正完成，此时电极丝距离工件的加工面 1 mm。

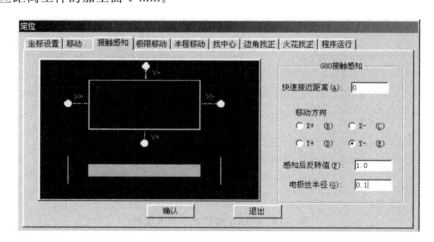

图 7-12 "接触感知"功能

（7）加工前的其他准备。

① 工作液的选择与配置。

数控线切割加工中，工作液是脉冲放电的介质，对加工工艺指标的影响很大，对切割速度、表面粗糙度和加工精度也很影响，根据所选的线切割机床的类型和加工对象，选择浓度为

10%左右的专用乳化液,此时可达到较高的切割速度。

② 程序的编制及工艺分析。

本工件可以选择 CAXA 线切割 XP 软件自动编程,步骤如下。

a. 绘图。

CAXA 线切割 XP 软件与 AutoCAD2000 以下版本能够稳定接合,所以采用 AutoCAD 绘出切割截面的图形之后导入 CAXA 线切割 XP 软件中,如图 7-13 所示。

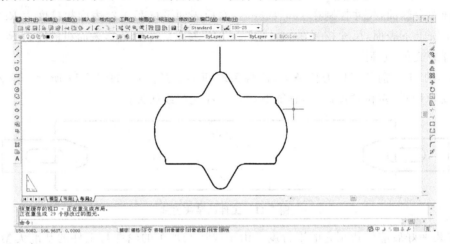

图 7-13　AutoCAD 绘制截面轮廓

利用 CAXA 线切割 XP 软件与 AutoCAD 的数据接口,将绘制的图形导入 CAXA 线切割 XP 软件中,如图 7-14 所示。

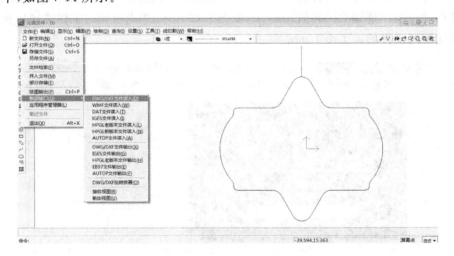

图 7-14　CAXA 线切割中导入图形

b. 生成加工轨迹。

在程序生成前首先要选择好程序的参数,如图 7-15 所示,在加工参数中轮廓精度选择为 0.01,由于零件是通过一次性切割加工完成的、在切割次数的选择上选择切割次数为 1 次。支撑宽度指的是多次切割时,指定每行轨迹的始末点之间保留的一段不切割部分的宽度,由于是一次性加工,选择为 0 即可。由于零件无锥度要求,锥度角度选择为 0 即可。补偿实现方式选轨迹生成时自动实现补偿,由于零件存在着尖角,所以在拐角过渡方式上要选择为尖角方式。

轨迹的偏移量主要是由于电极丝的半径及放电间隙造成的,偏移量的取值如图7-16所示。

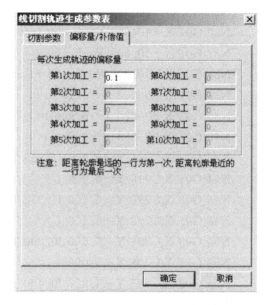

图7-15　切割参数对话框　　　　　　　　　　**图7-16　偏移量/补偿值对话框**

c. 程序的生成与模拟加工。

为了确保零件在加工过程中能够正确并顺利地进行,加工前首先要在CAXA线切割软件上进行模拟加工。在模拟加工时按照软件上的提示,拾取好图形轮廓线,选择切割方向为外偏。为了更清楚地观察加工的轨迹,步长值应该选取小一点,这次选择为0.001 mm,加工轨迹如图7-17所示。

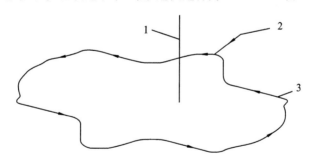

图7-17　工件的加工轨迹

1—电极丝;2—起始点;3—加工轨迹

参数选择完毕后,利用CAXA线切割软件正确地生成程序,ISO代码程序如下:

N10 T84 T86 G90 G92X−0.702Y15.000;

N12 G01 X−0.702 Y10.600 ;

N14 G03 X−2.088 Y9.800 I0.000 J−1.600 ;

N16 G01 X−3.820 Y6.800 ;

N18 G02 X−5.032 Y6.100 I−1.212 J0.700 ;

N20 G01 X−10.202 Y6.100 ;

N22 G03 X−10.802 Y5.500 I0.000 J−0.600 ;

N24 G01 X-10.802 Y5.099 ;
N26 G02 X-10.909 Y4.827 I-0.400 J0.000 ;
N28 G03 X-10.909 Y-4.827 I5.207 J-4.827 ;
N30 G02 X-10.802 Y-5.099 I-0.293 J-0.272 ;
N32 G01 X-10.802 Y-5.500 ;
N34 G03 X-10.202 Y-6.100 I0.600 J0.000 ;
N36 G01 X-5.032 Y-6.100 ;
N38 G02 X-3.820 Y-6.800 I0.000 J-1.400 ;
N40 G01 X-2.088 Y-9.800 ;
N42 G03 X0.684 Y-9.800 I1.386 J0.800 ;
N44 G01 X2.416 Y-6.800 ;
N46 G02 X3.628 Y-6.100 I1.212 J-0.700 ;
N48 G01 X8.798 Y-6.100 ;
N50 G03 X9.398 Y-5.500 I0.000 J0.600 ;
N52 G01 X9.398 Y-5.099 ;
N54 G02 X9.505 Y-4.827 I0.400 J0.000 ;
N56 G03 X9.505 Y4.827 I-5.207 J4.827 ;
N58 G02 X9.398 Y5.099 I0.293 J0.272 ;
N60 G01 X9.398 Y5.500 ;
N62 G03 X8.798 Y6.100 I-0.600 J0.000 ;
N64 G01 X3.628 Y6.100 ;
N66 G02 X2.416 Y6.800 I0.000 J1.400 ;
N68 G01 X0.684 Y9.800 ;
N70 G03 X-0.702 Y10.600 I-1.386 J-0.800 ;
N72 G01 X-0.702 Y15.000 ;
N74 M00;
N76 M00;
N78 G01 X-0.702 Y10.600 ;
N80 G03 X-2.088 Y9.800 I0.000 J-1.600 ;
N82 G01 X-3.820 Y6.800 ;
N84 G02 X-5.032 Y6.100 I-1.212 J0.700 ;
N86 G01 X-10.202 Y6.100 ;
N88 G03 X-10.802 Y5.500 I0.000 J-0.600 ;
N90 G01 X-10.802 Y5.099 ;
N92 G02 X-10.909 Y4.827 I-0.400 J0.000 ;
N94 G03 X-10.909 Y-4.827 I5.207 J-4.827 ;
N96 G02 X-10.802 Y-5.099 I-0.293 J-0.272 ;
N98 G01 X-10.802 Y-5.500 ;
N100 G03 X-10.202 Y-6.100 I0.600 J0.000 ;

N102 G01 X−5.032 Y−6.100 ;

N104 G02 X−3.820 Y−6.800 I0.000 J−1.400 ;

N106 G01 X−2.088 Y−9.800 ;

N108 G03 X0.684 Y−9.800 I1.386 J0.800 ;

N110 G01 X2.416 Y−6.800 ;

N112 G02 X3.628 Y−6.100 I1.212 J−0.700 ;

N114 G01 X8.798 Y−6.100 ;

N116 G03 X9.398 Y−5.500 I0.000 J0.600 ;

N118 G01 X9.398 Y−5.099 ;

N120 G02 X9.505 Y−4.827 I0.400 J0.000 ;

N122 G03 X9.505 Y4.827 I−5.207 J4.827 ;

N124 G02 X9.398 Y5.099 I0.293 J0.272 ;

N126 G01 X9.398 Y5.500 ;

N128 G03 X8.798 Y6.100 I−0.600 J0.000 ;

N130 G01 X3.628 Y6.100 ;

N132 G02 X2.416 Y6.800 I0.000 J1.400 ;

N134 G01 X0.684 Y9.800 ;

N136 G03 X−0.702 Y10.600 I−1.386 J−0.800 ;

N138 G01 X−0.702 Y15.000 ;

N140 M00;

N142 M00;

N144 G01 X−0.702 Y10.600 ;

N146 G03 X−2.088 Y9.800 I0.000 J−1.600 ;

N148 G01 X−3.820 Y6.800 ;

N150 G02 X−5.032 Y6.100 I−1.212 J0.700 ;

N152 G01 X−10.202 Y6.100 ;

N154 G03 X−10.802 Y5.500 I0.000 J−0.600 ;

N156 G01 X−10.802 Y5.099 ;

N158 G02 X−10.909 Y4.827 I−0.400 J0.000 ;

N160 G03 X−10.909 Y−4.827 I5.207 J−4.827 ;

N162 G02 X−10.802 Y−5.099 I−0.293 J−0.272 ;

N164 G01 X−10.802 Y−5.500 ;

N166 G03 X−10.202 Y−6.100 I0.600 J0.000 ;

N168 G01 X−5.032 Y−6.100 ;

N170 G02 X−3.820 Y−6.800 I0.000 J−1.400 ;

N172 G01 X−2.088 Y−9.800 ;

N174 G03 X0.684 Y−9.800 I1.386 J0.800 ;

N176 G01 X2.416 Y−6.800 ;

N178 G02 X3.628 Y−6.100 I1.212 J−0.700 ;

N180 G01 X8.798 Y−6.100 ;

N182 G03 X9.398 Y−5.500 I0.000 J0.600 ;

N184 G01 X9.398 Y−5.099 ;

N186 G02 X9.505 Y−4.827 I0.400 J0.000 ;

N188 G03 X9.505 Y4.827 I−5.207 J4.827 ;

N190 G02 X9.398 Y5.099 I0.293 J0.272 ;

N192 G01 X9.398 Y5.500 ;

N194 G03 X8.798 Y6.100 I−0.600 J0.000 ;

N196 G01 X3.628 Y6.100 ;

N198 G02 X2.416 Y6.800 I0.000 J1.400 ;

N200 G01 X0.684 Y9.800 ;

N202 G03 X−0.702 Y10.600 I−1.386 J−0.800 ;

N204 G01 X−0.702 Y15.000 ;

N206 T85 T87 M02;

（8）电参数的确定。

通过零件图的分析和结合所选线切割机床的性能及加工过程的需要,选择的电参数见表 7-3。

表 7-3　电参数选择表

脉冲宽度/μs	脉冲间隔/μs	电流/个	伺服电压/V	进给速度/(mm/s)
3	39	3	1	6

（9）电火花线切割加工。

程序上传完毕后,输入表 7-3 的线切割加工参数到机床,经机床模拟加工且确认无误后,将丝筒上的罩壳和上导轮盖盖好,同时安装好防护罩,开始启动加工。在加工过程中会产生有毒的气体和烟雾,应保持一定的距离,防止发生过敏或中毒,在加工期间禁止触及电极丝、工件、工作台,更不能同时接触电极丝与工作台。

【思考与实训】

1. 简述电火花线切割加工方法的适用范围。

2. 用线切割加工图 7-18、图 7-19 所示零件,并思考加工注意事项。

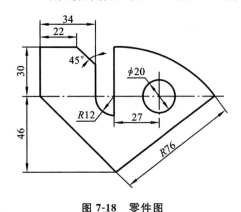

图 7-18　零件图

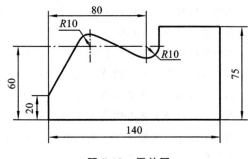

图 7-19　零件图

参 考 文 献

[1]《数控大赛试题·答案·点评》编委会.数控大赛试题·答案·点评[M].北京:机械工业出版社,2006.

[2]徐伟,张伦玠.数控铣床职业技能鉴定强化实训教程[M].武汉:华中科技大学出版社,2006.

[3]杨继宏.数控加工工艺手册[M].北京:化学工业出版社,2008.

[4]张明建,杨世成.数控加工工艺规划[M].北京:清华大学出版社,2009.

[5]霍苏萍,刘岩.数控铣削加工工艺编程与操作[M].北京:人民邮电出版社,2009.

[6]霍苏萍.数控车削加工工艺编程与操作[M].北京:人民邮电出版社,2009.

[7]苏建修,杜家熙.数控加工工艺[M].北京:机械工业出版社,2009.

[8]杨丰,宋宏明.数控加工工艺[M].北京:机械工业出版社,2010.

[9]浦艳敏.车工工艺与技能训练[M].北京:国防科技大学出版社,2010.

[10]姬瑞海.数控编程与操作技能实训教程[M].北京:清华大学出版社,2010.